SPSS를 활용한

분할표의 분석 및 분산분석

ANALYSIS OF CONTINGENCY TABLE AND ANALYSIS OF VARIANCE *using* SPSS

노형진 지음

MEDIA JIPHIL (주)지필미디어

머/리/말

이 책은 분할표의 분석과 분산분석의 활용방법을 이해하는 것을 목적으로 한 전문서적이다. 분할표의 분석과 분산분석은 통계분석 중에서 가장 사용 빈도가 높고 광범위하게 활용되고 있다.

분할표(contingency table)란 모집단에서 추출된 통계 데이터를 특정한 분류기준에 의하여 행과 열로 정리한 표를 말한다. 일반적으로 독립성검정이나 적합도검정 등에서는 분할표가 이용된다. 독립성검정이나 적합도검정 등은 카이제곱검정을 적용한다. 카이제곱검정이란 통계적 가설검정의 수법 중 카이제곱분포를 이용하는 검정법의 총칭이다. 분석할 데이터가 양적인 데이터와 달리 어떤 속성 또는 범주별로 빈도만이 주어진 범주형 데이터의 분석은 일반적으로 카이제곱분포를 이용한 검정법을 적용한다.

분산분석은 데이터 분석에 있어서 다음의 세 가지의 자리매김이 가능한 통계적 방법이다.

1. 두 개 이상의 평균을 비교하기 위한 방법
2. 수량 데이터와 범주형 데이터의 관계를 조사하기 위한 방법
3. 실험 데이터를 분석하기 위한 방법

분할표의 분석 및 분산분석의 실천에는 통계 소프트웨어를 활용해야 한다. 왜냐하면 이들 계산은 필산으로도 가능은 하지만, 상당한 시간을 필요로 하기 때문이다. 이 책에서는 소프트에어로서 SPSS를 이용하고 있다. 따라서 분할표의 분석 및 분산분석의 활용방법뿐만 아니라 SPSS의 사용자에게는 분할표의 분석 및 분산분석을 실행하기 위한 조작 순서도 배울 수 있도록 되어 있다. 이 책에서 대상으로 하고 있는 SPSS 버전은 22.0이다. 그 이전의 버전을 사용하고 있는 독자에게도 충분히 참고가 되도록 해설하고 있다.

이 책의 구성은 다음과 같다.

제1장에서는 분할표의 종류와 그래프화에 대해서 해설하고 있다.

제2장에서는 분할표의 검정에 대하여 예제 풀이를 중심으로 상세히 설명하고 있다. 분할표의 검정은 일반적으로 카이제곱 검정으로 알려져 있는데, 여러 가지 통계분석에 응용되고 있다.

제3장에서는 일원배치 분산분석에 대해서 설명하고 있다. 대응이 없는 요인에 대한 분산분석의 통계처리 절차와 다중비교에 대해서도 상세히 해설하고 있다.

제4장에서는 반복측정에 의한 대응이 있는 요인의 일원배치 분산분석에 대해서 예제 풀이를 통하여 해설하고 있다. 다중비교에 대해서도 설명하고 있다.

제5장에서는 크러스컬・월리스의 검정과 다중비교에 대해서 해설하고 있다. 크러스컬・월리스의 검정은 세 개 이상의 그룹 간에 차가 있는지 어떤지를 알고 싶을 때에 실시하는 비모수적 검정의 하나이다.

제6장에서는 프리드만의 검정과 다중비교에 대해서 해설하고 있다. 프리드만의 검정은 반복측정에 의한 일원배치 분산분석의 비모수적 검정이다. 또는 반복이 없는 이원배치의 분산분석의 비모수적 검정이라고 볼 수도 있다.

제7장에서는 반복이 없는 이원배치 분산분석과 다중비교에 대해서 예를 들어 상세히 해설하고 있다.

제8장에서는 대응이 없는 요인과 대응이 없는 요인의 이원배치 분산분석과 다중비교에 대해서 설명하고 있다.

제9장에서는 대응이 없는 요인과 대응이 있는 요인의 이원배치 분산분석과 다중비교에 대해서 설명하고 있다.

제10장에서는 대응이 있는 요인과 대응이 있는 요인의 이원배치 분산분석과 다중비교에 대해서 설명하고 있다.

제11장에서는 3원배치 분산분석과 다중비교에 대해서 설명하고 있다. 3원배치 분산분석의 통계처리 절차에 대해서 상세히 해설하고 있다.

제12장에서는 공분산분석과 다중비교에 대해서 설명하고 있다. 공분산분석의 통계처리 절차에 대해서 상세히 해설하고 있다.

제13장에서는 다변량 분산분석에 대해서 설명하고 있다. 다변량 분산분석의 실제와 응용에 대해서 알기 쉽게 해설하고 있다.

제14장에서는 일반선형모형과 실험계획법에 대해서 설명하고 있다. 난괴법, 라틴 방격, 직교표에 대해서도 상세히 해설하고 있다.

제15장에서는 일반선형모형에 의한 분할법에 대해서 설명하고 있다. 반복측정에 의한 분할법의 분석과 일반선형모형에 의한 분할법의 분석에 대해서 상세히 해설하고 있다.

이 책에서는 SPSS의 조작방법에 대해서 필요최소한의 것밖에 설명하고 있지 않다. SPSS에 아직 익숙하지 않은 독자는 SPSS의 매뉴얼이나 시판되고 있는 입문서를 참고하기 바란다. 그러나 이 책에 따라서 공부하다 보면 자기도 모르게 생소하던 SPSS라는 소프트웨어에 이미 익숙해져 있는 자신을 발견할 것이다.

끝으로, 이 책의 출간을 기꺼이 허락해 주신 지필미디어의 사장님과 관계자 여러분의 노고에 감사의 말씀을 드린다.

2015년 9월

저자 씀

목/차

CHAPTER

1

분할표의 종류와 그래프화

CHAPTER 1 **분할표의 종류와 그래프화**

1.1 | 크로스 집계

1. 크로스 집계의 방법

[예제 1-1]

다음에 보이는 앙케트를 20명에게 실시한 결과 데이터표에 보이는 바와 같은 회답결과가 얻어졌다. 설문끼리의 크로스 집계를 실시하라. 단, (설문 4)는 제외한다.

[설문 1] 성별을 답해 주십시오.

1. 남　　　　2. 여

[설문 2] 혈액형을 답해 주십시오.

1. A　　　　2. B　　　　3. AB　　　　4. O

[설문 3] 가장 좋아하는 색을 답해 주십시오.　(　　　　) 색

[설문 4] 귀하의 연령을 답해 주십시오.　(　　　　)

[설문 5] 이 상품을 처음으로 알게 된 계기는 다음 중 어느 것입니까?

1. TV의 광고
2. 라디오의 광고
3. 신문의 광고
4. 점두(店頭)
5. 아는 사람의 소개
6. 기타(　　　　　　　　)

[설문 6] 이 상품에 대한 만족도를 답해 주십시오.

1. 대단히 불만
2. 불만

3. 약간 불만
4. 약간 만족
5. 만족
6. 대단히 만족

데이터표

No.	설문 1	설문 2	설문 3	설문 4	설문 5	설문 6
1	1	1	적	32	3	3
2	1	3	황	20	5	4
3	1	2	적	25	6	5
4	2	4	청	38	1	6
5	2	4	백	45	1	3
6	2	3	흑	36	2	4
7	1	2	백	39	4	5
8	1	1	적	23	3	1
9	1	1	녹	22	2	2
10	1	1	백	40	3	3
11	2	1	백	35	3	1
12	1	1	적	32	5	2
13	2	2	적	40	6	3
14	1	3	적	38	3	4
15	2	4	녹	40	3	3
16	1	1	녹	35	2	5
17	2	3	녹	42	1	3
18	1	2	백	35	1	5
19	2	1	백	20	2	5
20	2	3	적	18	3	4

■ 크로스 집계표

N명의 사람들에게 다음과 같은 두 개의 질문을 했다고 한다.

[설문 1] 성별을 답해 주십시오.
1. 남　　　　　　　　2. 여

[설문 2] 럭비와 탁구 중 어느 쪽이 좋은지 답해 주십시오.
1. 럭비　　　　　　　2. 탁구

이 질문에 대해서,

남성으로 럭비가 좋다고 답한 사람이 a명,
남성으로 탁구가 좋다고 답한 사람이 c명,
여성으로 럭비가 좋다고 답한 사람이 b명,
여성으로 탁구가 좋다고 답한 사람이 d명

이라고 하면, 집계결과는 다음과 같은 이원표로 정리할 수 있다.

	남성	여성
럭비	a	b
탁구	c	d

이 표는 (설문 1)과 (설문 2)를 편성해서 집계한 결과를 나타내고 있다. 이와 같은 편성의 집계방법을 크로스 집계라고 한다. 크로스 집계한 결과로서 얻어지는 위와 같은 이원표를 **분할표** 혹은 **크로스 집계표**라고 부른다.

분할표(分割表, contingency table)란 각 개체를 어떤 특성(예를 들면, 성별, 나이)에 따라 분류할 때에 얻어지는 데이터의 정리표이다. 두 가지 변수만으로 구성될 경우 이차원 분할표 혹은 이원분할표가 만들어지고, 여러 가지 변수로 구성될 경우 다차원 분할표가 만들어진다. 두 특성을 분류기준으로 이용할 때 어느 것을 행으로, 어느 것을 열로 정하느냐 하는 것은 자의적이며, 이원분할표에서 두 변수간의 동질성 가정이나 독립성 여부는 카이자승 검정으로 결정한다.

■ SPSS에 의한 해법

〈순서 1〉 교차분석의 선택

메뉴에서 [분석(A)]−[기술통계량(E)]−[교차분석(C)]을 선택한다.

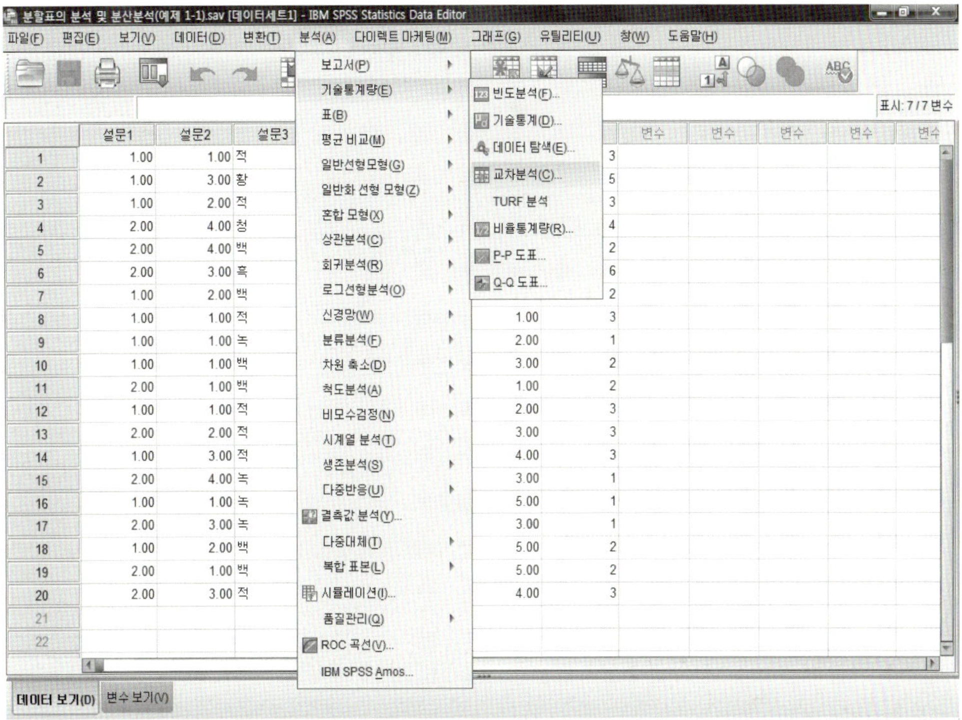

↓(대화상자가 나타난다)

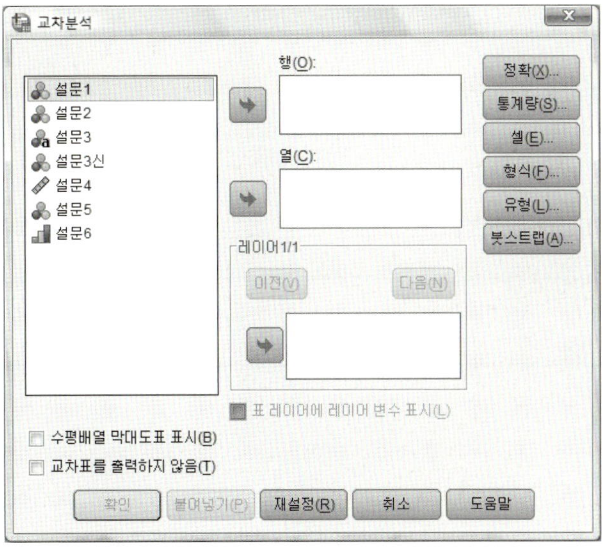

〈순서 2〉 변수의 선택

편성해서 크로스 집계할 두 개의 변수를 선택한다.
먼저 (설문 1)과 다른 설문과의 크로스 집계를 실시하기로 한다.

① 크로스 집계표의 행으로 취할 변수로서 (설문 1)을 선택한다.
② 크로스 집계표의 열로 취할 변수로서 (설문 2), (설문 3신), (설문 5), (설문 6)을 선택한다.

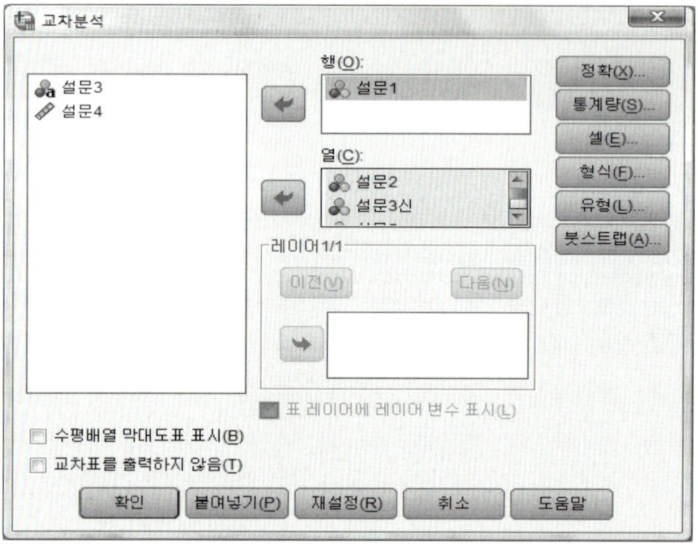

[확인] 버튼을 클릭하면 크로스 집계표가 작성된다.
(설문 1)을 제외한 나머지의 편성에 대해서도 같은 순서로 처리하면 된다.

■ 크로스 집계의 결과

성별 * 혈액형 교차표

빈도

		혈액형				전체
		A	B	AB	O	
성별	남	6	3	2		11
	여	2	1	3	3	9
전체		8	4	5	3	20

성별 * 상품의 인지 교차표

빈도

		상품의 인지						전체
		TV 광고	라디오 광고	신문광고	점두	아는 사람의 소개	기타	
성별	남	1	2	4	1	2	1	11
	여	3	2	3	0	0	1	9
전체		4	4	7	1	2	2	20

성별 * 상품의 만족도 교차표

빈도

		상품의 만족도						전체
		대단히 불만	불만	약간 불만	약간 만족	만족	대단히 만족	
성별	남	1	2	2	2	4	0	11
	여	1	0	4	2	1	1	9
전체		2	2	6	4	5	1	20

성별 * 가장 좋아하는 색 교차표

빈도

		가장 좋아하는 색						전체
		녹	백	적	청	황	흑	
성별	남	2	3	5	0	1	0	11
	여	2	3	2	1	0	1	9
전체		4	6	7	1	1	1	20

혈액형 * 상품의 인지 교차표

빈도

		상품의 인지						전체
		TV 광고	라디오 광고	신문광고	점두	아는 사람의 소개	기타	
혈액형	A	0	3	4	0	1	0	8
	B	1	0	0	1	0	2	4
	AB	1	1	2	0	1	0	5
	O	2	0	1	0	0	0	3
전체		4	4	7	1	2	2	20

혈액형 * 상품의 만족도 교차표

빈도

		상품의 만족도						전체
		대단히 불만	불만	약간 불만	약간 만족	만족	대단히 만족	
혈액형	A	2	2	2	0	2	0	8
	B	0	0	1	0	3	0	4
	AB	0	0	1	4	0	0	5
	O	0	0	2	0	0	1	3
전체		2	2	6	4	5	1	20

혈액형 * 가장 좋아하는 색 교차표

빈도

		가장 좋아하는 색						전체
		녹	백	적	청	황	흑	
혈액형	A	2	3	3	0	0	0	8
	B	0	2	2	0	0	0	4
	AB	1	0	2	0	1	1	5
	O	1	1	0	1	0	0	3
전체		4	6	7	1	1	1	20

상품의 인지 * 상품의 만족도 교차표

빈도

		상품의 만족도						전체
		대단히 불만	불만	약간 불만	약간 만족	만족	대단히 만족	
상품의 인지	TV 광고	0	0	2	0	1	1	4
	라디오 광고	0	1	0	1	2	0	4
	신문광고	2	0	3	2	0	0	7
	점두	0	0	0	0	1	0	1
	아는 사람의 소개	0	1	0	1	0	0	2
	기타	0	0	1	0	1	0	2
전체		2	2	6	4	5	1	20

상품의 인지 * 가장 좋아하는 색 교차표

빈도

		가장 좋아하는 색						전체
		녹	백	적	청	황	흑	
상품의 인지	TV 광고	1	2	0	1	0	0	4
	라디오 광고	2	1	0	0	0	1	4
	신문광고	1	2	4	0	0	0	7
	점두	0	1	0	0	0	0	1
	아는 사람의 소개	0	0	1	0	1	0	2
	기타	0	0	2	0	0	0	2
전체		4	6	7	1	1	1	20

상품의 만족도 * 가장 좋아하는 색 교차표

빈도

		가장 좋아하는 색						전체
		녹	백	적	청	황	흑	
상품의 만족도	대단히 불만	0	1	1	0	0	0	2
	불만	1	0	1	0	0	0	2
	약간 불만	2	2	2	0	0	0	6
	약간 만족	0	0	2	0	1	1	4
	만족	1	3	1	0	0	0	5
	대단히 만족	0	0	0	1	0	0	1
전체		4	6	7	1	1	1	20

2. 분할표의 종류

■ 다중분할표와 층별한 분할표

다음의 분할표는 행수가 2행(럭비와 탁구), 열수가 2열(남성과 여성)이므로 2 × 2 분할표라고 한다.

분할표 A

	남성	여성
럭비	700	400
탁구	300	600

일반적으로 L행 M열로 이루어지는 분할표를 $L \times M$ 분할표라고 부른다.
그런데 이 분할표 A에서 남성과 여성을 각각 학생과 사회인으로 층별한 결과가 다음의 분할표 B이다.

분할표 B

	남성		여성	
	학생	사회인	학생	사회인
럭비	300	400	300	100
탁구	200	100	200	400

이 분할표는 '남성과 여성', '학생과 사회인', '럭비와 탁구'의 세 가지 관점에서 분할되어 있다. 이와 같은 표를 **삼중분할표(트리플 크로스 집계표)**라고 한다. 일반적으로 세 가지 이상의 관점에서 분할되어 있는 표를 **다중분할표**라고 한다.

분할표 B는 분할표 A와 다음에 보이는 분할표 C, 분할표 D의 세 가지 분할표를 합성한 형태로 되어 있다.

분할표 C

	학생	사회인
럭비	600	500
탁구	400	500

분할표 D

	학생	사회인
남성	500	500
여성	500	500

분할표 B는 분할표 C를 남성과 여성으로 **층별한 분할표**로도 되어 있다.

■ 분할표의 타입

분할표는 데이터를 어떠한 방법으로 수집했느냐에 따라서 세 가지의 타입으로 나누어진다.

(1) 총합계만이 미리 정해져 있는 타입

데이터를 수집하기 전에는 합계만이 정해져 있고, 각 행의 합계나 각 열의 합계는 데이터를 수집하고 나서 정하는 경우의 분할표이다.

[예 1] 학생 200명을 골라서 다음과 같은 두 개의 질문을 했다고 한다.
(질문 1) 영어를 좋아합니까, 싫어합니까?
(질문 2) 수학을 좋아합니까, 싫어합니까?

이 조사결과는 다음과 같은 2×2 분할표로 정리할 수 있다.

		영어		합계
		좋다	싫다	
수학	좋다			?
	싫다			?
합계		?	?	200

이 경우에 총합계가 200이 된다는 것은 미리 알고 있다. 그러나 행의 합계(수학을 좋아하는 사람과 싫어하는 사람의 수)와 열의 합계(영어를 좋아하는 사람과 싫어하는 사람의 수)는 집계가 끝날 때까지는 알 수 없다.

[예 2] 어떤 병의 검사방법으로서 A법과 B법의 두 가지 방법이 있다고 한다. 이 두 가지 방법의 검사정밀도를 비교하기 위하여 환자 200명에 대해서 A법과 B법으로 검사한다. 검사결과가 양성이나 음성 중 어느 쪽일 때, 200명을 검사한 결과는 다음과 같은 2×2 분할표로 정리할 수 있다.

		A법		합계
		양성	음성	
B법	양성			?
	음성			?
합계		?	?	200

(2) 행 또는 열 중 어느 쪽인가의 합계만이 미리 정해져 있는 타입

데이터를 수집하기 전에는 행 또는 열의 어느 쪽인가 한쪽의 합계만이 정해져 있고, 다른 한쪽의 합계는 데이터를 수집하고 나서 정해지는 경우의 분할표이다.

[예 3] 어떤 정책의 찬반을 조사하기 위하여 남성 100명, 여성 100명을 추출하여 찬반의 의견을 물었다고 한다. 이 조사결과는 다음과 같은 2×2 분할표로 정리할 수 있다.

		성별		합계
		남	여	
의견	찬성			?
	반대			?
합계		100	100	200

각 열의 합계는 100, 전체의 합계는 200이 된다는 것은 미리 알고 있다. 그러나 각 행의 합계는 집계가 끝날 때까지는 알 수 없다.
이와 같은 분할표에서는 각 열의 비율의 차이에 관심이 있다. 즉, 남성과 여성은 찬성률(반대율)에 차이가 있는지 어떤지를 검토하게 된다.

[예 4] 담배를 피우는 습관이 있는 사람 100명, 일체 담배를 피우지 않는 사람 100명을 추출하여 그 사람들이 어떤 병에 걸렸는지 안 걸렸는지를 조사했다고 한다. 이 조사결과는 다음과 같은 2×2 분할표로 정리할 수 있다.

		끽연		합계
		피운다	안 피운다	
병	있음			?
	없음			?
합계		100	100	200

[예 5] 어떤 병에 걸렸던 적이 있는 사람 100명, 걸렸던 적이 없는 사람 100명을 추출하여 그 사람들에게 담배를 피우는 습관이 있는지 없는지를 조사했다고 한다. 이 조사결과는 다음과 같은 2×2 분할표로 정리할 수 있다.

		끽연		합계
		피운다	안 피운다	
병	있음			100
	없음			100
합계		?	?	200

[예 4]와 같이 어떤 병의 원인이 될듯한 인자(끽연의 습관)를 갖고 있는 사람과 갖고 있지 않은 사람을 모아서, 병이 발생하는지 어떤지를 조사하는 연구방법을 **코호트 연구(cohort research)**라고 부른다.

이에 비해서 [예 5]와 같이 어떤 병에 걸려 있는 사람과 걸려 있지 않은 사람을 모아서, 병의 원인을 조사하는 연구방법을 **케이스 컨트롤 연구**라고 부른다.

코호트 연구는 어떤 시점에서 장래를 향한 조사이므로 **진보적 연구**라고 불리는 경우가 있다. 그리고 케이스 컨트롤 연구는 어떤 시점에서 과거로 거슬러 올라가는 조사이므로 **퇴보적 연구**라고 불리는 경우가 있다.

(3) 행과 열의 양쪽 합계가 미리 정해져 있는 타입

데이터를 집계하기 전부터 행과 열의 합계가 정해져 있는 경우의 분할표이다.

[예 6] 어떤 제품의 검사원의 능력을 조사하기 위하여 양품을 100개, 불량품을 100개, 합계 200개의 제품을 준비한다. 이 200개의 제품에 대해서 검사원에게 양품인지 불량품인지를 판단하게 한다. 다만 양품과 불량품의 비율은 가르쳐 주기로 한다. 이 판정결과는 다음과 같은 2×2 분할표로 정리할 수 있다.

		판정		합계
		양품	불량품	
실제	양품			100
	불량품			100
합계		100	100	200

[예 7] 연령과 수입을 묻는 조사를 200명에게 실시했다고 한다. 그 회답결과로부터 연령의 중앙값과 수입의 중앙값을 구한다. 그리고 200명을 연령이 중앙값보다 높은 그룹과 낮은 그룹으로 나누고, 더욱이 수입이 중앙값보다 높은 그룹과 낮은 그룹으로 나누면, 그 분류결과는 다음과 같은 2×2 분할표로 정리할 수 있다.

		연령		합계
		> 중앙값	< 중앙값	
수입	> 중앙값			100
	< 중앙값			100
합계		100	100	200

이상과 같이 최종적으로 얻어지는 분할표의 형태는 같다고 하더라도 데이터의 수집방식에 따라 몇 가지의 타입으로 나누어지며, 어떤 타입인가에 의해서 검토해야 할 내용도 달라진다고 하는 것에 주의할 필요가 있다.

1.2 | 크로스 집계결과의 그래프화

1. 2×2 분할표의 그래프화

[예제 1-2]

다음의 데이터표는 20세 이상의 남성 50명, 여성 50명(합계 100명)에게 어떤 정책에 찬성인지 반대인지의 의견을 물어 그 회답결과를 크로스 집계한 것이다.

	남	여
찬성	23	18
반대	27	32

(숫자는 사람 수)

이 결과를 그래프로 표현하라.

■ 띠그래프

분할표의 데이터는 띠그래프로 표현할 수 있다. 띠그래프는 복수의 비율을 비교할 때에 유효한 그래프이다. 이 예제에서는 가로축에 열의 항목(남, 여)을 가져오는 경우와, 행의 항목(찬성, 반대)을 가져오는 경우를 생각할 수 있다.

가로축에 열의 항목을 취하면, 남과 여에서 찬성률(반대율)에 어느 정도의 차이가 있는지를 보게 된다. 가로축에 행의 항목을 취하면, 찬성자와 반대자 각각에 대한 남과 여의 비율을 보게 된다. 목적에 따라서 구별하여 쓸 필요가 있다.

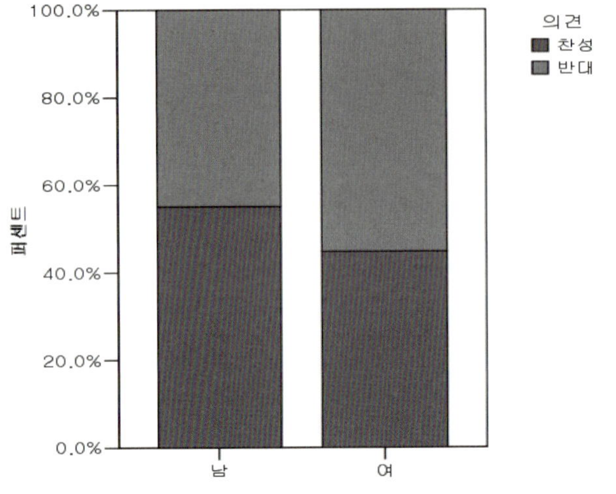

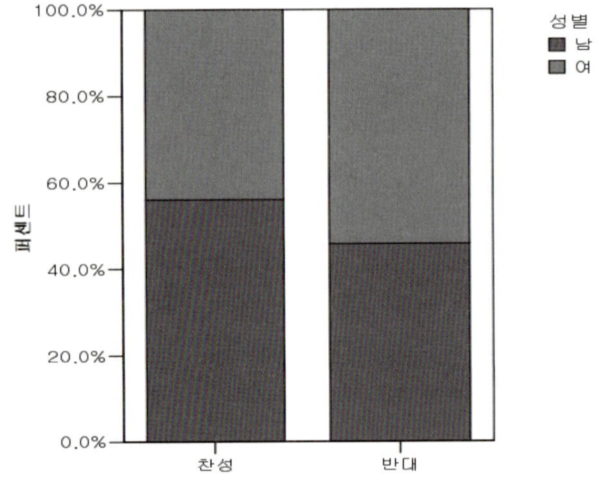

■ SPSS에 의한 띠그래프의 작성

SPSS에 의해서 띠그래프를 그리는 방법은 메뉴에서 [그래프(G)] − [레거시 대화상자(L)] − [막대도표(B)]를 선택하여 작성한다. 위에서 보인 남녀 찬성률(반대율)에 관한 띠그래프는 이렇게 그린 결과이다.

실제로 메뉴에서 [그래프(G)] − [레거시 대화상자(L)] − [막대도표(B)]를 선택하여 다음과 같은 대화상자가 나타나면 '수직누적'을 선택하고, '도표에 표시할 데이터'로서는 '케이스 집단들의 요약값(G)'을 선택한 다음 [정의] 버튼을 클릭한다.

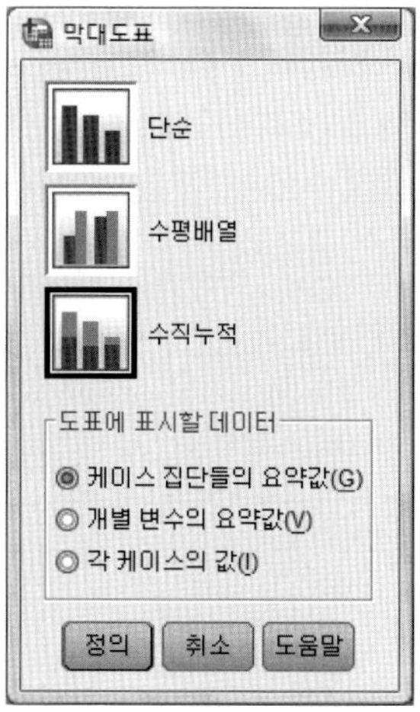

다음의 대화상자가 나타나면 '막대표시'는 '케이스 중 %(A)'를 선택하고 '범주축(X)'에는 '성별'을 지정하고 '수직누적 기준변수(B)'에는 '의견'을 지정하여 입력한 다음 [확인] 버튼을 클릭한다.

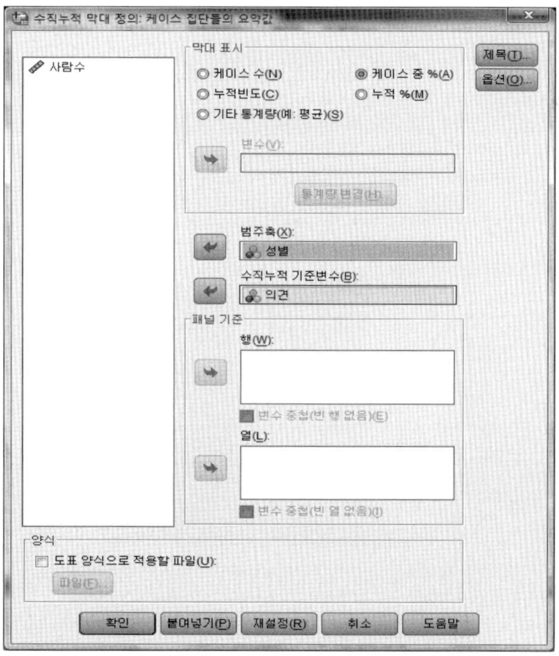

다음과 같은 출력결과가 나타나면 여러 번의 수정과정을 거쳐 원하는 결과를 얻을 수 있다.

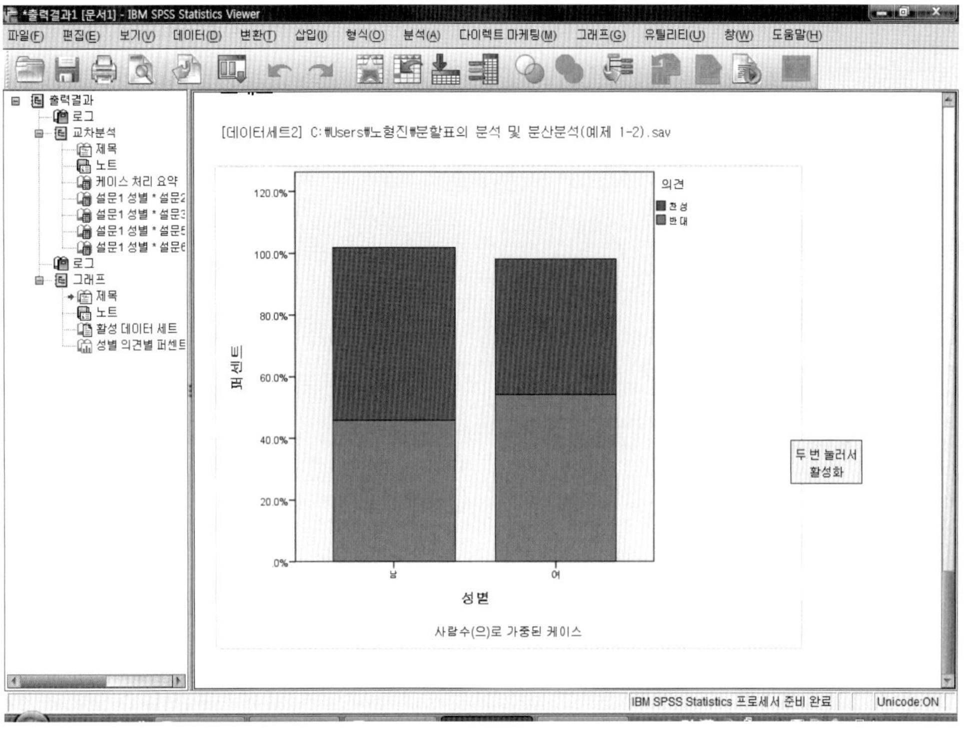

구체적인 그래프의 수정작업은 다음의 [도표 편집기]에서 이루어지는데, 위의 출력결과를 더블클릭하면 다음의 [도표 편집기]가 나타난다.

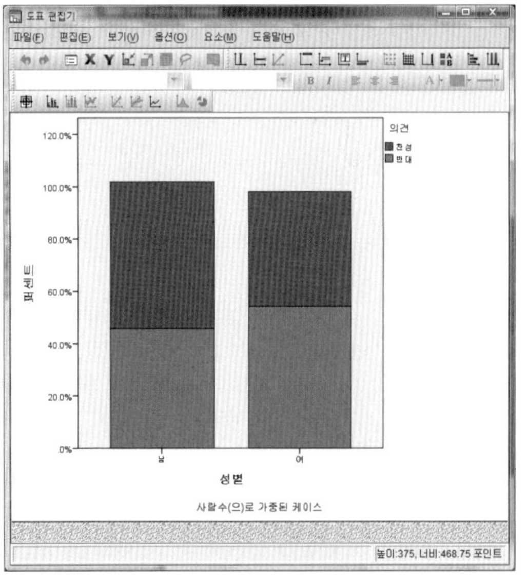

도표 편집기의 [100%로 척도화]을 클릭하여 남, 여 막대를 같은 길이로 조정한다.

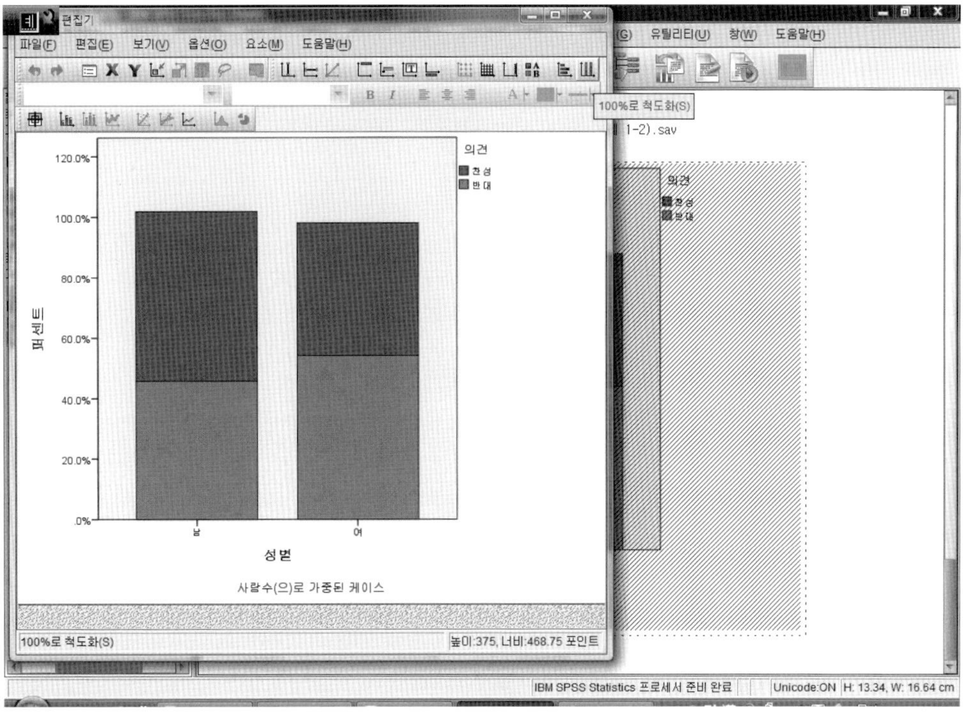

세로축 눈금을 더블클릭하여 [특성] 대화상자가 나타나면 [척도] 탭을 클릭한 다음에 [범위], [유형] 등을 적당히 선택한 다음 [적용(A)] 버튼을 클릭한다.

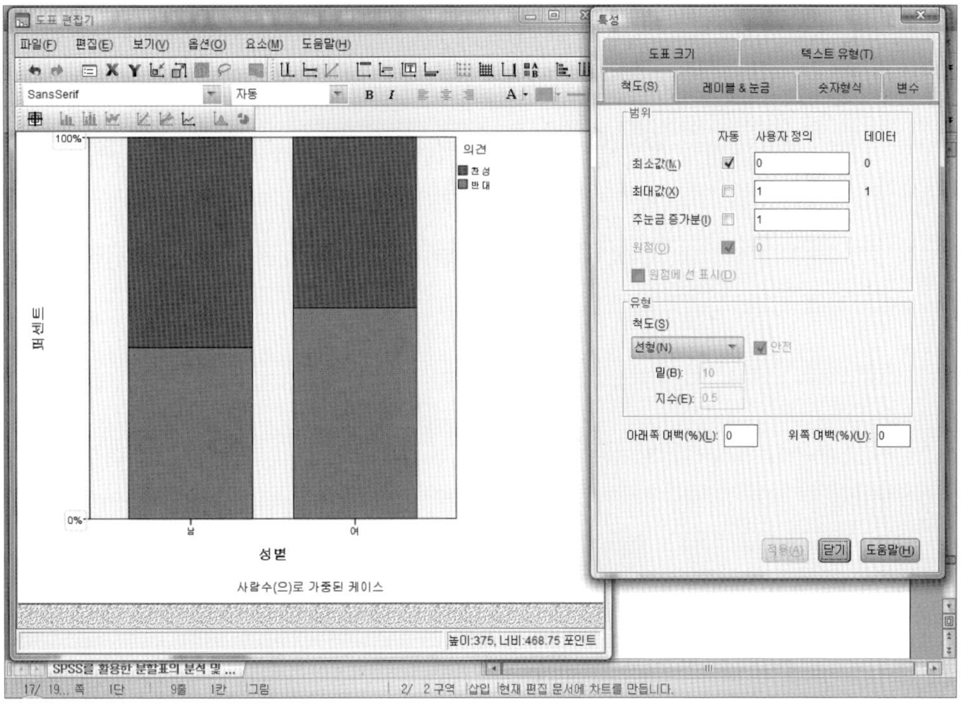

다음과 같은 완성된 그래프를 얻을 수 있다.

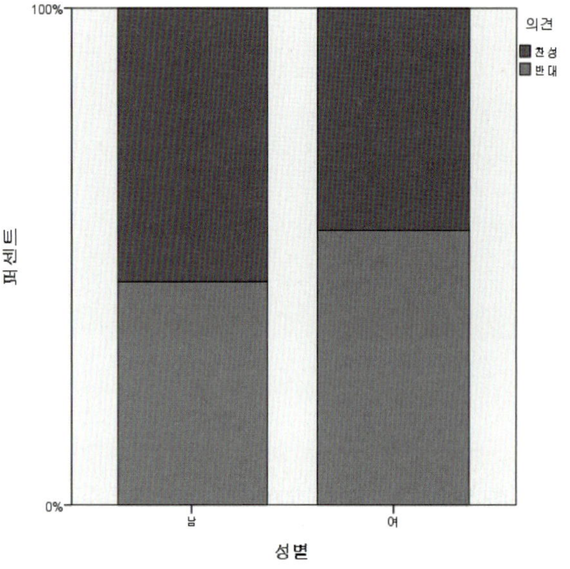

2. $L \times M$ 분할표의 그래프화

[예제 1-3]

어떤 학교에서 취미조사를 실시했다. 클래스는 A, B, C, D의 네 클래스가 있다고 한다. 조사 결과를 정리한 것이 다음의 4 × 4 분할표이다.

	A	B	C	D
스 포 츠	20	6	7	9
독 서	6	33	14	7
음 악	9	7	29	8
영 화	8	8	10	24

(숫자는 사람 수)

이 결과를 그래프로 표현하라.

■ 띠그래프와 막대그래프의 분간

$L \times M$ 분할표에서는 행이나 열의 성질에도 주의할 필요가 있다. 이 예제의 분할표에서는 행의 내용, 열의 내용 모두 순서로서의 의미를 가지고 있지 않다. 그러나 다음에 보이는 분할

표를 살펴보기 바란다.

이 분할표는 어떤 제품을 네 개의 메이커(A사, B사, C사, D사)로부터 구입하여 그 제품의 품질을 1급품에서 4급품까지 나눈 결과를 나타내고 있는 것이다.

	A	B	C	D
1급품	20	6	7	9
2급품	6	33	14	7
3급품	9	7	29	8
4급품	8	8	10	24

이와 같은 분할표는 행의 각 항목에 순서로서의 의미를 가지고 있다. 이때에는 띠그래프가 유효하다. 띠그래프에 있어서의 각 항목의 무늬를 다르게 하면 구별하기가 좋다.

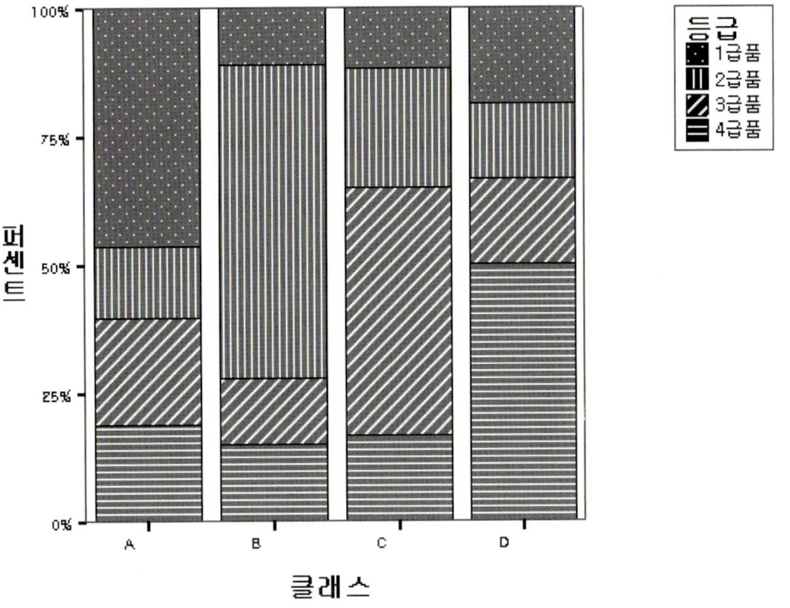

그러나 예제와 같이 행의 각 항목에 순서로서의 의미가 없을 때에는 띠그래프보다 막대그래프 쪽이 패턴의 차이를 잘 파악할 수 있을 것이다.

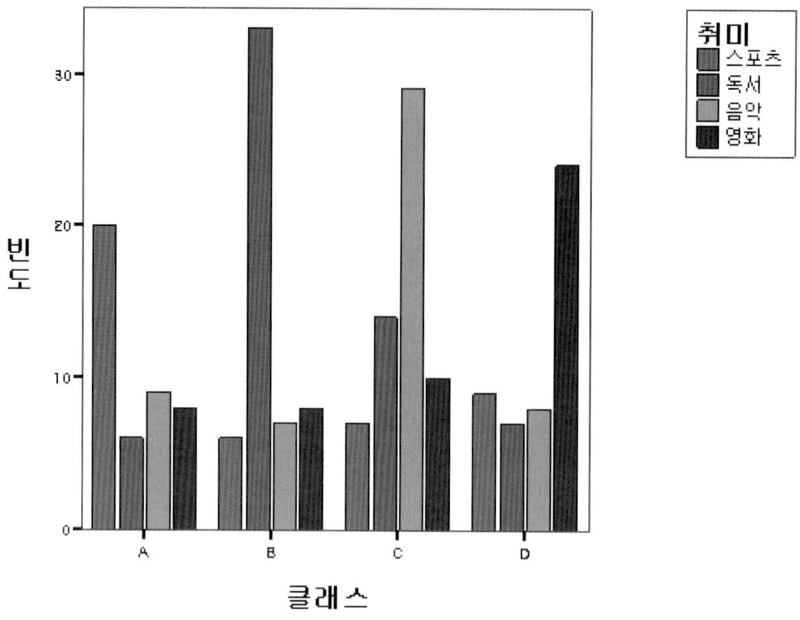
취미
스포츠
독서
음악
영화
빈도
0
10
20
30
A
B
C
D
클래스

CHAPTER

2

분할표에 관한 검정

CHAPTER 2

분할표에 관한 검정

2.1 | 2×2 분할표의 검정

1. χ^2 검정

[예제 2-1]

어떤 기업이 주부용으로 개발한 상품 W의 인지율(認知率)을 조사하기 위해서 서울 시내에 살고 있는 주부를 대상으로 상품 W의 존재를 알고 있는지 모르는지를 묻는 조사를 실시했다. 아이가 있는 주부(A그룹)와 아이가 없는 주부(B그룹) 사이에는 인지율에 차가 있는지 어떤지를 보기 위해서 각 그룹으로부터 500명씩 무작위로 추출하여 앙케트를 실시했다. 그 결과를 정리한 것이 다음의 2×2 분할표이다. A그룹과 B그룹의 인지율(알고 있는 비율)에 차가 있는지 검정하라.

	A	B	합 계
모른다	457	446	903
알고 있다	43	54	97
합 계	500	500	1000

■ 사고방식과 적용수법

2×2 분할표의 검정방법에는 Fisher의 Exact 검정과 χ^2검정이 있다. 여기에서는 χ^2검정을 적용해 본다.

카이제곱 검정은 카이제곱 통계량에 기초하는 유의성검정의 일종으로 관측도수와 기대도수 사이의 적합도검정에 흔히 쓰인다. 데이터가 빈도(도수)로 주어졌을 때, 특히 명목척도 자료의 분석에 이용된다. 그 밖에 독립성검정과 동질성검정에도 쓰인다.

■ 가설의 설정

2×2 분할표의 일반 형태는 다음과 같이 표현된다.

		아이템 B		합 계
		B_1	B_2	
아이템 A	A_1	a	c	n_1
	A_2	b	d	n_2
합 계		m_1	m_2	N

귀무가설 H_0 : A_1 (A_2)이 발생할 확률은 B_1과 B_2에서 같다.

대립가설 H_1 : A_1 (A_2)이 발생할 확률은 B_1과 B_2에서 차이가 있다.

■ 검정의 순서

〈순서 1〉 가설의 설정

귀무가설 H_0 : A그룹와 B그룹의 모인지율은 같다.

대립가설 H_1 : A그룹와 B그룹의 모인지율에는 차이가 있다.

〈순서 2〉 유의수준 α의 설정

$$유의수준 \quad \alpha = 0.05$$

〈순서 3〉 검정통계량 χ^2값의 산출

$$\chi^2 = \frac{(ad - bc)^2 \times N}{n_1 \times n_2 \times m_1 \times m_2}$$

일반적으로는 근사정밀도(近似精密度)를 높이기 위해서 보정항(補正項)이 붙은 다음의 식이 자주 이용된다.

$$\chi^2 = \frac{\left(|\, ad - bc \,| - \dfrac{N}{2}\right)^2 \times N}{n_1 \times n_2 \times m_1 \times m_2}$$

여기에서 $-\dfrac{N}{2}$을 **Yates의 보정**이라고 부르고 있다.

〈순서 4〉 p 값의 계산

유의수준과 비교할 확률 p값을 계산한다. p값은 자유도 ϕ인 χ^2분포에 있어서 χ^2값 이상의 값이 될 확률이다.

〈순서 5〉 판정

[판정규칙 ①]

$\chi^2 \geqq \chi^2(1, \alpha)$ → 귀무가설 H_0를 기각한다.

$\chi^2 < \chi^2(1, \alpha)$ → 귀무가설 H_0를 기각하지 않는다.

[판정규칙 ②]

p값 ≦ 유의수준 α → 귀무가설 H_0를 기각한다.

p값 > 유의수준 α → 귀무가설 H_0를 기각하지 않는다.

■ SPSS에 의한 해법

〈순서 1〉 데이터의 입력

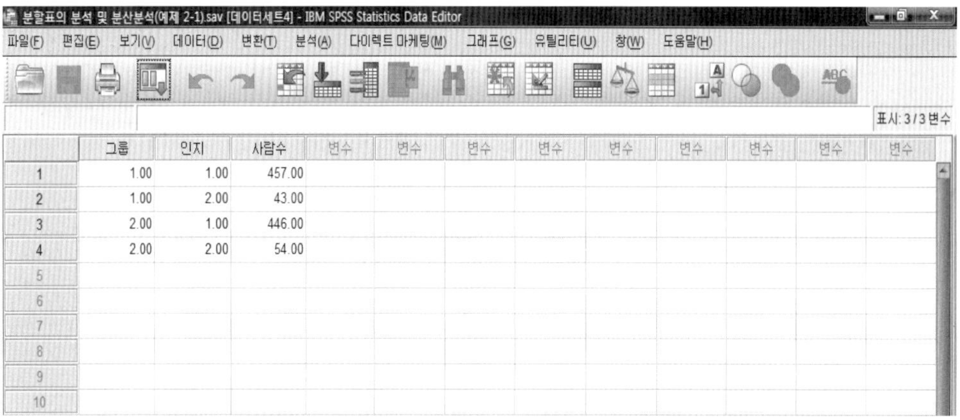

(주 1) '그룹'이라는 변수에는 1 = 'A', 2 = 'B'라고 하는 변수값 설명을 해 놓는다.

(주 2) '인지'라는 변수에는 1 = '모른다', 2 = '알고 있다'라고 하는 변수값 설명을 해 놓는다.

(주 3) '사람 수'라는 변수는 빈도변수라고 하는 것을 지정해 놓는다.

〈순서 2〉 크로스 집계표의 작성

메뉴에서 [분석(A)]−[기술통계량(E)]−[교차분석(C)]을 선택한다.

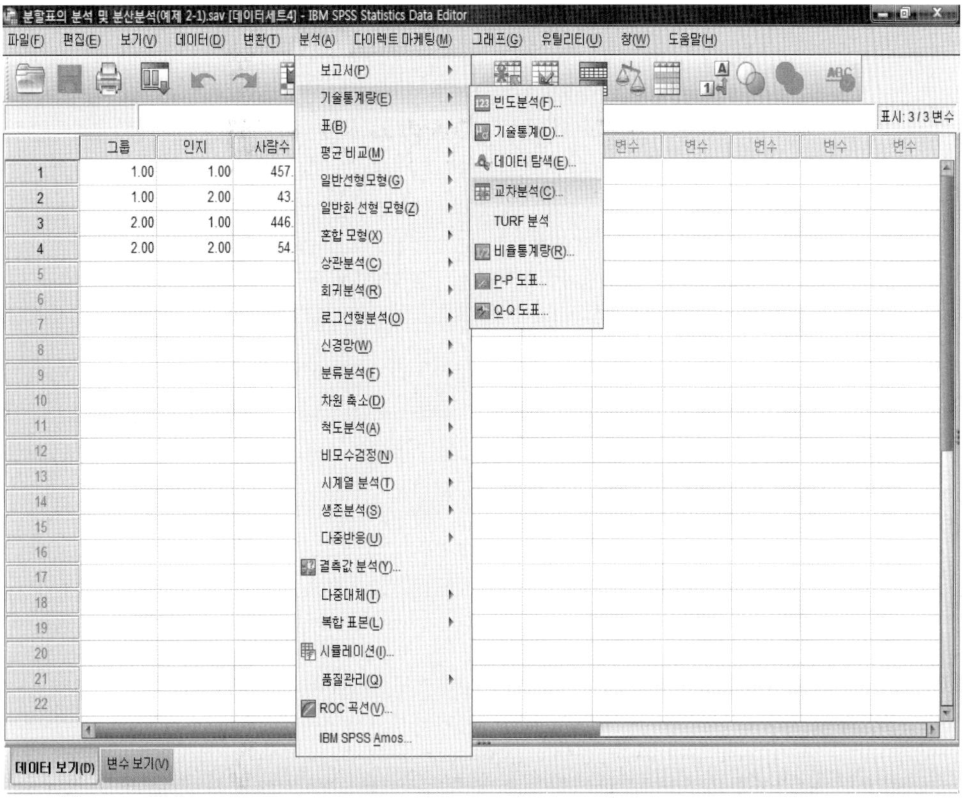

[교차분석]이라는 대화상자가 나타난다.
여기에서 [행(O)]에 '인지', [열(C)]에 '그룹'이라는 변수를 선택한다.

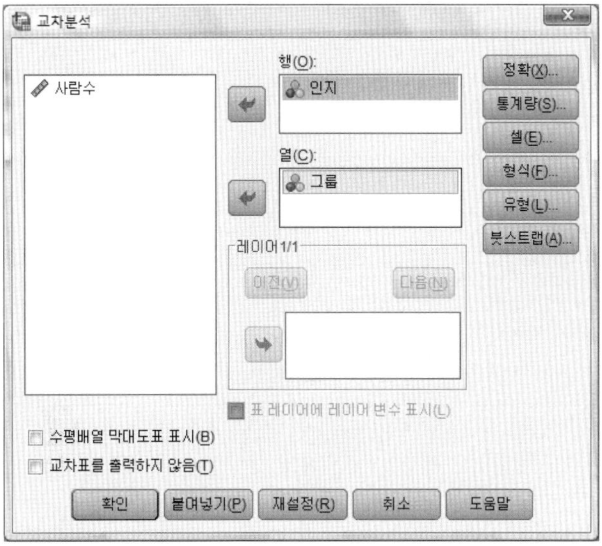

[통계량(S)]을 클릭하면, 다음과 같은 대화상자가 나타난다.

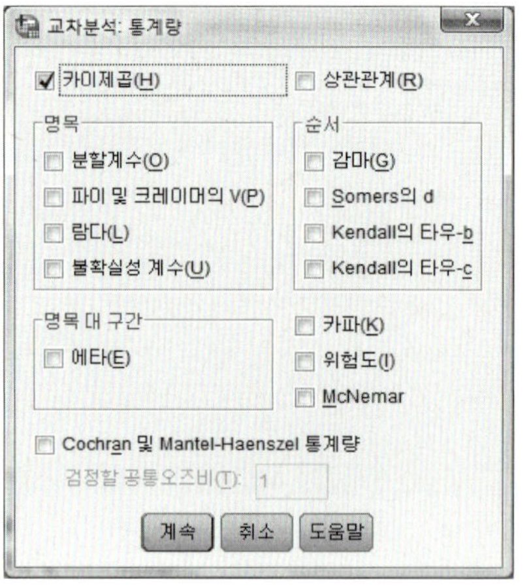

[카이제곱(H)]을 선택하고, [계속]을 클릭하면 앞의 대화상자로 되돌아간다. 여기에서 [확인] 버튼을 클릭하면 분석결과가 얻어진다.

■ 분석결과

인지 * 그룹 교차표

빈도

		그룹 A	그룹 B	전체
인지	모른다	457	446	903
	알고 있다	43	54	97
전체		500	500	1000

카이제곱 검정

	값	자유도	근사 유의확률 (양측검정)	정확 유의확률 (양측검정)	정확 유의확률 (단측검정)
Pearson 카이제곱	1.381[a]	1	.240		
연속성 수정[b]	1.142	1	.285		
우도비	1.384	1	.239		
Fisher의 정확검정				.285	.143
선형 대 선형결합	1.380	1	.240		
유효 케이스 수	1000				

a. 0 셀 (0.0%)은(는) 5보다 작은 기대 빈도를 가지는 셀입니다. 최소 기대빈도는 48.50입니다.

b. 2x2 표에 대해서만 계산됨

■ 결과의 해석방법

Yates의 보정을 행했을 때의 p값은 [연속성 수정] 행의 [근사 유의확률]의 수치를 본다.

$$p\text{값} = 0.285 > \text{유의수준 } \alpha = 0.05$$

이므로 귀무가설 H_0는 기각되지 않는다. 즉, A그룹과 B그룹의 모인지율(母認知率)에 차가 있다고는 할 수 없다.

2. 직접확률검정

[예제 2-2]

서울 시내의 대학에 다니는 학생들 중 무작위로 남녀 50명씩 추출해서 다음과 같은 설문조사를 실시했다.

[설문 1] 성별을 답해 주십시오.
A. 남 B. 여

[설문 1] 귀하는 집에서 애완동물을 기르고 있습니까?
A. 기르고 있다 B. 기르고 있지 않다

이 회답결과를 크로스 집계했더니 다음과 같은 2×2 분할표가 얻어졌다.

	남성	여성
기르고 있다	3	9
기르고 있지 않다	47	41

남학생과 여학생에 있어서 애완동물을 기르고 있는 사람의 비율에 차이가 있다고 할 수 있을까?

■ 사고방식

[예제 2-1]과 같은 타입의 문제이지만 [예제 2-1]에서 소개한 χ^2검정은 하나의 셀(분할표의 한 격자) 안의 도수가 모두 5 이상일 때에 사용할 수 있는 방법이다. 본 예제와 같이 5 미만의 도수가 있을 때에는 정밀도가 나빠져서 결과를 신용할 수 없다. 이와 같은 경우에는 Fisher의 **직접확률검정(Fisher's exact test)**을 실시하는 편이 좋다.

■ Fisher의 직접확률검정

직접확률검정의 계산법은 행의 합계와 열의 합계를 고정해 놓고, 얻어져 있는 현재의 도수보다 더욱 치우친 도수의 편성을 생각해서 각각이 일어날 확률을 모두 계산하는 방법이다.

이 예제의 분할표를 <표 1>이라고 하자.

표 1

	남성	여성
기르고 있다	3	9
기르고 있지 않다	47	41

<표 1>보다 더욱 한쪽으로 치우친 결과는 다음과 같은 세 가지이다.

표 2

	남성	여성
기르고 있다	2	10
기르고 있지 않다	48	40

표 3

	남성	여성
기르고 있다	1	11
기르고 있지 않다	49	39

표 4

	남성	여성
기르고 있다	0	12
기르고 있지 않다	50	38

<표 1>에서 <표 4>까지의 각각에 대해서 확률을 계산하고, 그 확률을 합계한다. 그것이 p값(단측)이 된다. 확률의 계산방법은 다음과 같은 분할표를 가지고 설명하기로 한다. 표 중의 a, b, c, d는 도수를 나타내는 것으로 하고 a가 가장 작은 값이라고 한다.

	열 1	열 2	합계
행 1	a	b	n_1
행 2	c	d	n_2
합계	m_1	m_2	n

$$\text{확률 } P_r = \frac{n_1!n_2!m_1!m_2!}{n!} \sum_{i=0}^{a} \frac{1}{i!(n_1-i)!(m_1-i)!(d-a+i)!}$$

이 예제에서는,

$$\text{확률 } P_r = \frac{12!88!50!50!}{100!} \sum_{i=0}^{a} \frac{1}{i!(12-i)!(50-i)!(41-3+i)!}$$

$$= 0.0606 = p\text{값}(\text{단측})$$

■ SPSS에 의한 해법

〈순서 1〉 데이터의 입력

집계결과를 입력하는 방식으로 진행한다. 그러나 집계 전의 원시자료를 입력하는 방식으로도 진행방법은 같다.

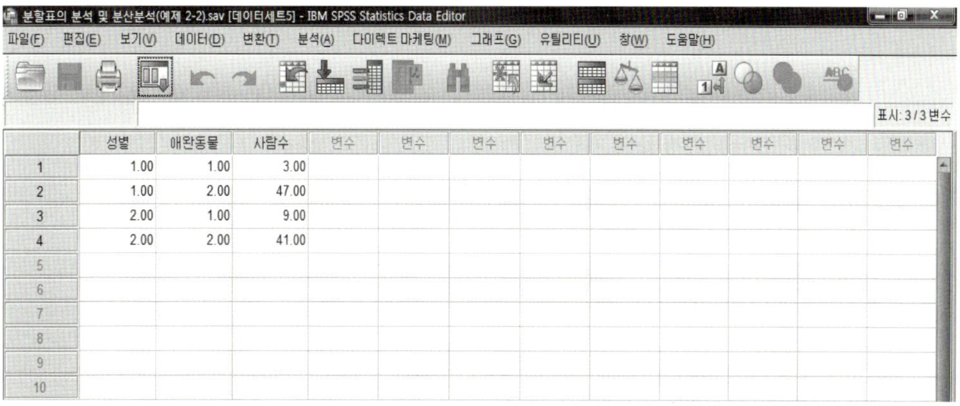

(주 1) '성별'이라는 변수에는 1 = '남', 2 = '여'라고 하는 변수값 설명을 해 놓는다.

(주 2) '애완동물'이라는 변수에는 1 = '기르고 있다', 2 = '기르고 있지 않다'라고 하는 변수값 설명을 해 놓는다.

(주 3) '사람 수'라는 변수는 빈도변수라는 것을 지정해 놓는다.

〈순서 2〉 크로스 집계표의 작성

메뉴에서 [분석(A)]－[기술통계량(E)]－[교차분석(C)]을 선택한다.

그 다음은 [예제 2-1]과 완전히 같은 순서로 해서 분석결과가 얻어진다.

■ 분석결과

애완동물 * 성별 교차표

빈도

		성별		전체
		남	여	
애완동물	기르고 있다	3	9	12
	기르고 있지 않다	47	41	88
전체		50	50	100

카이제곱 검정

	값	자유도	근사 유의확률 (양측검정)	정확 유의확률 (양측검정)	정확 유의확률 (단측검정)
Pearson 카이제곱	3.409[a]	1	.065		
연속성 수정[b]	2.367	1	.124		
우도비	3.549	1	.060		
Fisher의 정확검정				.121	.061
선형 대 선형결합	3.375	1	.066		
유효 케이스 수	100				

a. 0 셀 (0.0%)은(는) 5보다 작은 기대 빈도를 가지는 셀입니다. 최소 기대빈도는 6.00입니다.

b. 2x2 표에 대해서만 계산됨

■ 결과의 해석방법

Fisher의 직접확률검정의 결과는 [Fisher의 정확검정] 행의 [정확 유의확률]에 대한 수치를 본다.

또한 이 예제에서는 양측검정의 수치를 사용한다.

$$p\text{값} = 0.121 > \text{유의수준 } \alpha = 0.05$$

이므로 귀무가설 H_0는 기각되지 않는다. 즉, 남학생과 여학생에 있어서 애완동물을 기르고 있는 사람의 비율에는 차이가 있다고 할 수 없다.

[예제 2-3]

[예제 2-2]의 분할표에 대한 데이터를 다음과 같이 변경해서 직접확률검정을 실시하라.

	남성	여성
기르고 있다	3	8
기르고 있지 않다	43	42

■ 분석결과

[예제 2-2]와 같이 실행하면 다음과 같은 결과가 얻어진다.

카이제곱 검정

	값	자유도	근사 유의확률 (양측검정)	정확 유의확률 (양측검정)	정확 유의확률 (단측검정)
Pearson 카이제곱	2.122[a]	1	.145		
연속성 수정[b]	1.290	1	.256		
우도비	2.203	1	.138		
Fisher의 정확검정				.203	.128
선형 대 선형결합	2.099	1	.147		
유효 케이스 수	96				

a. 0 셀 (0.0%)은(는) 5보다 작은 기대 빈도를 가지는 셀입니다. 최소 기대빈도는 5.27입니다.

b. 2x2 표에 대해서만 계산됨

■ 결과의 해석방법

p값을 보면,

$$p\text{값(단측검정)} = 0.128$$
$$p\text{값(양측검정)} = 0.203$$

으로 되어 있다.

직접확률검정에서는 분할표에 있어서의 첫째 행의 합계와 둘째 행의 합계가 같거나 혹은 첫째 열의 합계와 둘째 열의 합계가 같다고 하는 상황이 아닌 한, 단측검정 p값을 두 배 하더라도 양측검정 p값이 되지 않는다는 사실에 주의해야 한다.

3. 맥네마의 검정

[예제 2-4]

서울 시내의 대학에 다니는 대학생들 중 무작위로 200명을 추출해서 다음과 같은 설문조사를 실시했다.

[설문 1] 귀하는 휴대폰을 갖고 있습니까?

A. 갖고 있다　　　　　　B. 갖고 있지 않다

[설문 2] 노트북을 갖고 있습니까?

A. 갖고 있다　　　　　　B. 갖고 있지 않다

이 회답결과를 다음과 같은 2×2 분할표로 정리했다.

		휴대폰		
		갖고 있다	갖고 있지 않다	합계
노트북	갖고 있다	80	40	120
	갖고 있지 않다	30	50	80
	합계	110	90	200

(숫자는 사람 수)

휴대폰을 갖고 있는 사람의 비율과 노트북을 갖고 있는 사람의 비율에 차가 있다고 할 수 있을까?

■ 사고방식

(설문 1)과 (설문 2)는 동일 집단에 하고 있기 때문에, 200명 각각이 (설문 1)과 (설문 2)에 답하게 된다. 이 때문에 휴대폰과 노트북의 양쪽을 갖고 있는 사람이 존재한다는 사실에 주의하지 않으면 안 된다. 이와 같은 두 개의 비율은 **대응이 있다**고 불린다. 대응이 있는 두 개의 비율에 대한 차(差)를 검정하는 방법에 **맥네마(McNemar)의 검정**이 있다.

■ 맥네마의 검정

휴대폰을 갖고 있는 사람의 모비율을 P_A, 노트북을 갖고 있는 사람의 모비율을 P_B라 하고,

$$\text{귀무가설 } H_0 : P_A = P_B$$
$$\text{대립가설 } H_1 : P_A \neq P_B$$

를 검정하는 방법이 맥네마의 검정이다.

다음과 같은 분할표를 중심으로 해서 계산방법을 설명하기로 한다. 표 중의 a, b, c, d는 도수를 나타내는 것으로 한다.

		휴대폰	
		갖고 있다	갖고 있지 않다
노트북	갖고 있다	a	b
	갖고 있지 않다	c	d

이때, 검정통계량 χ^2는

$$\chi^2 = \frac{(|b-c|-1)^2}{b+c}$$

으로 계산된다.

이 χ^2가 귀무가설 H_0 하에서는 자유도가 1인 χ^2분포에 따른다는 것을 이용해서 검정을 실시한다.

■ SPSS에 의한 해법

〈순서 1〉 데이터의 입력

집계결과를 입력하는 방식으로 진행한다. 그러나 집계 전의 원시자료를 입력하는 방식으로도 진행방법은 같다.

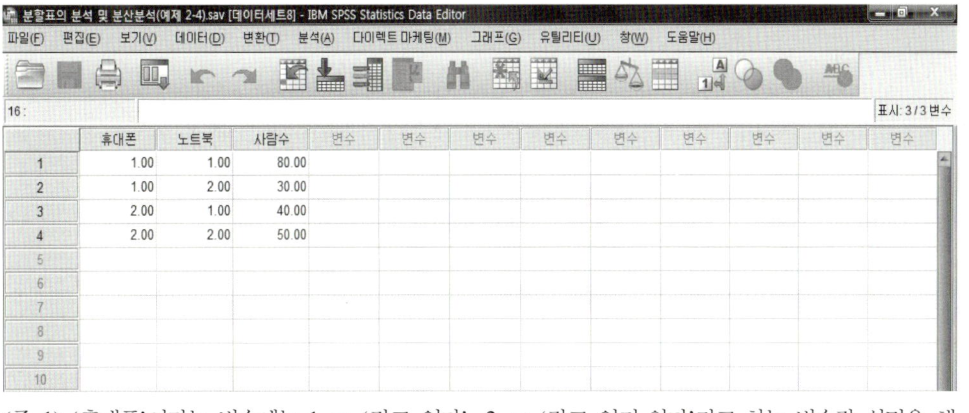

(주 1) '휴대폰'이라는 변수에는 1 = '갖고 있다', 2 = '갖고 있지 않다'라고 하는 변수값 설명을 해 놓는다.

(주 2) '노트북'이라는 변수에는 1 = '갖고 있다', 2 = '갖고 있지 않다'라고 하는 변수값 설명을 해 놓는다.

(주 3) '사람 수'라는 변수는 빈도변수라는 것을 지정해 놓는다.

〈순서 2〉 크로스 집계표의 작성

메뉴에서 [분석(A)]－[기술통계량(E)]－[교차분석(C)]을 선택한다.

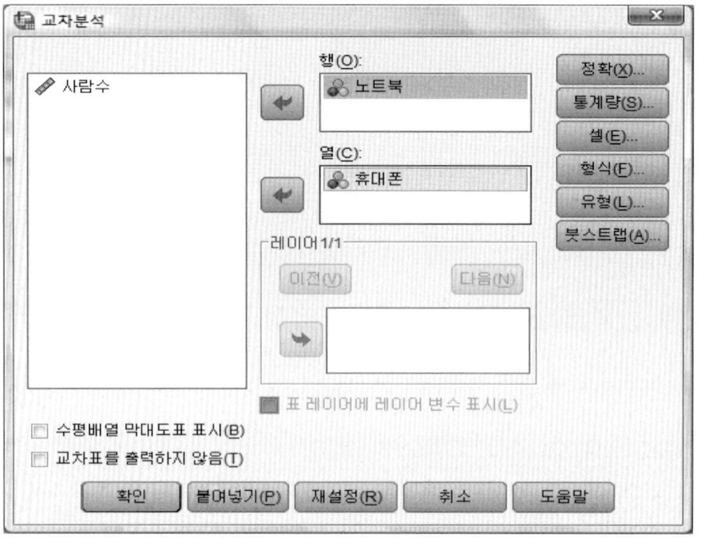

여기에서 [행(O)]에 '노트북', [열(C)]에 '휴대폰'이라는 변수를 선택한다. 그리고 [통계량(S)]을 클릭한다. 다음과 같은 대화상자가 나타난다.

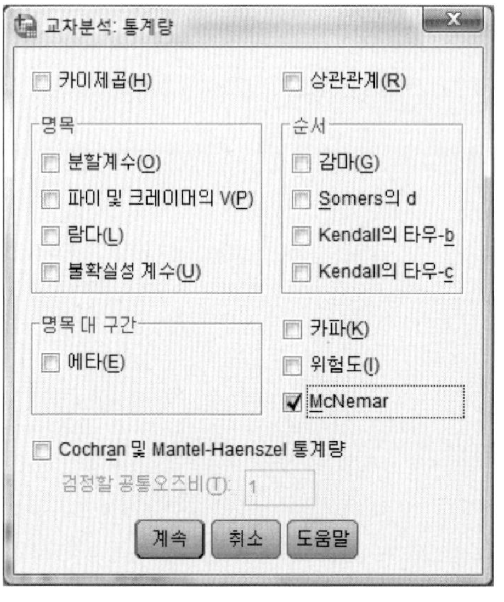

[McNemar]를 선택하고, [계속] 버튼을 클릭하면 앞의 대화상자로 되돌아간다. 여기에서 [확인] 버튼을 클릭하면 분석결과가 얻어진다.

■ 분석결과

노트북 * 휴대폰 교차표

빈도

		휴대폰		전체
		갖고 있다	갖고 있지 않다	
노트북	갖고 있다	80	40	120
	갖고 있지 않다	30	50	80
전체		110	90	200

카이제곱 검정

	값	정확 유의확률 (양측검정)
McNemar 검정		.282[a]
유효 케이스 수	200	

a. 이항분포를 사용함.

■ 결과의 해석방법

맥네마의 검정을 실시했을 때의 p값은, [McNemar 검정] 행의 [정확 유의확률](양측검정)에 대한 수치를 본다.

$$p\text{값} = 0.282 > \text{유의수준 } \alpha = 0.05$$

이므로, 귀무가설 H_0는 기각되지 않는다. 즉, 휴대폰을 갖고 있는 사람의 비율과 호출기를 갖고 있는 사람의 비율에 차가 있다고는 할 수 없다.

또한 여기에서 얻어진 p값은 이항분포를 이용해서 정확한 확률계산을 실시한 결과이므로, 앞에서 소개한 계산순서에 의한 방법과는 결과가 약간 다르다.

2.2 | $m \times n$ 분할표의 검정

1. χ^2검정

[예제 2-5]

어떤 학교에서 취미조사를 실시했다. 클래스는 A, B, C, D의 네 클래스가 있다고 한다. 조사 결과를 정리한 것이 다음의 4 × 4 분할표이다. 각 클래스의 취미 경향은 같다고 말할 수 있을까? 검정을 실시하라.

	A	B	C	D
스포츠	20	6	7	9
독 서	6	33	14	7
음 악	9	7	29	8
영 화	8	8	10	24

■ 사고방식과 적용수법

m행 n열의 $m\times n$ 분할표의 검정에는 다음의 성질을 이용한다. i행 j열째의 실측도수를 f_{ij}, 기대도수를 t_{ij}라고 하면

$$\sum_i \sum_j \frac{(f_{ij}-t_{ij})^2}{t_{ij}}$$

는 자유도 $(m-1)\times(n-1)$의 χ^2분포에 따른다.

여기에서 i 행 j열째의 기대도수 t_{ij}는 다음과 같이 계산된다.

제 i 행째의 합계 $N_{i\cdot}$, 제 j열째의 합계 $N_{\cdot j}$, 총합계 N으로부터

$$t_{ij} = \frac{N_{i\cdot}\times N_{\cdot j}}{N}$$

■ 검정의 순서

〈순서 1〉 가설의 설정

귀무가설 H_0 : 각 클래스의 취미 경향은 같다.

대립가설 H_1 : 각 클래스의 취미 경향에는 차이가 있다.

〈순서 2〉 유의수준 α의 설정

유의수준 $\alpha = 0.05$

〈순서 3〉 검정통계량 χ^2값의 산출

$$\chi^2 = \sum_i \sum_j \frac{(f_{ij}-t_{ij})^2}{t_{ij}}$$

〈순서 4〉 자유도 ϕ의 산출

$$\phi = (m - 1) \times (n - 1)$$

〈순서 5〉 p값의 계산

유의수준과 비교할 확률 p값을 계산한다. p값은 자유도가 ϕ인 χ^2분포에 있어서 χ^2값 이상의 값이 될 확률이다.

〈순서 6〉 판정

[판정규칙 ①]

$\chi^2 \geqq \chi^2(\phi, \alpha) \rightarrow$ 귀무가설 H_0를 기각한다.

$\chi^2 < \chi^2(\phi, \alpha) \rightarrow$ 귀무가설 H_0를 기각하지 않는다.

[판정규칙 ②]

p값 $\leqq$ 유의수준 $\alpha \rightarrow$ 귀무가설 H_0를 기각한다.

p값 $>$ 유의수준 $\alpha \rightarrow$ 귀무가설 H_0를 기각하지 않는다.

■ SPSS에 의한 해법

〈순서 1〉 데이터의 입력

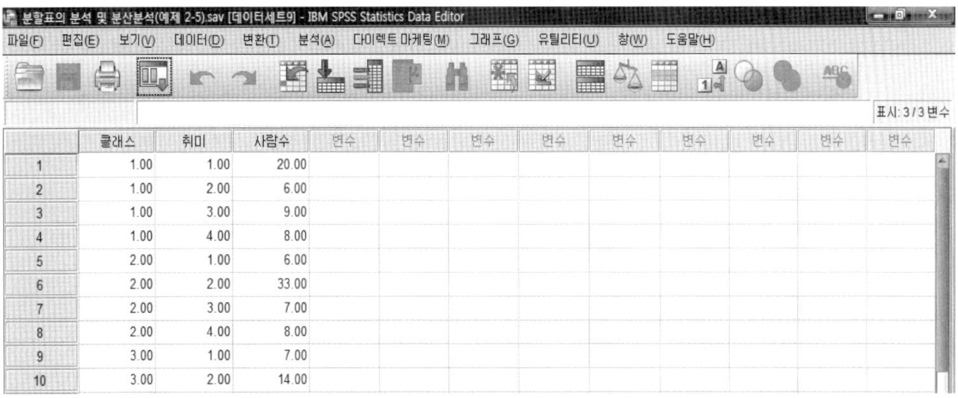

	클래스	취미	사람수	변수
1	1.00	1.00	20.00	
2	1.00	2.00	6.00	
3	1.00	3.00	9.00	
4	1.00	4.00	8.00	
5	2.00	1.00	6.00	
6	2.00	2.00	33.00	
7	2.00	3.00	7.00	
8	2.00	4.00	8.00	
9	3.00	1.00	7.00	
10	3.00	2.00	14.00	

(주 1) '클래스'라는 변수에는 1 = 'A', 2 = 'B', 3 = 'C', 4 = 'D'라고 하는 변수값 설명을 해 놓는다.

(주 2) '취미'라는 변수에는 1 = '스포츠', 2 = '독서', 3 = '음악', 4 = '영화'라고 하는 변수값 설명을 해 놓는다.

(주 3) '사람 수'라는 변수는 빈도변수라는 것을 지정해 놓는다.

〈순서 2〉 크로스 집계표의 작성

여기서부터의 순서는 [예제 2-1]과 같다.

■ 분석결과

취미 * 클래스 교차표

빈도

		클래스				전체
		A	B	C	D	
취미	스포츠	20	6	7	9	42
	독서	6	33	14	7	60
	음악	9	7	29	8	53
	영화	8	8	10	24	50
전체		43	54	60	48	205

카이제곱 검정

	값	자유도	근사 유의확률 (양측검정)
Pearson 카이제곱	79.457[a]	9	.000
우도비	69.903	9	.000
선형 대 선형결합	18.190	1	.000
유효 케이스 수	205		

a. 0 셀 (0.0%)은(는) 5보다 작은 기대 빈도를 가지는 셀입니다. 최소 기대빈도는 8.81입니다.

■ 결과의 해석방법

χ^2검정을 실시했을 때의 p값은 [Pearson 카이제곱] 행의 [근사 유의확률](양측검정)에 대한 수치를 본다.

$$p\text{값} = 0.000 < \text{유의수준 } \alpha = 0.05$$

이므로, 귀무가설 H_0를 기각한다. 즉, 각 클래스의 취미 경향에는 차이가 있다고 할 수 있다.

2. 잔차의 분석

■ 특징의 파악

[예제 2-5]에서는, 검정의 결과 각 클래스의 취미 경향에는 차이가 있다고 하는 결론이 얻어졌다. 그렇다면 각 클래스에는 어떠한 특징이 있는 것일까? 특징을 파악하려면 잔차(殘差)를 음미하면 좋다. 분할표에 있어서의 잔차란 실측도수와 기대도수의 차를 말한다. 잔차가 큰

곳이 특징적인 곳이다. 그러나 잔차 그대로는 대소의 절대적인 평가가 불가능하다. 그래서 수정된 잔차를 계산하여 그 값을 음미하게 된다.

여기에서 수정된 잔차의 계산방법을 기술하면 다음과 같다.

먼저 표준화 잔차 e_{ij}를 계산한다.

$$e_{ij} = \frac{f_{ij} - t_{ij}}{\sqrt{t_{ij}}}$$

다음에 e_{ij}의 분산 V_{ij}를 계산한다.

$$V_{ij} = \left(1 - \frac{n_{i\cdot}}{N}\right) \times \left(1 - \frac{n_{\cdot j}}{N}\right)$$

그리고 수정된 잔차 d_{ij}를 계산한다.

$$d_{ij} = \frac{e_{ij}}{\sqrt{V_{ij}}}$$

수정된 잔차 d_{ij}는 평균이 0, 표준편차가 1인 정규분포에 근사적으로 따른다. 이러한 성질로부터 $|d_{ij}|$ 가 2 이상인 것은 특징적인 곳으로 간주해도 좋다.

■ SPSS에 의한 해법

〈순서 1〉 데이터의 입력

데이터는 [예제 2-5]에서 이미 입력되어 있는 것으로 한다.

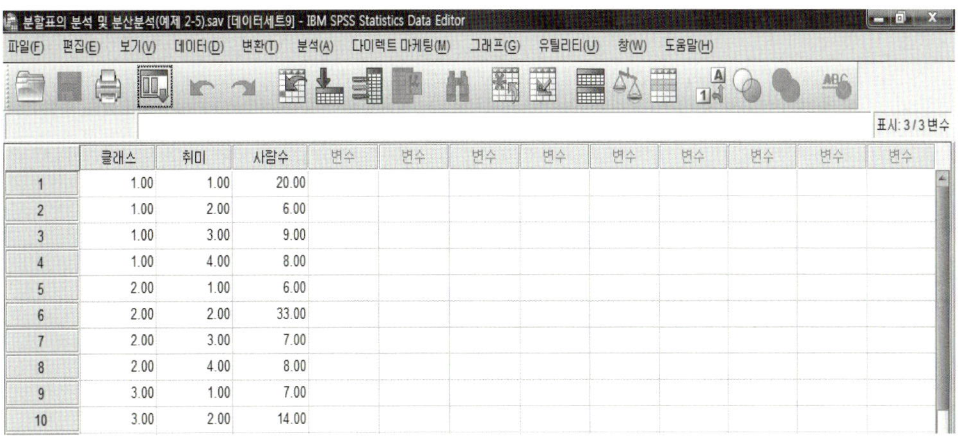

〈순서 2〉 크로스 집계표의 작성

메뉴에서 [분석(A)]-[기술통계량(E)]-[교차분석(C)]을 선택한다.

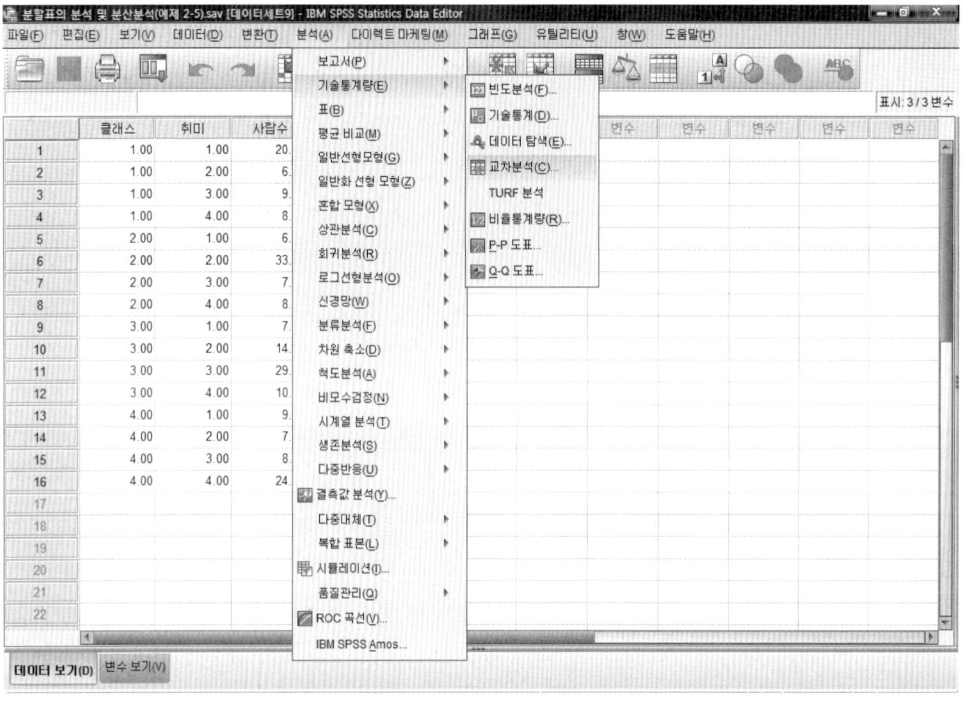

여기에서 [행(O)]에 '취미', [열(C)]에 '클래스'라고 하는 변수를 선택한다.

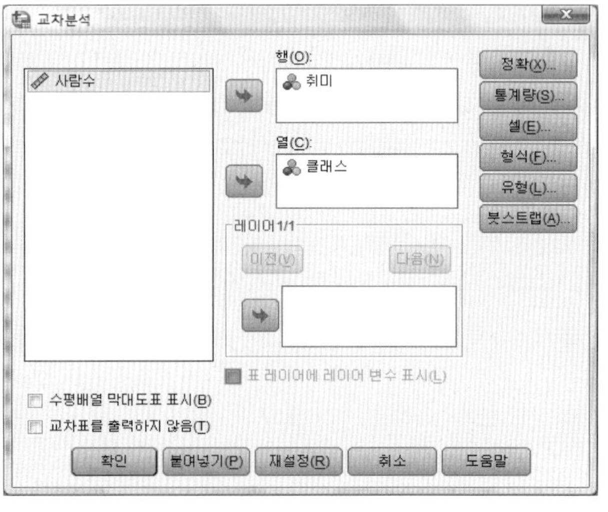

[셀(E)]을 클릭한다. 다음과 같은 대화상자가 나타난다.

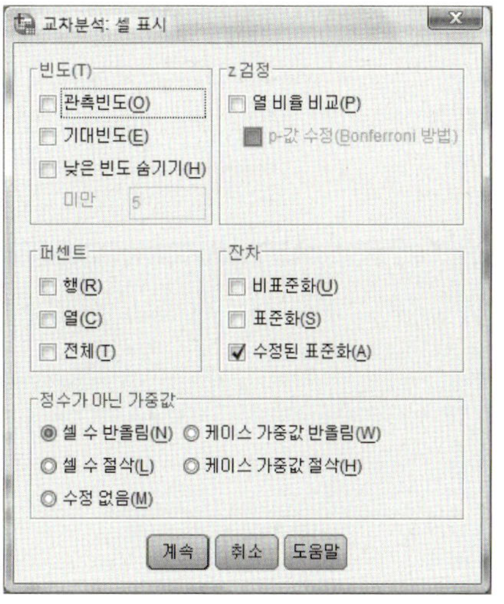

[수정된 표준화(A)]를 선택하고 [계속]을 클릭하면 앞의 대화상자로 되돌아간다. 여기에서 [확인] 버튼을 클릭하면 수정된 잔차가 얻어진다.

■ 분석결과

취미 * 클래스 교차표

수정된 잔차

		클래스			
		A	B	C	D
취미	스포츠	4.8	-2.0	-2.0	-.3
	독서	-2.5	6.0	-1.2	-2.6
	음악	-.8	-2.5	4.7	-1.7
	영화	-1.0	-1.9	-1.7	4.7

■ 결과의 해석방법

d_{ij}의 값으로부터 각 클래스의 특징은 다음과 같이 된다.

- A 클래스는 스포츠가 많고 독서가 적다.
- B 클래스는 독서가 많고 음악이 적다.
- C 클래스는 음악이 많고 스포츠가 적다.
- D 클래스는 영화가 많고 독서가 적다.

■ 빈도변수 지정방법

[예제 2-5]의 데이터에 대한 빈도변수 지정방법은 다음과 같다.

〈순서 1〉 빈도변수의 설정

메뉴에서 [데이터(D)]-[가중 케이스(W)]를 선택한다.

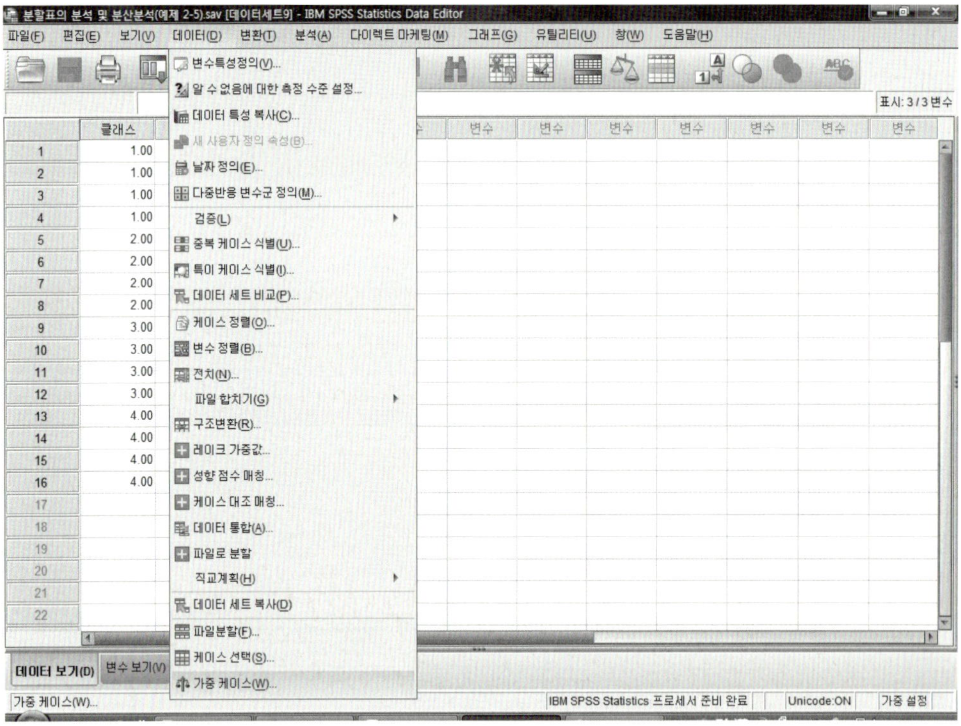

〈순서 2〉 변수의 선택

[가중 케이스 지정(W)]을 선택하고 나서 [빈도변수(F)]로서 '사람 수'를 선택한다.

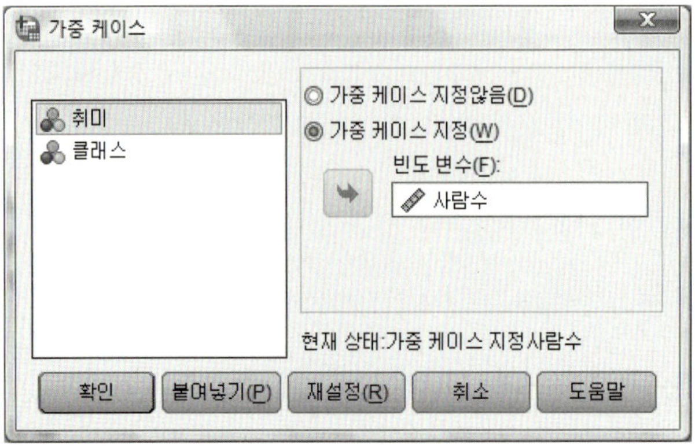

[확인]을 클릭한다.

이것으로 '사람 수'라고 하는 변수는 '빈도'를 나타내고 있다는 정보가 등록된다.

2.3 | 순서 카테고리 분할표의 검정

1. $2 \times M$ 분할표

[예제 2-6]

어떤 호텔에서 숙박자 중 남성과 여성을 100명씩 무작위로 뽑아 다음과 같은 질문을 했다.

[질문 X] 이 호텔의 종합적인 만족도를 답해 주십시오.

1. 불만
2. 약간 불만
3. 어느 쪽도 아님
4. 약간 만족
5. 만족

이 회답결과를 집계해서 다음의 2×5 분할표로 정리했다.

	불만	약간 불만	어느쪽도 아님	약간 만족	만족
남	5	15	35	30	15
여	10	25	30	25	10

(표 중의 숫자는 사람 수를 나타낸다.)

남녀에 있어서 만족도에 차가 있다고 할 수 있는지 검정하라.

■ 사고방식

이 예제의 2×5 분할표는 열에 배치한 선택지(카테고리) 사이에 오른쪽 열일수록 만족도가 높다고 하는 순서가 있다는 사실에 주의할 필요가 있다. 이와 같은 분할표를 **순서 카테고리의 분할표** 혹은 **카테고리에 순서가 있는 분할표** 등이라고 한다.

통상 $2 \times M$ 분할표의 검정에는 χ^2검정이 적용된다. 그러나 이 예제와 같이 순서 카테고리의 분할표인 경우에는 순서 정보를 무시해 버리는 χ^2검정은 유효하지 않다. 이와 같은 때에는 윌콕슨의 순위합검정이나 누적 χ^2검정, 최대 χ^2검정 등이 유효하다.

여기에서는 윌콕슨의 순위합검정에 의한 방법을 소개하기로 한다.

■ 윌콕슨의 순위합검정을 이용한 분할표의 검정

분할표를 다음과 같은 데이터표로 보면, 윌콕슨의 순위합검정이 완전히 똑같이 적용된다.

	남	여	
	1	1	
	1	1	
	1	1	
	1	1	
	1	1	
	2	1	
2가 15개	·	1	
	·	1	
	2	1	
	3	1	
	·	2	
	·	·	2가 25개
	·	·	
3이 35개	·	2	
	·	3	
	·	·	
	·	·	3이 30개
	·	·	
	3	3	
	4	4	
	·	·	
4가 30개	·	·	4가 25개
	·	·	
	4	4	
	5	5	
	·	·	
5가 15개	·	·	5가 10개
	·	·	
	5	5	

다만, 같은 순위의 수가 많이 존재하므로 검정통계량을 산출할 때는 수정항을 필요로 한다.

이제 비교할 그룹 수를 2라 하고, 행수가 2, 열수가 M이며 각 열에 순서가 있는 카테고리를 배치한 $2 \times M$ 분할표가 있다고 하자. 제 i그룹($i = 1, 2$), 제 j카테고리($j = 1, 2, \cdots, M$)의 도수를 n_{ij}라고 한다. 또, 제1그룹의 도수의 합계를 n_1, 제2그룹의 도수의 합계를 n_2, 전체의 도수를 N이라고 한다.

	열 1	…	열 j	…	열 M
행 1	n_{11}	…	n_{1j}	…	n_{1M}
행 2	n_{21}	…	n_{2j}	…	n_{2M}

각 카테고리의 도수의 합계를 T_j라고 하면,

$$T_j = n_{1j} + n_{2j}$$

j번째 카테고리의 순위 r_j는,

$$r_j = T_1 + T_2 + \cdots + T_{j-1} + (T_j + 1)/2$$

각 그룹의 순위합 R_i ($i = 1, 2$)는,

$$R_i = \sum_{j=1}^{M} r_j \times n_{ij}$$

같은 순위의 수 T_j에 수반하는 수정항 C는,

$$C = 1 - \frac{1}{N^3 - N} \sum_{j=1}^{M} (T_j^3 - T_j)$$

가 된다.

검정통계량 U는, n_1과 n_2 중 작은 쪽을 n이라 하고 그 순위합 R_i를 W라고 하면,

$$U = \frac{\left| W - \frac{1}{2} n(N+1) \right| - \frac{1}{2}}{\sqrt{\frac{C \times n_1 \times n_2 \times (N+1)}{12}}}$$

p값은 U가 평균 0, 표준편차 1인 표준정규분포에 따른다는 것을 이용한다.

■ SPSS에 의한 해법

〈순서 1〉 데이터의 입력

집계결과를 입력하는 방식으로 진행한다. 집계 전의 원시자료를 입력하는 방식으로도 진행 방법은 같다.

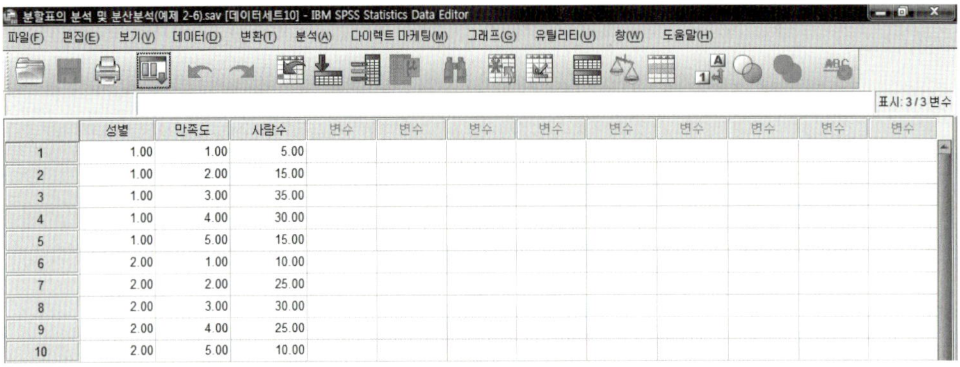

(주 1) '성별'이라는 변수에는 1 = '남', 2 = '여'라고 하는 변수값 설명을 해 놓는다.
(주 2) '사람 수'라는 변수는 빈도변수라는 것을 지정해 놓는다.

〈순서 2〉 비모수검정의 선택

메뉴에서 [분석(A)]－[비모수검정(N)]－[레거시 대화상자(L)]－[2－독립표본]을 선택한다.

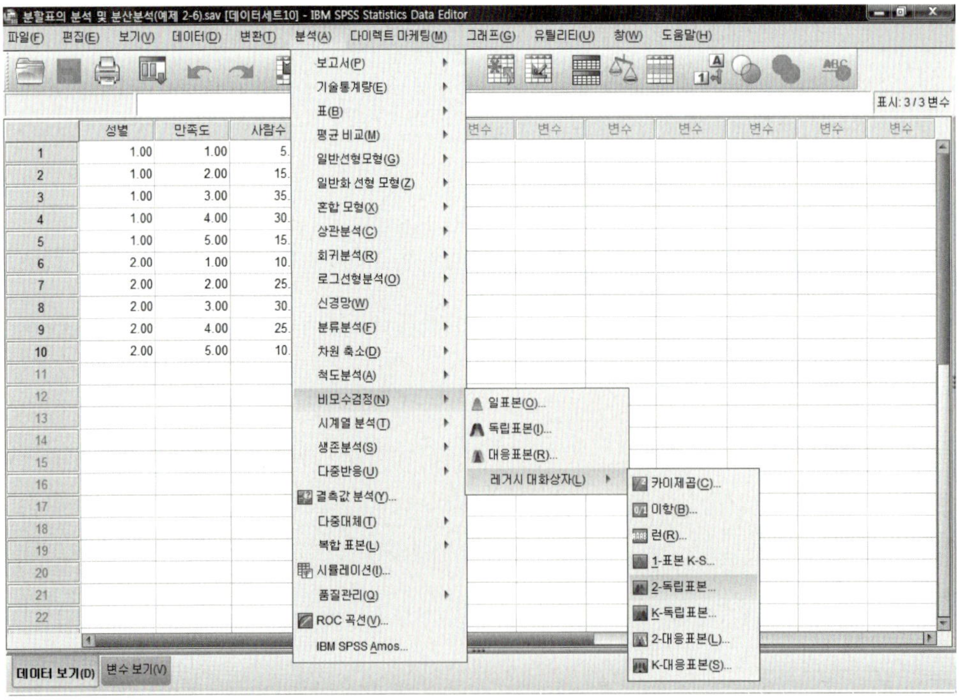

다음과 같은 대화상자가 나타난다.

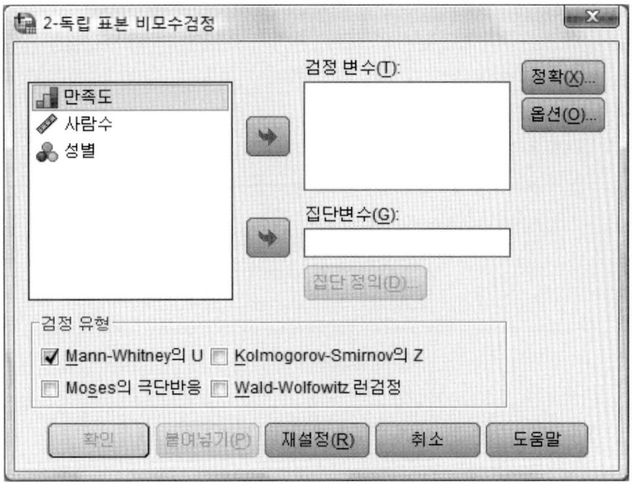

〈순서 3〉 변수의 선택

① [검정변수(T)]에 '만족도'를 선택한다.

② [집단변수(G)]에 '성별'을 선택한다.

[집단 정의(D)]에서는 [집단 1] 난에 '1', [집단 2] 난에 '2'라고 입력한다.

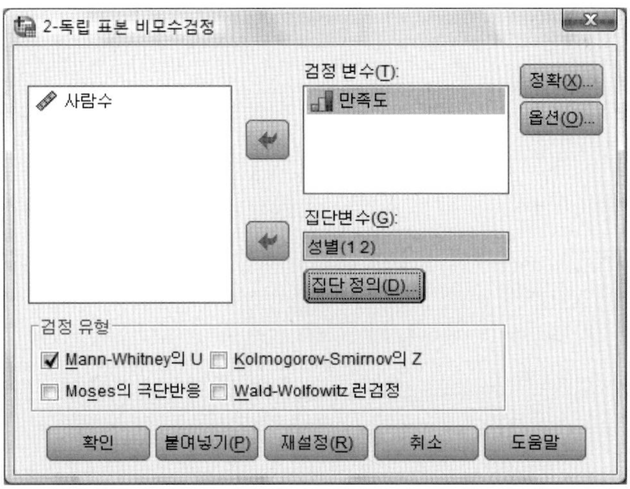

〈순서 4〉 검정방법의 선택

[Mann-Whitney의 U]을 선택한다.

[확인] 버튼을 클릭하면 검정결과가 얻어진다.

■ 분석결과

순위

	성별	N	평균 순위	순위합
만족도	남	100	109.13	10912.50
	여	100	91.88	9187.50
	전체	200		

검정 통계량[a]

	만족도
Mann-Whitney의 U	4137.500
Wilcoxon의 W	9187.500
Z	-2.180
근사 유의확률(양측)	.029

a. 집단변수: 성별

■ 결과의 해석방법

$$p\text{값} = 0.029 < \text{유의수준 } \alpha = 0.05$$

이므로 귀무가설 H_0는 기각된다. 즉, 남녀에 있어서 만족도에 차가 있다고 할 수 있다.

2. $L \times M$ 분할표

[예제 2-7]

어떤 호텔에서 숙박자 중 학생, 회사원, 사업가를 50명씩 무작위로 뽑아 다음과 같은 질문을 했다.

[질문 X] 이 호텔의 종합적인 만족도를 답해 주십시오.

1. 불만
2. 약간 불만
3. 어느 쪽도 아님
4. 약간 만족
5. 만족

이 회답결과를 집계해서 다음의 3×5 분할표로 정리했다.

	불만	약간 불만	어느쪽도 아님	약간 만족	만족
학생	6	11	16	6	11
회사원	7	8	15	14	6
사업가	15	11	13	6	5

(표 중의 숫자는 사람 수)

학생, 회사원, 사업가 사이에는 만족도에 차가 있다고 할 수 있는지 검정하라.

■ 사고방식

이 예제의 3×5 분할표는 [예제 2-6]과 마찬가지로 카테고리에 순서가 있는 분할표로서, 오른쪽 열일수록 만족도가 높아지고 있다. [예제 2-6]과 다른 점은 만족도를 비교할 그룹의 수(행의 수)가 3이라고 하는 점이다.

비교할 그룹의 수가 2일 때에는 윌콕슨의 순위합검정을 적용했는데, 이 검정방법은 그룹의 수가 3 이상이 되면 적용할 수 없다. 이와 같은 때에는 **크러스컬-윌리스(Kruskal-Wallis)의 순위합검정**이 적용된다.

일반적으로 열의 카테고리에 순서가 있는 $L \times M$ 분할표에서는 L이 2일 때에는 윌콕슨의 순위합검정을 적용하고, L이 3 이상일 때에는 크러스컬-윌리스의 순위합검정을 적용하면 된다.

■ 크러스컬-윌리스의 순위합검정을 이용한 분할표의 검정

이제 비교할 그룹의 수를 L이라 하고, 행수가 L, 열수가 M이며 각 열에 순서가 있는 카테고리를 배치한 $L \times M$ 분할표가 있다고 하자.

제 i 그룹($i = 1, 2, \cdots, L$), 제 j카테고리($j = 1, 2, \cdots, M$)의 도수를 n_{ij}라고 한다. 또한 제 i 그룹의 도수의 합계를 n_i, 전체의 도수를 N이라 한다.

각 카테고리의 도수의 합계를 T_j라고 하면,

$$T_j = n_{1j} + n_{2j} + \cdots + n_{Lj}$$

j번째 카테고리의 순위 r_j는,

$$r_j = T_1 + T_2 + \cdots + T_{j-1} + (T_j + 1) / 2$$

각 그룹의 순위합 R_i ($i = 1, 2, \cdots, L$)는,

$$R_i = \sum_{j=1}^{M} r_j \times n_{ij}$$

같은 순위의 수 T_j에 수반하는 수정항 C는,

$$C = 1 - \frac{1}{N^3 - N} \sum_{j=1}^{M} (T_j^{\ 3} - T_j)$$

가 된다.

검정통계량 H는,

$$H = \frac{6}{C} \left\{ \frac{2}{N(N+1)} \sum_{i=1}^{L} \frac{R_i^{\ 2}}{n_i} - \frac{N+1}{2} \right\}$$

p값은 H가 평균이 0, 표준편차가 1인 표준정규분포에 따른다는 것을 이용한다.

■ SPSS에 의한 해법

〈순서 1〉 데이터의 입력

집계결과를 입력하는 방식으로 진행한다. 집계 전의 원시자료를 입력하는 방식으로도 진행 방법은 같다.

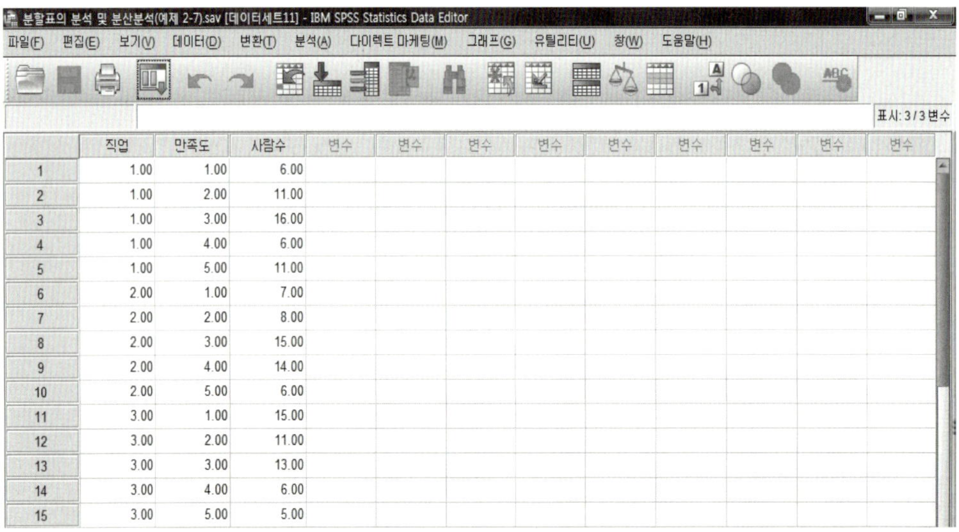

	직업	만족도	사람수	변수	변수	변수	변수	변수	변수	변수	변수	변수
1	1.00	1.00	6.00									
2	1.00	2.00	11.00									
3	1.00	3.00	16.00									
4	1.00	4.00	6.00									
5	1.00	5.00	11.00									
6	2.00	1.00	7.00									
7	2.00	2.00	8.00									
8	2.00	3.00	15.00									
9	2.00	4.00	14.00									
10	2.00	5.00	6.00									
11	3.00	1.00	15.00									
12	3.00	2.00	11.00									
13	3.00	3.00	13.00									
14	3.00	4.00	6.00									
15	3.00	5.00	5.00									

(주 1) '직업'이라는 변수에는 1= '학생', 2= '회사원', 3= '사업가'라고 하는 변수값 설명을 해 놓는다.
(주 2) '사람 수'라는 변수는 빈도변수라는 것을 지정해 놓는다.
빈도변수 지정방법은 [예제 2-5]을 참조할 것.

〈순서 2〉 비모수검정의 선택

메뉴에서 [분석(A)]－[비모수검정(N)]－[레거시 대화상자(L)]－[K－독립표본]을 선택한다.

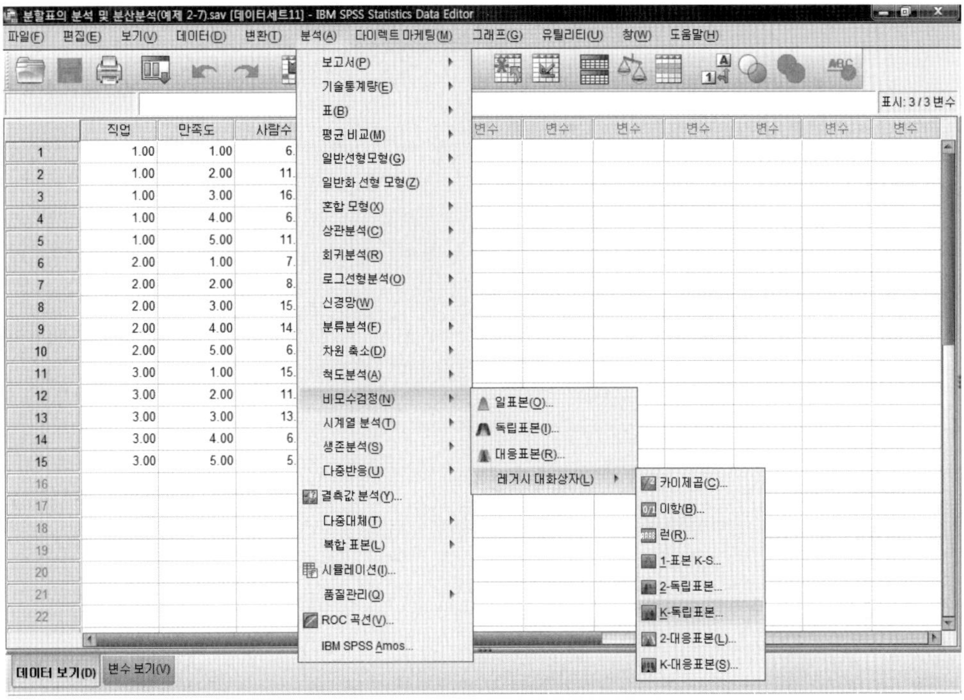

↓(대화상자가 나타난다)

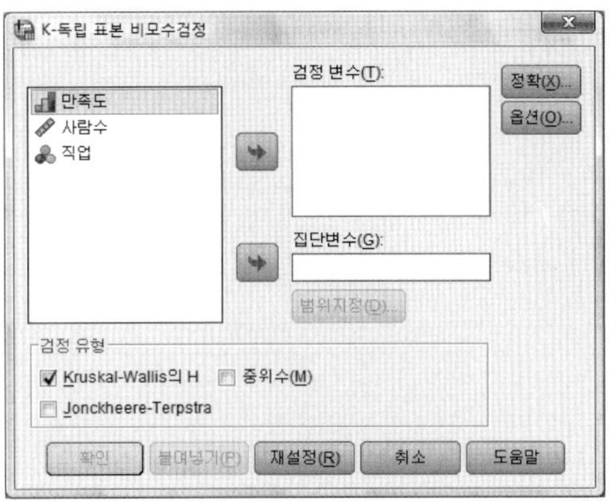

〈순서 3〉 변수의 선택

① [검정변수(T)]에 '만족도'를 선택한다.

② [집단변수(G)]에 '직업'을 선택한다.

[범위지정(D)]에서는 세 개의 그룹이 있으므로, [최소값] 난에 '1', [최대값] 난에 '3'을 입력한다.

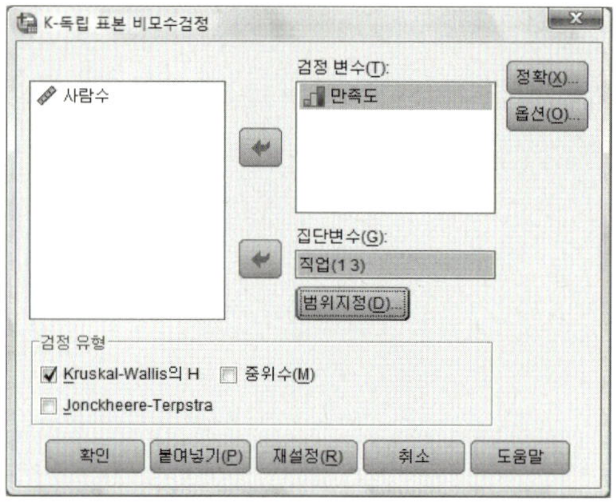

〈순서 4〉 검정방법의 선택

[Kruskal-Wallis의 H]를 선택한다.

[확인] 버튼을 클릭하면 검정결과가 얻어진다.

■ 분석결과

순위

	직업	N	평균 순위
만족도	학생	50	81.62
	회사원	50	82.22
	사업가	50	62.66
	전체	150	

검정 통계량[a,b]

	만족도
카이제곱	6.887
자유도	2
근사 유의확률	.032

a. Kruskal Wallis 검정

b. 집단변수: 직업

■ 결과의 해석방법

$$p\text{값} = 0.032 < \text{유의수준 } \alpha = 0.05$$

이므로 귀무가설 H_0는 기각된다. 즉, 학생, 회사원, 사업가 사이에는 만족도에 차가 있다고 할 수 있다.

CHAPTER

3

일원배치 분산분석(Ⅰ)

- 요인에 대응이 없는 경우 -

CHAPTER 3

일원배치 분산분석(Ⅰ)

- 요인에 대응이 없는 경우 -

3.1 | 분산분석 개요

■ 사고방식과 적용수법

우리의 일상생활 주변에서는 두 개 이상의 모집단의 평균을 동시에 비교해야 하는 경우가 흔히 발생하며, 이를 위해 사용되는 통계적 기법을 **분산분석(analysis of variance : ANOVA)**이라고 한다.

예를 들면, 사무직 근로자와 생산직 근로자 그리고 서비스직 근로자 간의 평균임금을 비교하는 경우를 들 수 있다. 여기에서 근로자의 유형이 독립변수가 되고 임금이 종속변수가 되어 결국 분산분석이란 독립변수와 종속변수의 관계를 분석하는 기법인 것이다. 또한 독립변수를 **요인(factor)** 또는 **인자**라고도 하며 앞의 예에서는 요인의 세 가지 상태, 즉 사무직, 생산직, 서비스직의 **요인수준(factor level)**이 있다고 할 수 있다.

분산분석에는 단 하나의 요인을 분석대상으로 하는 **일원배치 분산분석(one-way ANOVA)**과 두 개의 요인을 분석대상으로 하는 **이원배치 분산분석(two-way ANOVA)**이 있다. 두 개 이상의 요인을 분석대상으로 하는 경우를 통틀어 **다원배치 분산분석(multi-way ANOVA)**이라고 하기도 한다.

이원 분산분석의 예로서 제품의 진열방법과 제품의 포장방법이 매출액에 어떤 영향을 미치는가를 분석하는 경우를 들 수 있다. 이때의 독립변수는 제품의 진열방법과 포장방법이 되며 두 개의 독립변수가 함께 매출에 미치는 영향을 분석한다.

■ 분산분석표

분산분석이란 "측정치 전체의 분산을 몇 개의 요인효과에 대응하는 분산과, 그 나머지의 오차분산으로 나누어서 검정이나 추정을 실시하는 것"이라고 정의할 수 있다.

측정치는 문제 삼은 요인을 어떤 수준으로 선택해서 행해진 실험의 결과이다. 개개의 실험조건을 처리라고 부르고, 그 차이가 측정치에 어떻게 영향을 미치는가를 조사하는 것이 목적이다. 분산분석은 변동요인을 하나의 요인에 의한 효과(주효과)와 복수 요인의 복합효과(교호작용)의 두 종류의 요인효과로 나누어서, 그것들을 선형 모델의 모수(母數) 또는 변량이라 생각하고 그 추측을 행하는 것이다. 여기에서 요인효과는 주효과와 교호작용을 총칭해서 일컫고 있다.

측정치에 대한 변동의 크기는 **편차제곱의 합(sum of squares)**으로 헤아려진다. 전체의 변동을 나타내는 총 편차제곱의 합은 각각의 요인효과에 대한 편차제곱의 합(처리요인에 의한 변동)과 문제 삼은 요인으로는 설명할 수 없는 산포도의 크기를 나타내는 오차에 대한 편차제곱의 합(잔차요인에 의한 변동)으로 분해된다. 편차제곱의 합은 그 요인효과의 상대적인 크기를 나타내는 기여율을 계산하는 데도 이용된다. 편차제곱의 합을 그 자유도로 나눈 것은 **제곱평균** 또는 **불편분산**이라고 부른다.

어떤 요인효과에 대한 검정은 그 불편분산을 오차분산 등으로 나눈 분산비(F비)에 의해서 실시된다. 분산분석의 주요한 계산결과는 **분산분석표(ANOVA table)**로 정리된다.

표 3.2 분산분석표(일원배치 분산분석)

변동의 요인	편차제곱의 합 (S)	자유도 (ϕ)	분 산 (V)	분산비 (F)	분산의 기대치 [$E(V)$]
처 리 잔 차	S_A S_e	$a-1$ $a(n-1)$	V_A V_e	V_A/V_e	$\sigma_e^2 + n\sigma_A^2$ σ_e^2
계	S_T	$an-1$			

검정의 순서

〈순서 1〉 가설의 설정

귀무가설 $H_0 : \mu_A = \mu_B = \mu_C = \mu_D$

(네 가지 식품의 콜레스테롤 평균함유량이 모두 같다.)

대립가설 $H_1 : \mu_A,\ \mu_B,\ \mu_C,\ \mu_D$ 중 적어도 하나는 다르다.

〈순서 2〉 유의수준 α의 설정

유의수준 $\alpha = 0.05$

〈순서 3〉 검정통계량 F값의 계산

$$F = \frac{V_A}{V_e}$$

여기에서

$$V_A = \frac{S_A}{a-1}$$

$$V_e = \frac{S_e}{a(n-1)}$$

〈순서 4〉 p 값의 산출

유의수준과 비교할 확률 p를 계산한다. p값은 F 분포에 있어서 F 이상의 값이 발생할 확률이다.

〈순서 5〉 판정

[p값에 의한 판정]

p값 $\leqq$ 유의수준 α → 귀무가설 H_0를 기각한다.

p값 $>$ 유의수준 α → 귀무가설 H_0를 기각하지 않는다.

[기각치에 의한 판정]

F비 $\geqq$ $F(\phi_A,\ \phi_e\ :\ \alpha)$ → 귀무가설 H_0를 기각한다.

F비 $<$ $F(\phi_A,\ \phi_e\ :\ \alpha)$ → 귀무가설 H_0를 기각하지 않는다.

3.2 ı 일원배치 분산분석

[예제 3-1]

다이어트 식품으로 알려진 A, B, C, D 네 가지 식품의 콜레스테롤 함유량을 비교하려고 한다. 각 식품별로 세 개의 제품을 추출하여 콜레스테롤 함유량을 측정한 결과가 다음과 같았다.

표 3.1 데이터표 (단위 : mg)

A	3.6	4.1	4.0
B	3.1	3.2	3.9
C	3.2	3.5	3.5
D	3.5	3.8	3.8

네 가지 다이어트 식품의 콜레스테롤 함유량이 같다고 할 수 있는지를 검정하라.

■ SPSS에 의한 해법

〈순서 1〉 데이터의 입력

<표 3.1>의 데이터를 다음과 같이 입력한다.

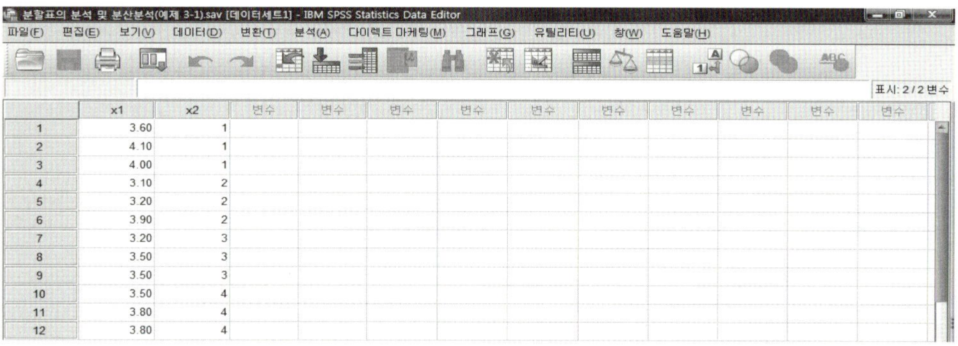

〈순서 2〉 일원배치 분산분석의 선택

메뉴에서 [분석(A)]−[평균 비교(M)]−[일원배치 분산분석(O)]을 선택한다.

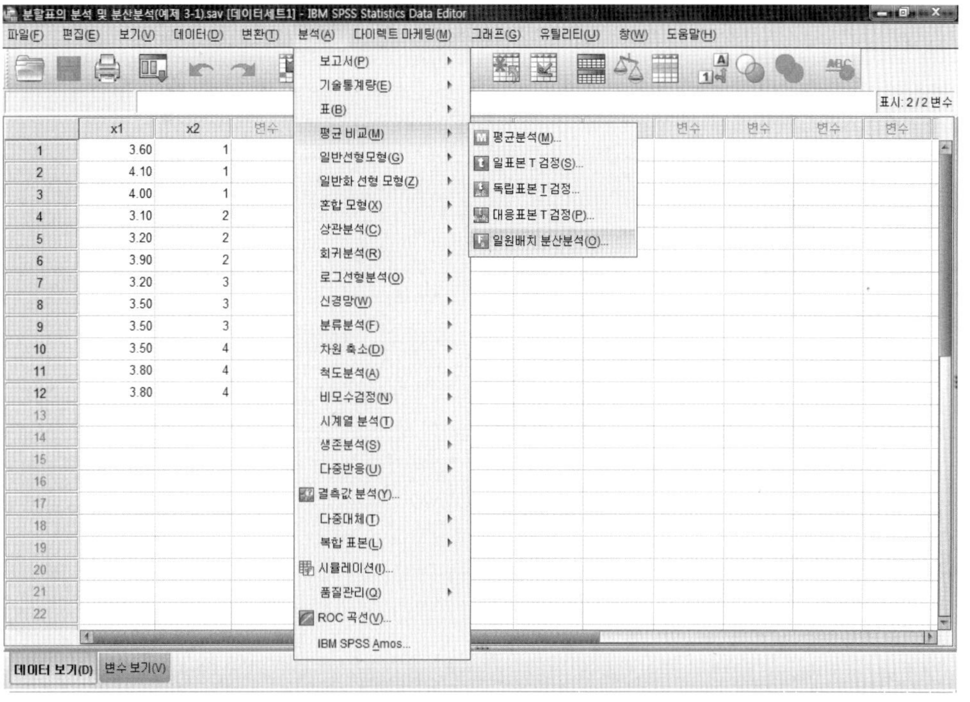

↓ (대화상자가 나타난다)

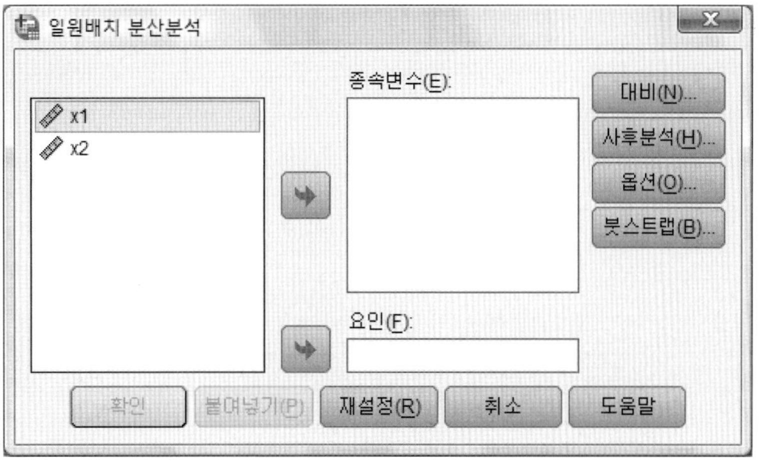

〈순서 3〉 변수의 선택

[종속변수(E)]로서 'x_1(콜레스테롤 함유량)'을 선택하고, [요인(F)]으로서 'x_2(식품)'를 선택한다.

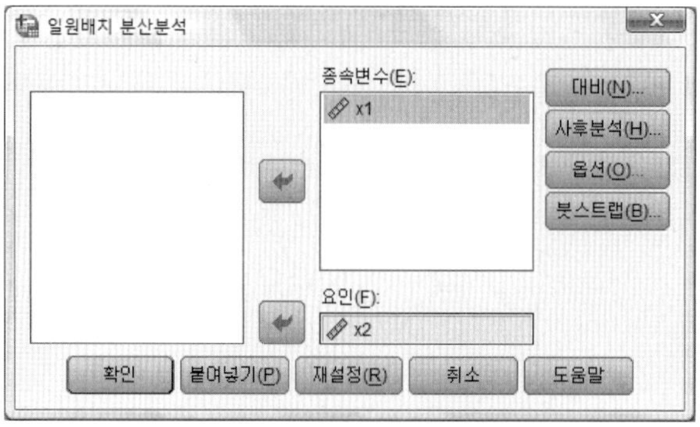

〈순서 4〉 [대비(N)] 버튼의 선택

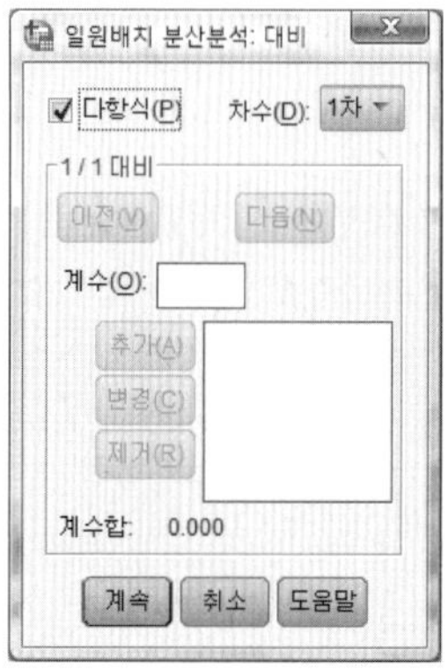

[일원배치 분산분석 : 대비] 대화상자는 대비(contrast)를 이용하여, 두 집단의 평균 차이를 비교하는 것이다. 이것은 일종의 사후검정(Post hoc test)과 유사한 방법이나 대비는 전체분석을 행하면서 특정 평균치들에 대하여 사전에 계획한 비교를 실행한다는 점에서 다르다. 여기에서 [다항식(P)]과 [차수(D)]는 '1차'를 선택한다.

[계속] 버튼을 클릭하여 앞의 대화상자로 되돌아가면, [사후분석(H)] 버튼을 클릭한다.

〈순서 5〉 [사후분석(H)] 버튼의 선택

[다중비교] 대화상자에서 [Scheffe]를 선택하고, [계속] 버튼을 클릭하면 앞의 대화상자로 되돌아간다. 여기에서 [옵션(O)] 버튼을 클릭한다.

〈순서 6〉 [옵션(O)] 버튼의 선택

[일원배치 분산분석 : 옵션] 대화상자에서 [통계량]으로서는 [기술통계(D)]와 [분산 동질성 검정(H)]을 선택한다. [계속] 버튼을 클릭하면 앞의 대화상자로 되돌아간다. 여기에서 [확인] 버튼을 클릭하면 다음과 같은 분석결과를 얻을 수 있다.

■ 분석결과(1)

기술통계

콜레스테롤 함유량

	N	평균	표준편차	표준오차	평균에 대한 95% 신뢰구간		최소값	최대값
					하한	상한		
A	3	3.9000	.26458	.15275	3.2428	4.5572	3.60	4.10
B	3	3.4000	.43589	.25166	2.3172	4.4828	3.10	3.90
C	3	3.4000	.17321	.10000	2.9697	3.8303	3.20	3.50
D	3	3.7000	.17321	.10000	3.2697	4.1303	3.50	3.80
전체	12	3.6000	.32753	.09455	3.3919	3.8081	3.10	4.10

분산의 동질성 검정

콜레스테롤 함유량

Levene 통계량	자유도1	자유도2	유의확률
2.667	3	8	.119

ANOVA

콜레스테롤 함유량

			제곱합	자유도	평균제곱	F	유의확률
집단-간	(결합됨)		.540	3	.180	2.250	.160
	선형 항	대비	.054	1	.054	.675	.435
		편차	.486	2	.243	3.037	.104
집단-내			.640	8	.080		
전체			1.180	11			

먼저 기술통계의 결과는 각 식품의 사례 수, 평균, 표준편차, 표준오차, 95% 신뢰구간, 최소값, 최대값 등을 나타내고 있다.

다음에 분산분석이 유용하기 위해서는 표본이 무작위로 추출되었으며 모집단은 동일한 분산을 가지고 있다는 가정을 충족시켜야 한다. 현재 분석하고 있는 데이터가 이러한 가정을 충족시키고 있는지를 알아보기 위해 Levene 통계량을 사용한다. Levene 통계량 값이 2.667로서 충분히 크며 그 때의 p값 $= 0.119 >$ 유의수준 $\alpha = 0.05$이므로 모집단의 분산이 동일하다는 귀무가설이 채택된다. 따라서 다음의 계속적인 분석이 가능하다.

분산분석의 결과에서

$$p\text{값} = 0.160 > \text{유의수준 } \alpha = 0.05$$

이므로 귀무가설을 기각할 수 없다. 즉, 다이어트 식품별 콜레스테롤 함유량이 다르다고 할 수 없다. 우리는 1단계 분석에서 식품별로 콜레스테롤 함유량에 유의한 차이가 없음을 알았다. 이것은 사후분석을 통해 재확인할 수 있다.

■ 분석결과(2)

다중비교

종속변수: 콜레스테롤 함유량

Scheffe

(I) 식품	(J) 식품	평균차이(I-J)	표준오차	유의확률	95% 신뢰구간 하한	95% 신뢰구간 상한
A	B	.50000	.23094	.272	-.3066	1.3066
	C	.50000	.23094	.272	-.3066	1.3066
	D	.20000	.23094	.859	-.6066	1.0066
B	A	-.50000	.23094	.272	-1.3066	.3066
	C	.00000	.23094	1.000	-.8066	.8066
	D	-.30000	.23094	.655	-1.1066	.5066
C	A	-.50000	.23094	.272	-1.3066	.3066
	B	.00000	.23094	1.000	-.8066	.8066
	D	-.30000	.23094	.655	-1.1066	.5066
D	A	-.20000	.23094	.859	-1.0066	.6066
	B	.30000	.23094	.655	-.5066	1.1066
	C	.30000	.23094	.655	-.5066	1.1066

콜레스테롤 함유량

Scheffe[a]

식품	N	유의수준 = 0.05에 대한 부분집합
		1
C	3	3.4000
B	3	3.4000
D	3	3.7000
A	3	3.9000
유의확률		.272

동질적 부분집합에 있는 집단에 대한 평균이 표시됩니다.

a. 조화평균 표본크기 3.000을(를) 사용합니다.

Scheffe 통계량으로 계산된 사후검정을 보면 유의수준 0.05 하에서 각 식품 간 콜레스테롤 함유량의 평균 차이가 유의하지 않음을 알 수 있다. 따라서 식품별 콜레스테롤 함유량에는 차이가 없다는 결론을 내릴 수 있다.

마지막으로 동질적 부분집합은 Scheffe의 경우에 통계적으로 평균 차이가 없는 동일한 집단을 나타내고 있다.

[예제 3-2]

어떤 제품의 인장강도를 높이기 위한 조건으로서 경화제의 종류를 요인으로서 문제 삼아 실험을 실시하기로 했다. 실험에 쓰이는 경화제는 전부해서 네 종류 있으며, 각 경화제를 각각 A_1, A_2, A_3, A_4로 하는 4수준의 일원배치 실험을 실시했다. 각 수준에서의 반복을 5회씩 합계 20회의 실험을 랜덤한 순서로 실시했다. 실험에 의해서 얻어진 데이터(인장강도)가 다음의 데이터표이다. 이때는 **질적 요인의 경우**에 해당된다.

데이터를 분석하라.

표 3.3 데이터표

A_1	A_2	A_3	A_4
40	42	46	41
41	43	42	40
36	39	44	42
37	38	45	37
39	39	46	40

■ SPSS에 의한 해법

〈순서 1〉 데이터의 입력

<표 3.3>의 데이터를 다음과 같이 입력한다.

요인에 대응인 있는 경우와 없는 경우에 데이터 입력방법이 다르므로 주의가 필요하다.

[잘못된 데이터 입력(1)]

<표 3.3>과 같은 데이터를 보면 다음과 같이 데이터를 입력하기 쉽다. 잘못된 입력방법이다. 이것은 '대응이 있는 요인'의 경우에 해당되는 입력방법이다.

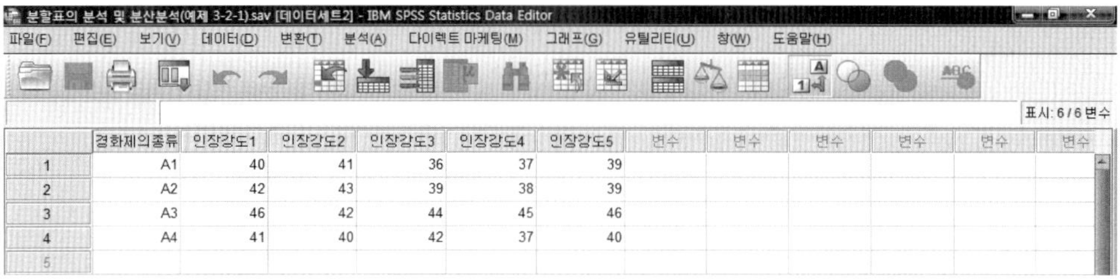

	경화제의종류	인장강도1	인장강도2	인장강도3	인장강도4	인장강도5
1	A1	40	41	36	37	39
2	A2	42	43	39	38	39
3	A3	46	42	44	45	46
4	A4	41	40	42	37	40

[잘못된 데이터 입력(2)]

유감스럽게도 이것도 잘못된 입력방법이다. 이것도 '대응이 있는 요인'의 경우에 해당되는 입력방법이다.

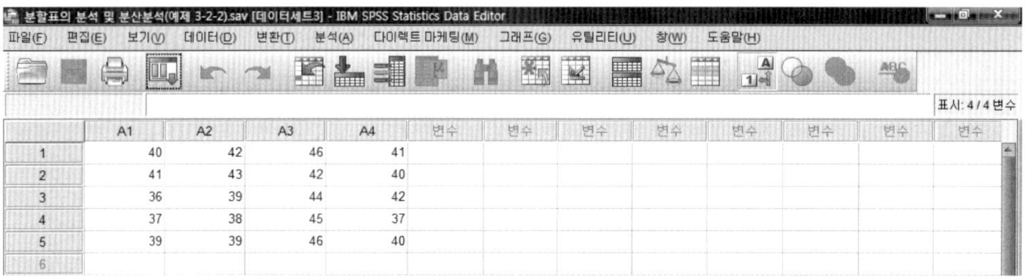

	A1	A2	A3	A4
1	40	42	46	41
2	41	43	42	40
3	36	39	44	42
4	37	38	45	37
5	39	39	46	40

[올바른 데이터 입력]

<표 3.3>과 같은 데이터는 **'대응이 없는 요인'**이다. 대응 관계가 없을 때는 다음과 같이 데이터를 세로 방향으로 입력한다.

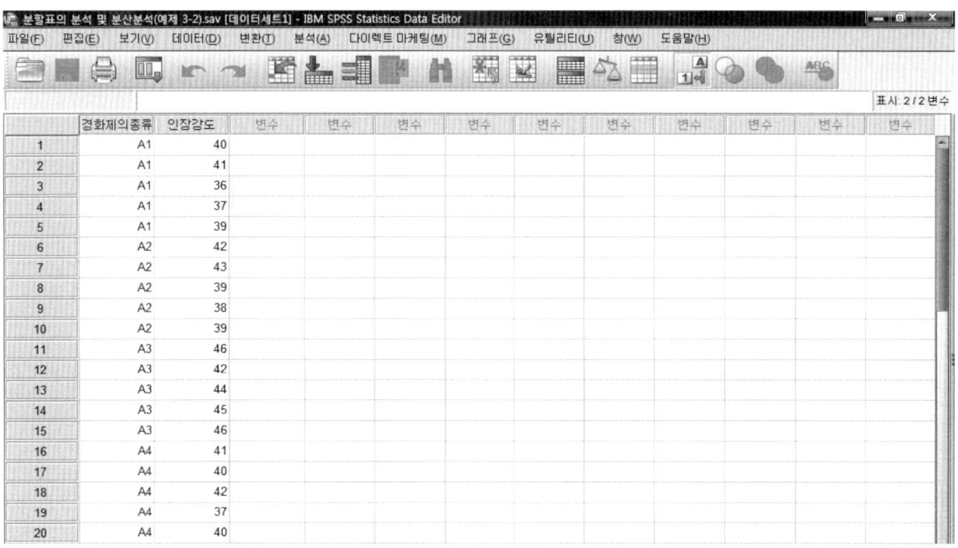

	경화제의종류	인장강도
1	A1	40
2	A1	41
3	A1	36
4	A1	37
5	A1	39
6	A2	42
7	A2	43
8	A2	39
9	A2	38
10	A2	39
11	A3	46
12	A3	42
13	A3	44
14	A3	45
15	A3	46
16	A4	41
17	A4	40
18	A4	42
19	A4	37
20	A4	40

[변수보기]에서 '경화제의 종류'에 대해서 [값 레이블]에서 다음과 같이 변수 값 설명을 하고, [측도]에서 척도 지정을 각각 해 놓는다.

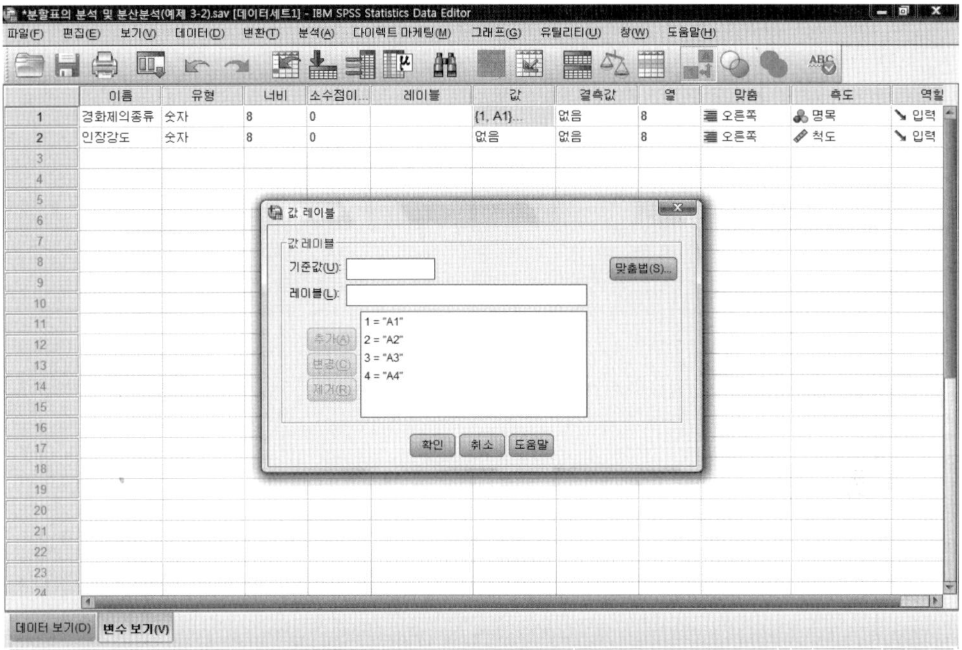

〈순서 2〉 분석수법의 선택

메뉴에서 [분석]-[평균 비교]-[일원배치 분산분석]을 선택한다.

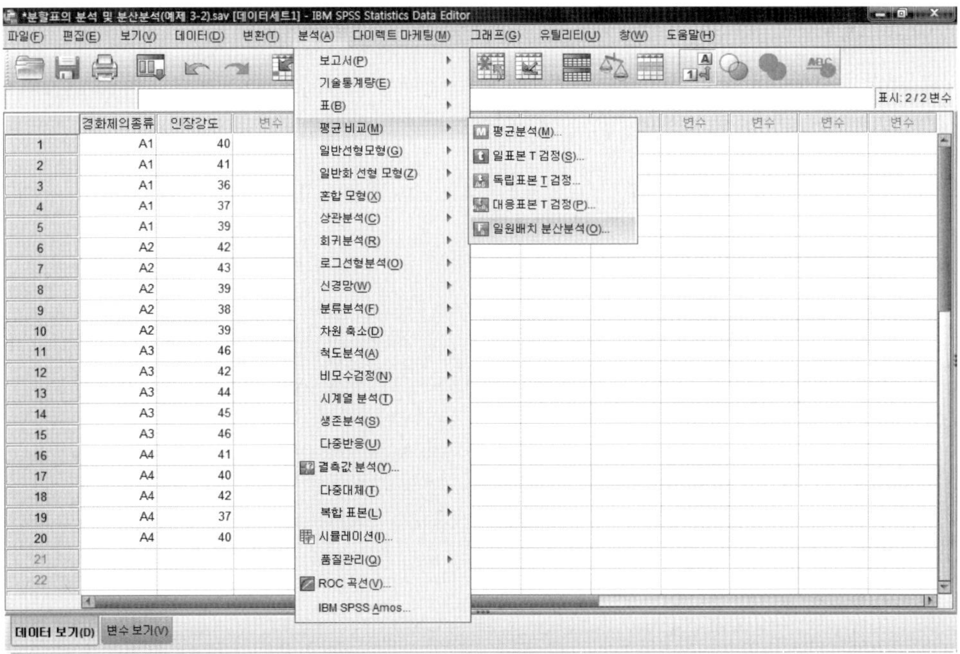

〈순서 3〉 변수의 선택

인장강도를 [종속변수]에, 경화제의 종류를 [요인]으로 이동한다. [옵션]을 클릭한다.

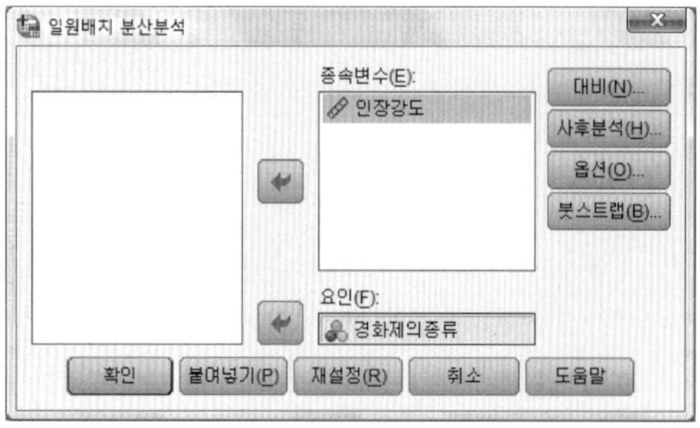

〈순서 4〉 옵션의 선택

[통계량]에서 [분산 동질성 검정]을 선택하고 [계속]을 클릭한다.

(주) 등분산성을 가정하지 않을 때는 [Brown-Forsythe], [Welch]를 체크한다.

〈순서 5〉 사후분석의 선택

다중비교를 하고 싶을 때는 [사후분석]을 클릭한다.

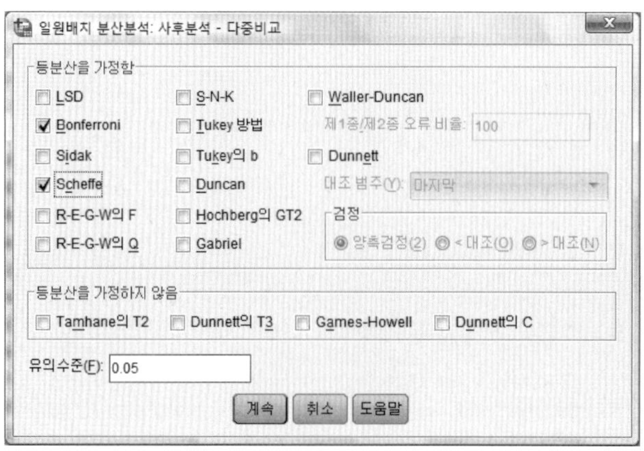

위와 같이 실제로 여러 가지 다중비교가 개발되어 있다. 그런데 여기에서는 [Bonferroni]와 [Scheffe]를 선택하고 [계속]을 클릭한다. [LSD](최소유의차)는 다중비교가 아니다.

〈순서 6〉 분산분석의 실행

다음 화면에서 [확인]을 클릭한다.

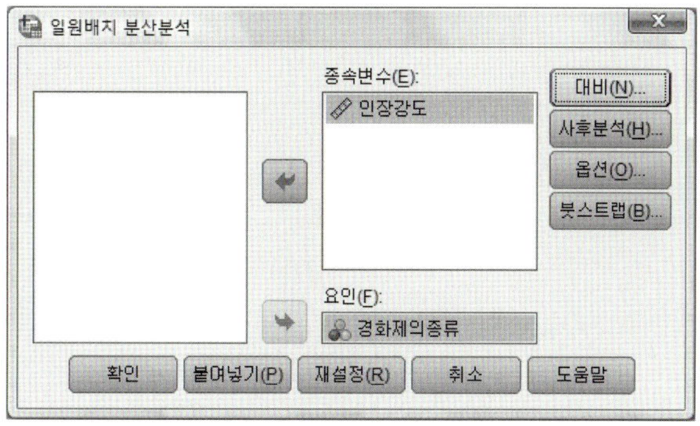

분석결과(1)

분산의 동질성 검정

인장강도

Levene 통계량	자유도1	자유도2	유의확률
.517	3	16	.676

ANOVA

인장강도

	제곱합	자유도	평균제곱	F	유의확률
집단-간	101.350	3	33.783	8.832	.001
집단-내	61.200	16	3.825		
전체	162.550	19			

Levene(루빈)의 분산의 동질성(등분산성) 검정은 다음의 귀무가설

귀무가설 H_0 : 네 가지 종류의 경화제의 인장강도에 대한 분산은 같다

를 검정하고 있다.

검정통계량이 $F = 0.517$이고 그 때의 유의확률이 0.676이다. 다시 말하면

$$\text{유의확률 } 0.676 > \text{유의수준 } 0.05$$

이므로, 귀무가설 H_0는 기각되지 않는다.

그래서 "등분산성이 성립하고 있다"라고 가정하기로 한다.

한편, 분산분석은 다음의 귀무가설

귀무가설 H_0 : 네 가지 종류의 경화제의 인장강도에 대한 모평균은 같다

를 검정하고 있다.

검정통계량이 $F=8.832$이고 그 때의 유의확률이 0.001이다. 다시 말하면

$$\text{유의확률 } 0.001 \leq \text{유의수준 } 0.05$$

이므로, 귀무가설 H_0는 기각된다. 따라서

"네 가지 종류의 경화제의 모평균에 차가 있다"

는 사실을 알 수 있다. 그러면 어느 경화제와 어느 경화제 사이에 차가 있는지를 조사할 때는 다중비교를 실시한다.

■ 분석결과(2)

다중비교

종속변수: 인장강도

	(I) 경화제의종류	(J) 경화제의종류	평균차이(I-J)	표준오차	유의확률	95% 신뢰구간 하한	95% 신뢰구간 상한
Scheffe	A1	A2	-1.600	1.237	.650	-5.46	2.26
		A3	-6.000*	1.237	.002	-9.86	-2.14
		A4	-1.400	1.237	.736	-5.26	2.46
	A2	A1	1.600	1.237	.650	-2.26	5.46
		A3	-4.400*	1.237	.022	-8.26	-.54
		A4	.200	1.237	.999	-3.66	4.06
	A3	A1	6.000*	1.237	.002	2.14	9.86
		A2	4.400*	1.237	.022	.54	8.26
		A4	4.600*	1.237	.017	.74	8.46
	A4	A1	1.400	1.237	.736	-2.46	5.26
		A2	-.200	1.237	.999	-4.06	3.66
		A3	-4.600*	1.237	.017	-8.46	-.74
Bonferroni	A1	A2	-1.600	1.237	1.000	-5.32	2.12
		A3	-6.000*	1.237	.001	-9.72	-2.28
		A4	-1.400	1.237	1.000	-5.12	2.32
	A2	A1	1.600	1.237	1.000	-2.12	5.32
		A3	-4.400*	1.237	.016	-8.12	-.68
		A4	.200	1.237	1.000	-3.52	3.92
	A3	A1	6.000*	1.237	.001	2.28	9.72
		A2	4.400*	1.237	.016	.68	8.12
		A4	4.600*	1.237	.011	.88	8.32
	A4	A1	1.400	1.237	1.000	-2.32	5.12
		A2	-.200	1.237	1.000	-3.92	3.52
		A3	-4.600*	1.237	.011	-8.32	-.88

*. 평균차이는 0.05 수준에서 유의합니다.

다중비교 결과를 보면, Scheffe와 Bonferroni의 결과가 일치하고 있다.

A_1과 A_3

A_2와 A_3

A_4와 A_3

사이에 5%에서 차가 있는 것을 알 수 있다.

동질적 부분집합

인장강도

경화제의종류		N	유의수준 = 0.05에 대한 부분집합 1	2
Scheffe[a]	A1	5	38.60	
	A4	5	40.00	
	A2	5	40.20	
	A3	5		44.60
	유의확률		.650	1.000

동질적 부분집합에 있는 집단에 대한 평균이 표시됩니다.

a. 조화평균 표본크기 5.000을(를) 사용합니다.

위의 동질적 부분집합은 Scheffe의 경우에 서로 유의차가 없는 종류들을 그룹으로 한데 모은 것이다.

다음의 세 개의 종류 $\{A_1, A_2, A_4\}$ 사이에는 유의수준 5%에서 유의차가 없다는 것을 나타내고 있다.

[예제 3-3]

어떤 제품의 경도를 높이기 위한 조건으로서 열처리 온도를 요인으로서 문제 삼아 실험을 실시하기로 했다. 실험은 열처리 온도를 110℃, 120℃, 130℃, 140℃로 변화시켜서 그때의 경도를 측정하는 일원배치 실험(4수준)을 실시했다. 각 수준에서의 반복을 5회씩 합계 20회의 실험을 랜덤한 순서로 실시했다. 실험에 의해서 얻어진 데이터(경도)가 다음의 데이터표이다. 이때는 양적 요인의 경우에 해당된다. 데이터를 분석하라.

표 3.4 데이터표

110℃	120℃	130℃	140℃
32	43	42	36
34	44	41	35
36	43	43	38
35	42	42	38
33	42	40	37

■ SPSS에 의한 해법

〈순서 1〉 데이터의 입력

<표 3.4>의 데이터를 다음과 같이 입력한다.

이 경우에도 요인에 대응인 있는 경우와 없는 경우에 데이터 입력방법이 다르므로 주의가 필요하다. <표 3.4>와 같은 데이터는 '대응이 없는 요인'이다. 대응 관계가 없을 때는 다음과 같이 데이터를 세로 방향으로 입력한다.

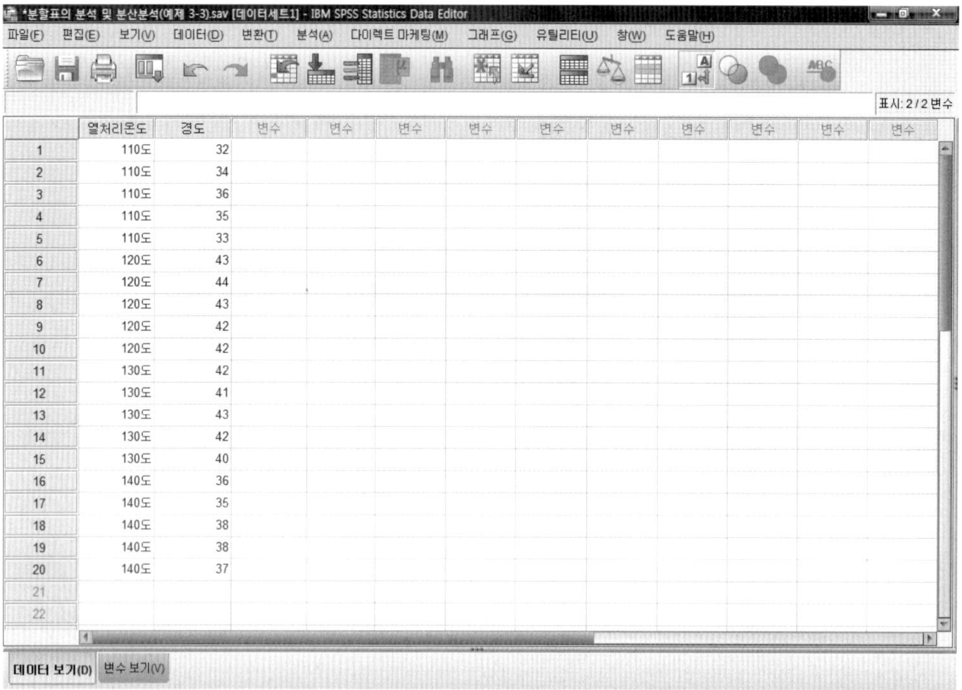

[변수보기]에서 '열처리온도'에 대해서 [값 레이블]에서 다음과 같이 변수 값 설명을 하고, [측도]에서 척도 지정을 해 놓는다.

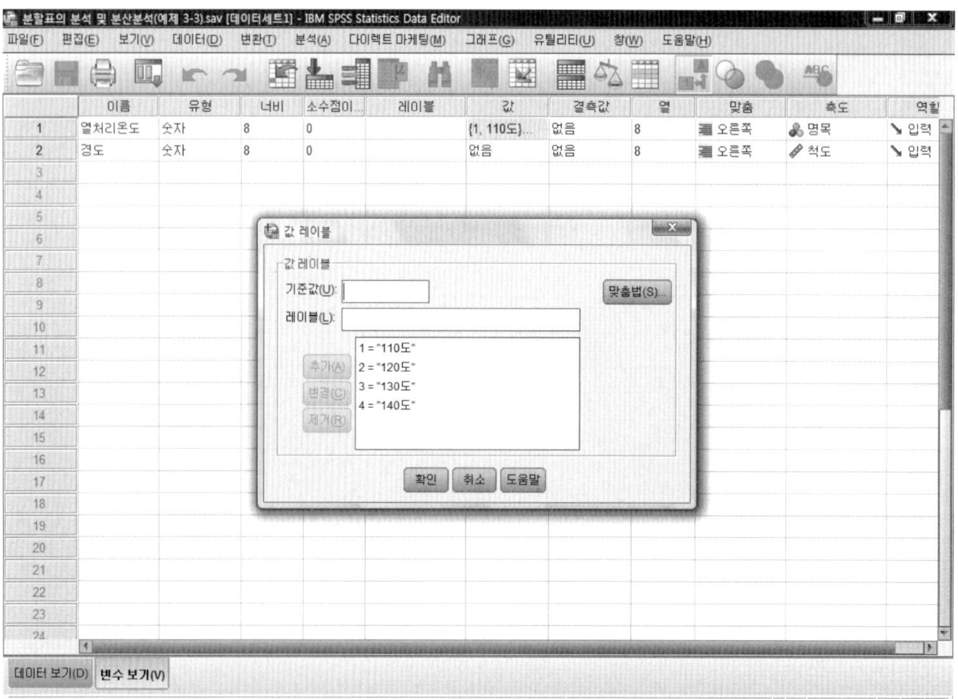

〈순서 2〉 분석수법의 선택

메뉴에서 [분석]-[평균 비교]-[일원배치 분산분석]을 선택한다.

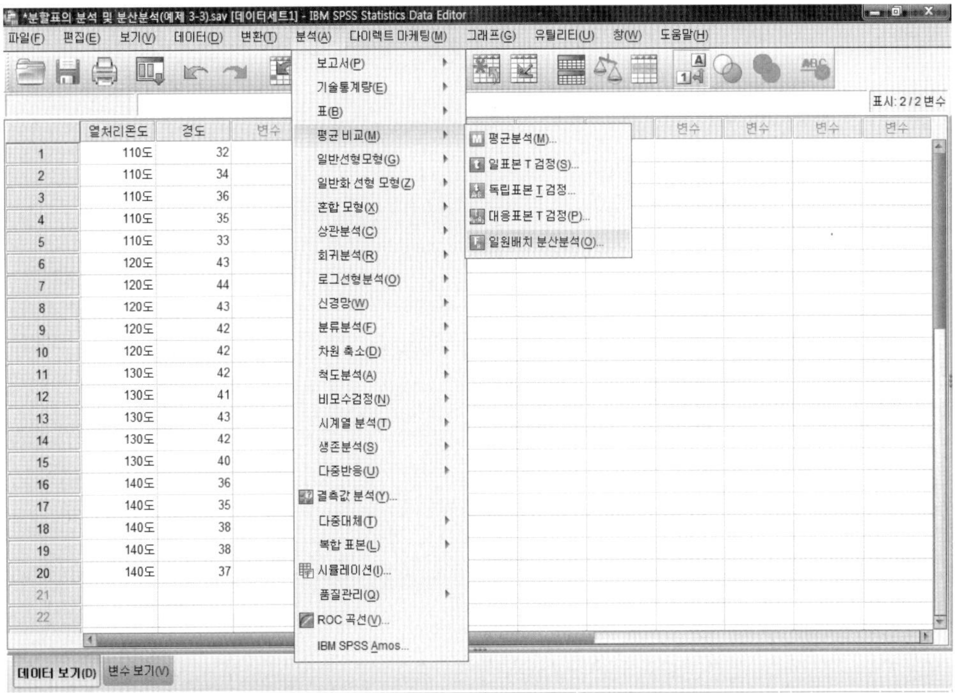

〈순서 3〉 변수의 선택

경도를 [종속변수]에, 열처리온도를 [요인]으로 이동한다.

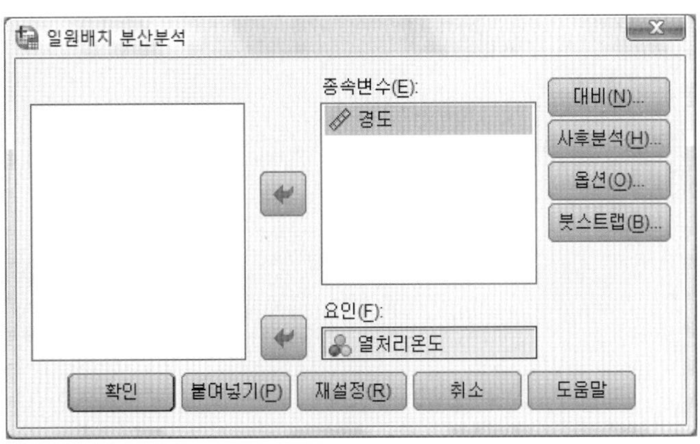

〈순서 4〉 옵션의 선택

[옵션]을 클릭하면 다음 화면이 나타난다. [통계량]에서 [분산 동질성 검정]을 선택하고 [계속]을 클릭한다.

〈순서 5〉 사후분석의 선택

다중비교를 하고 싶을 때는 [사후분석]을 클릭한다.

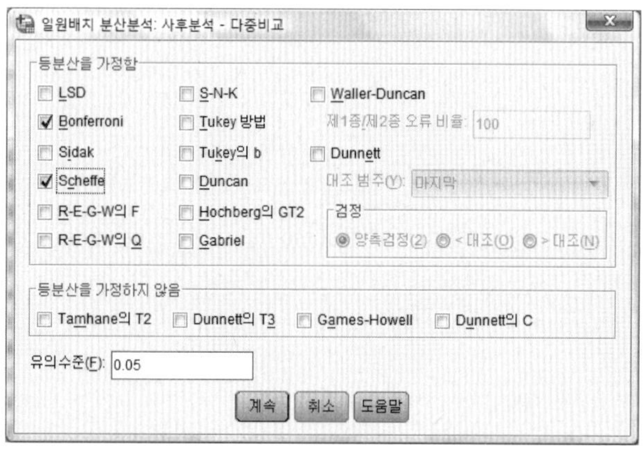

위와 같이 실제로 여러 가지 다중비교가 개발되어 있다. 그런데 여기에서는 [Bonferroni]와 [Scheffe]를 선택하고 [계속]을 클릭한다.

〈순서 6〉 분산분석의 실행

다음 화면에서 [확인]을 클릭한다.

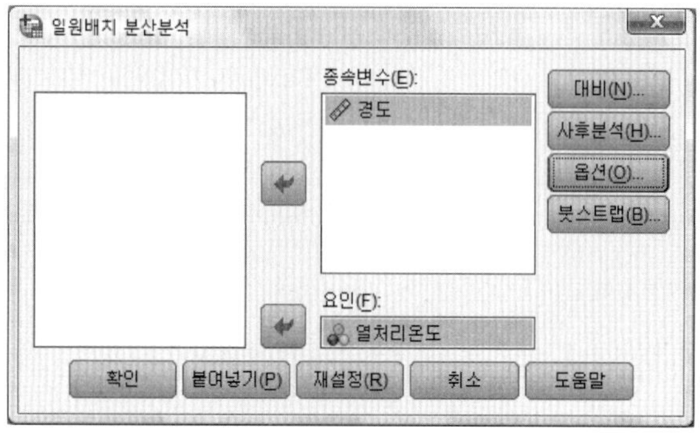

■ 분석결과(1)

분산의 동질성 검정

경도

Levene 통계량	자유도1	자유도2	유의확률
.728	3	16	.550

ANOVA

경도

	제곱합	자유도	평균제곱	F	유의확률
집단-간	254.400	3	84.800	54.710	.000
집단-내	24.800	16	1.550		
전체	279.200	19			

Levene(루빈)의 분산의 동질성(등분산성) 검정은 다음의 귀무가설

귀무가설 H_0 : 네 가지 수준의 열처리온도의 경도에 대한 분산은 같다

를 검정하고 있다.

검정통계량이 $F = 0.728$이고 그 때의 유의확률이 0.550이다. 다시 말하면

$$\text{유의확률 } 0.550 > \text{유의수준 } 0.05$$

이므로, 귀무가설 H_0는 기각되지 않는다.

그래서 "등분산성이 성립하고 있다"라고 가정하기로 한다.

한편, 분산분석은 다음의 귀무가설

귀무가설 H_0 : 네 가지 수준 열처리온도의 경도에 대한 모평균은 같다

를 검정하고 있다.

검정통계량이 $F = 54.710$이고 그 때의 유의확률이 0.000이다. 다시 말하면

$$\text{유의확률 } 0.000 \leq \text{유의수준 } 0.05$$

이므로, 귀무가설 H_0는 기각된다. 따라서

"네 가지 수준의 열처리온도의 경도에 대한 모평균에 차가 있다"

는 사실을 알 수 있다. 그러면 어느 열처리온도와 어느 열처리온도 사이에 차가 있는지를 조사할 때는 다중비교를 실시한다.

■ 분석결과(2)

다중비교 결과를 보면, Scheffe와 Bonferroni의 결과가 일치하고 있다.

110도와 120도
110도와 130도
110도와 140도
120도와 140도
130도와 140도

사이에 5%에서 차가 있는 것을 알 수 있다.

다중비교

종속변수: 경도

	(I) 열처리온도	(J) 열처리온도	평균차이(I-J)	표준오차	유의확률	95% 신뢰구간	
						하한	상한
Scheffe	110도	120도	-8.800*	.787	.000	-11.25	-6.35
		130도	-7.600*	.787	.000	-10.05	-5.15
		140도	-2.800*	.787	.022	-5.25	-.35
	120도	110도	8.800*	.787	.000	6.35	11.25
		130도	1.200	.787	.525	-1.25	3.65
		140도	6.000*	.787	.000	3.55	8.45
	130도	110도	7.600*	.787	.000	5.15	10.05
		120도	-1.200	.787	.525	-3.65	1.25
		140도	4.800*	.787	.000	2.35	7.25
	140도	110도	2.800*	.787	.022	.35	5.25
		120도	-6.000*	.787	.000	-8.45	-3.55
		130도	-4.800*	.787	.000	-7.25	-2.35
Bonferroni	110도	120도	-8.800*	.787	.000	-11.17	-6.43
		130도	-7.600*	.787	.000	-9.97	-5.23
		140도	-2.800*	.787	.016	-5.17	-.43
	120도	110도	8.800*	.787	.000	6.43	11.17
		130도	1.200	.787	.882	-1.17	3.57
		140도	6.000*	.787	.000	3.63	8.37
	130도	110도	7.600*	.787	.000	5.23	9.97
		120도	-1.200	.787	.882	-3.57	1.17
		140도	4.800*	.787	.000	2.43	7.17
	140도	110도	2.800*	.787	.016	.43	5.17
		120도	-6.000*	.787	.000	-8.37	-3.63
		130도	-4.800*	.787	.000	-7.17	-2.43

*. 평균차이는 0.05 수준에서 유의합니다.

동질적 부분집합

경도

	열처리온도	N	유의수준 = 0.05에 대한 부분집합		
			1	2	3
Scheffe[a]	110도	5	34.00		
	140도	5		36.80	
	130도	5			41.60
	120도	5			42.80
	유의확률		1.000	1.000	.525

동질적 부분집합에 있는 집단에 대한 평균이 표시됩니다.

a. 조화평균 표본크기 5.000을(를) 사용합니다.

위의 동질적 부분집합은 Scheffe의 경우에 서로 유의차가 없는 수준들을 그룹으로 한데 모은 것이다.

다음의 두 개의 수준 {120도, 130도} 사이에는 유의수준 5%에서 유의차가 없다는 것을 나타내고 있다.

CHAPTER

4

일원배치 분산분석(Ⅱ)

- 요인에 대응이 있는 경우 -

CHAPTER 4

일원배치 분산분석(Ⅱ)

- 요인에 대응이 있는 경우 -

4.1 | 반복측정에 의한 분산분석

[예제 4-1]

다음의 데이터를 사용해서 반복측정(대응이 있는 요인)에 의한 일원배치 분산분석을 실시해 보라.

<표 4.1>의 데이터는 약물투여에 대한 심박수(心搏數, 심장의 박동수)를 투여전, 1분후, 5분후, 10분후의 4회 연속해서 측정한 것이다.

표 4.1 약물투여에 의한 심박수 (D. M. Fisher)

	투여전	1분후	5분후	10분후
A	67	92	87	68
B	92	112	94	90
C	58	71	69	62
D	61	90	83	66
E	72	85	72	69

약물투여에 의해서 심박수는 변화했을까?

■ SPSS에 의한 해법

〈순서 1〉 데이터의 입력

<표 4.1>과 같은 데이터는 **'대응이 있는 요인'**이다. 대응관계가 있을 때는 데이터를 가로 방향으로 입력한다.

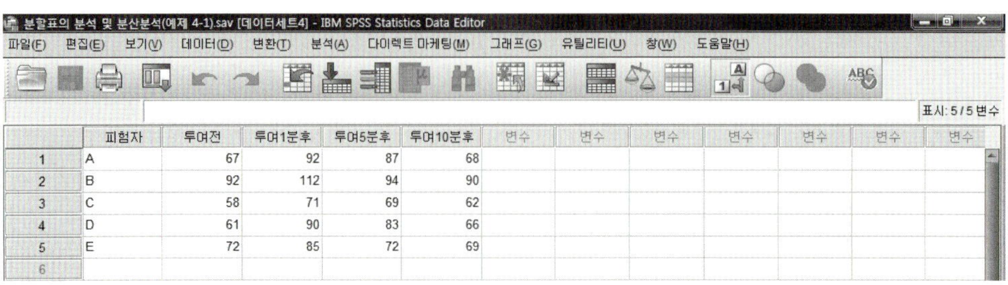

[변수보기]에서 '피험자'에 대해서 [값 레이블]에서 다음과 같이 변수 값 설명을 하고, [측도]에서 척도 지정을 해 놓는다.

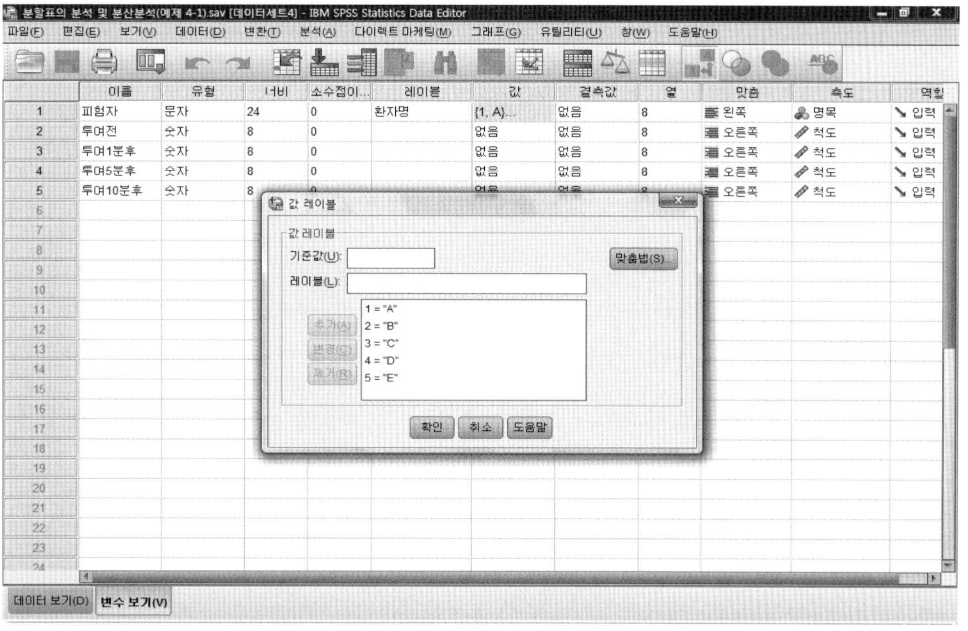

〈순서 2〉 분석수법의 선택

메뉴에서 [분석]-[일반선형모형]-[반복측도]를 선택한다.

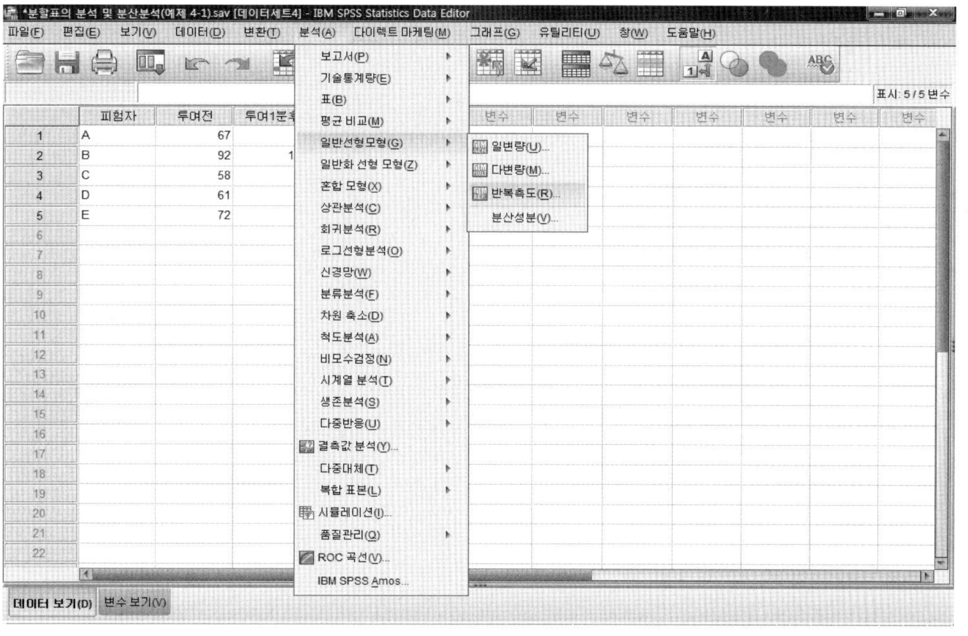

↓ (대화상자가 나타난다)

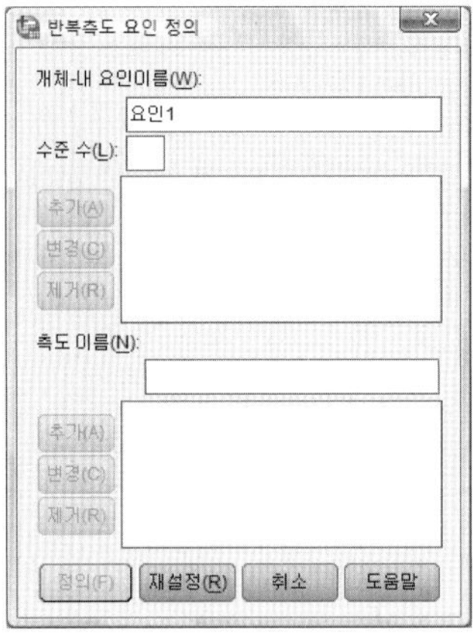

〈순서 3〉 요인의 정의

① [개체-내 요인이름]에, '요인'을 '시간'으로 바꾸어 넣는다. 그리고 [수준 수]에는 '4'를 입력한다.

② 이어서 [추가]를 클릭하면 다음의 화면이 나타난다.

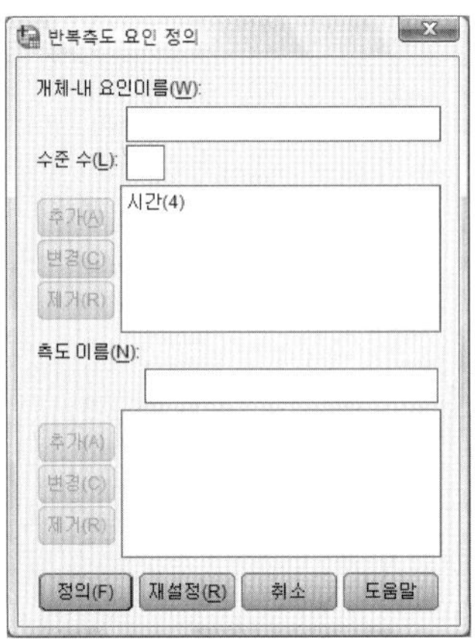

③ 여기에서 [정의]를 클릭하면 다음의 화면이 나타난다.

〈순서 4〉 개체-내 변수의 선택

왼쪽에 있는 변수명 '투여전', '투여 1분후', '투여 5분후', '투여 10분후'를 차례대로 지정하여 [개체-내 변수]에 입력한다. [도표]를 클릭한다.

〈순서 5〉 프로파일 도표 작성

① 다음 대화상자에서 '시간'을 [수평축 변수]에 입력한다.

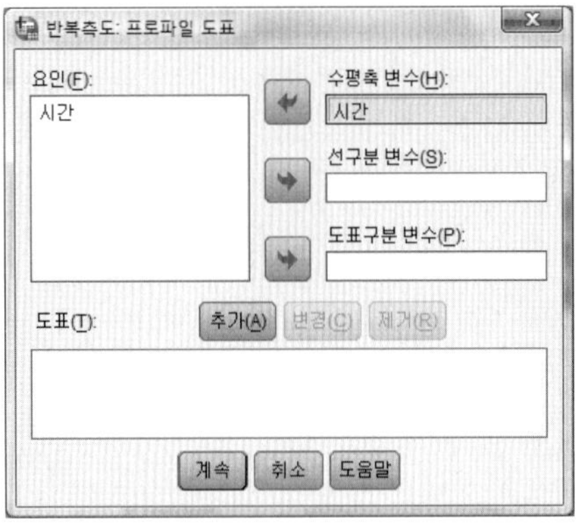

② 여기에서 [추가]를 클릭하면 다음과 같이 된다.

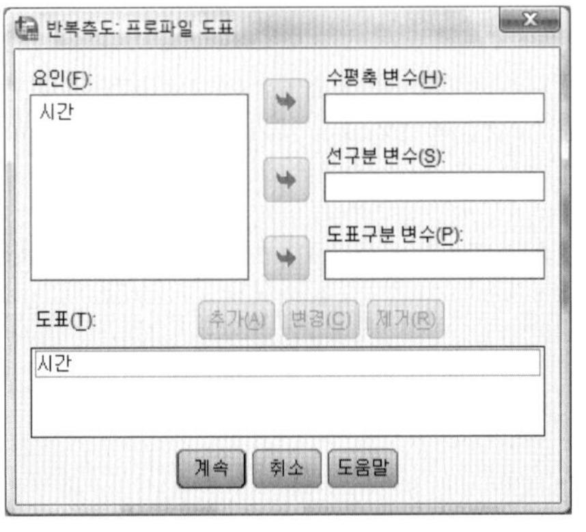

③ [계속]을 클릭하면 다음과 같은 화면으로 복귀한다. [옵션]을 클릭한다.

〈순서 6〉 옵션의 선택

다음 화면에서 Bartllet의 구형성검정을 하기 위해서 [잔차 SSCP 행렬]을 선택한다. [계속]을 클릭한다.

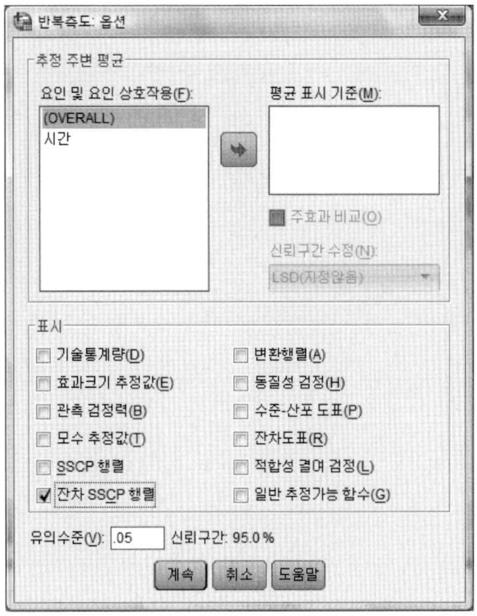

(주) 효과크기를 계산하고 싶을 때는 [효과크기 추정값]을 체크한다. 또한 검정력을 출력하고 싶을 때는 [관측 검정력]도 체크한다.

〈순서 7〉 분산분석의 실행

다음 화면으로 되돌아오면 [확인]을 클릭한다.

■ 분석결과(1)

Bartlett의 구형성 검정[a]

우도비	.000
근사 카이제곱	19.871
자유도	9
유의확률	.044

잔차 공분산행렬이 항등 행렬에 비례하는 영가설을 검정합니다.

a. Design: 절편
개체-내 계획: 시간

다변량 검정[a]

효과		값	F	가설 자유도	오차 자유도	유의확률	부분 에타 제곱
시간	Pillai의 트레이스	.933	9.236[b]	3.000	2.000	.099	.933
	Wilks의 람다	.067	9.236[b]	3.000	2.000	.099	.933
	Hotelling의 트레이스	13.854	9.236[b]	3.000	2.000	.099	.933
	Roy의 최대근	13.854	9.236[b]	3.000	2.000	.099	.933

a. Design: 절편
개체-내 계획: 시간

b. 정확한 통계량

Bartlett의 구형성검정은 다음의 귀무가설 H_0를 검정하고 있다.

4변량 투여전, 1분후, 5분후, 10분후의 분산공분산행렬을 Σ라 했을 때,

$$\text{귀무가설 } H_0: \ \Sigma = \sigma^2 \cdot \mathrm{I} \qquad (\mathrm{I}\text{는 단위행렬})$$

이 가설은 4변량이 서로 독립이고, 등분산이라고 하는 것과 같다.

출력결과를 보면 유의확률이 0.044이므로, 귀무가설 H_0는 기각된다. 따라서 이 4변량 사이에는 어떠한 관련이 있다는 것을 알 수 있다.

대응이 있는 데이터의 경우, 분산분석으로서 다음의 두 가지를 생각할 수 있다.

(i) 반복측정에 의한 분산분석
(ii) 다변량 분산분석

위에서의 **다변량검정**은 두 번째의 다변량 분산분석을 말하며, 다음의 귀무가설을 검정하고 있다.

$$\text{귀무가설 } H_0: \ (x_2 - x_1,\ x_3 - x_1,\ x_4 - x_1) = (0,\ 0,\ 0)$$

단, $x_1 = \text{투여전},\ x_2 = 1\text{분후},\ x_3 = 5\text{분후},\ x_4 = 10\text{분후}$

따라서 귀무가설 H_0가 기각되지 않을 때는

1분후 − 투여전 = 0, 5분후 − 투여전 = 0, 10분후 − 투여전 = 0

가 되므로

투여전 = 1분후 = 5분후 = 10분후

를 의미한다. 즉, 심박수에 차이가 없다고 하는 결론을 얻는다.

출력결과를 보면

유의확률 0.099 > 유의수준 0.05

이므로 귀무가설 H_0는 기각되지 않는다. 따라서 약물투여에 의해서 심박수에 변화는 없었다고 생각된다. 이 다변량검정은 개체-내 효과검정에 비해서 차이가 나기 어렵다.

■ 분석결과(2)

Mauchly의 구형성 검정[a]

측도: MEASURE_1

개체-내 효과	Mauchly의 W	근사 카이제곱	자유도	유의확률	엡실런[b] Greenhouse-Geisser	엡실런[b] Huynh-Feldt	엡실런[b] 하한
시간	.101	6.246	5	.310	.555	.902	.333

정규화된 변형 종속변수의 오차 공분산행렬이 항등 행렬에 비례하는 영가설을 검정합니다.

a. Design: 절편
  개체-내 계획: 시간

b. 유의성 평균검정의 자유도를 조정할 때 사용할 수 있습니다. 수정된 검정은 개체내 효과검정 표에 나타납니다.

Mauchly(모크리)의 구형성검정은 약간 복잡하다. 예를 들면, 이 예제의 데이터의 경우는 4변량 x_1 = 투여전, x_2 = 1분후, x_3 = 5분후, x_4 = 10분후로부터 다음의 정규직교변환에 의해서 만들어진 3변량 z_1, z_2, z_3의 분산공분산행렬을 Σ라고 했을 때,

표 4.2 정규직교변환

종속변수	변수변환 z_1	변수변환 z_2	변수변환 z_3
투여전	−0.671	0.500	−0.224
1분후	−0.224	−0.500	−0.671
5분후	0.224	−0.500	0.671
10분후	0.671	0.500	0.224

다음의 가설

$$\text{귀무가설 } H_0: \sum = \sigma^2 \cdot \begin{bmatrix} 1 & 0 & 0 \\ 0 & 1 & 0 \\ 0 & 0 & 1 \end{bmatrix} \qquad \leftarrow \text{ 구형성의 가정}$$

이 성립되는지 어떤지를 검정하고 있다. 출력결과를 보면

유의확률 0.310 > 유의수준 0.05

이므로 귀무가설은 기각되지 않는다. 다시 말하면, 구형성의 가정이 성립된다.

이 귀무가설이 성립되지 않을 때는 개체-내 효과검정의 유의확률이 작아진다는 사실이 알려져 있다.

이 귀무가설을 호인-펠트(Huynh-Feldt)의 조건이라고도 한다.

구형성의 가정이 성립되지 않을 때는, 그린하우스-게이저(Greenhouse-Geisser)의 ε(입실런)이나 호인-펠트(Huynh-Feldt)의 ε을 F분포의 두 자유도에 곱해서 자유도를 작게 하여 F분포의 유의확률을 다시 계산하지 않으면 안 된다.

그린하우스-게이저의 자유도

$$1.664 = 3 \times 0.555$$

호인-펠트의 자유도

$$2.706 = 3 \times 0.902$$

(주) ε(입실런)의 값이 0에 가까울 때는 반복측정에 의한 분산분석이 아니라 다변량 분산분석을 이용한다.

분석결과(3)

개체-내 효과 검정

측도: MEASURE_1

소스		제 III 유형 제곱합	자유도	평균제곱	F	유의확률	부분 에타 제곱
시간	구형성 가정	1330.000	3	443.333	17.500	.000	.814
	Greenhouse-Geisser	1330.000	1.664	799.215	17.500	.003	.814
	Huynh-Feldt	1330.000	2.706	491.515	17.500	.000	.814
	하한	1330.000	1.000	1330.000	17.500	.014	.814
오차(시간)	구형성 가정	304.000	12	25.333			
	Greenhouse-Geisser	304.000	6.657	45.669			
	Huynh-Feldt	304.000	10.824	28.087			
	하한	304.000	4.000	76.000			

프로파일 도표

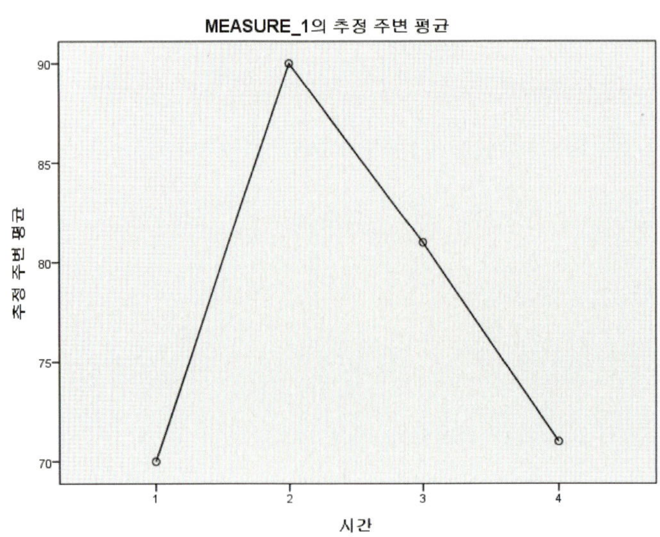

개체-내 효과검정이 반복측정에 의한 분산분석의 중심부분이다.

다음의 가설

"귀무가설 H_0 : 투여전 · 1분후 · 5분후 · 10분후에서의 심박수의 변화에 차이는 없다"

를 검정하고 있다.

Mauchly의 구형성검정에서 가설이 기각되지 않았으므로, 구형성의 가정이 성립되고 있다고 생각된다.

그래서 구형성 가정을 살펴보자.

출력결과를 보면, 유의확률이 0.000으로 되어 있다. 다시 말하면

$$\text{유의확률 } 0.000 \leq \text{유의수준 } 0.05$$

이므로, 귀무가설 H_0는 기각된다.

따라서

"투여전 · 1분후 · 5분후 · 10분후에서 심박수가 변화하고 있다"

라고 하는 사실을 알 수 있다.

달리 표현하자면, "이 약물은 심박수에 영향을 미치고 있다"라고 하는 것을 알 수 있다. 효과크기는 맨 오른쪽 부분 에타 제곱에 출력되어 있다.

$$\text{부분 } \eta^2 = \frac{1333.000}{1333.000 + 304.000} = 0.814$$

■ 분석결과(4)

개체-내 대비 검정

측도: MEASURE_1

소스	시간	제 III 유형 제곱합	자유도	평균제곱	F	유의확률	부분 에타 제곱
시간	선형	9.000	1	9.000	.687	.454	.147
	이차	1125.000	1	1125.000	22.959	.009	.852
	삼차	196.000	1	196.000	14.101	.020	.779
오차(시간)	선형	52.400	4	13.100			
	이차	196.000	4	49.000			
	삼차	55.600	4	13.900			

잔차 SSCP 행렬

		투여전	투여1분후	투여5분후	투여10분후
제곱합 및 교차곱	투여전	722.000	696.000	376.000	576.000
	투여1분후	696.000	874.000	571.000	593.000
	투여5분후	376.000	571.000	434.000	345.000
	투여10분후	576.000	593.000	345.000	480.000
공분산	투여전	180.500	174.000	94.000	144.000
	투여1분후	174.000	218.500	142.750	148.250
	투여5분후	94.000	142.750	108.500	86.250
	투여10분후	144.000	148.250	86.250	120.000
상관관계	투여전	1.000	.876	.672	.978
	투여1분후	.876	1.000	.927	.916
	투여5분후	.672	.927	1.000	.756
	투여10분후	.978	.916	.756	1.000

제 III 유형 제곱합 기준

개체-내 대비검정에는 다음의 여섯 종류가 준비되어 있다.

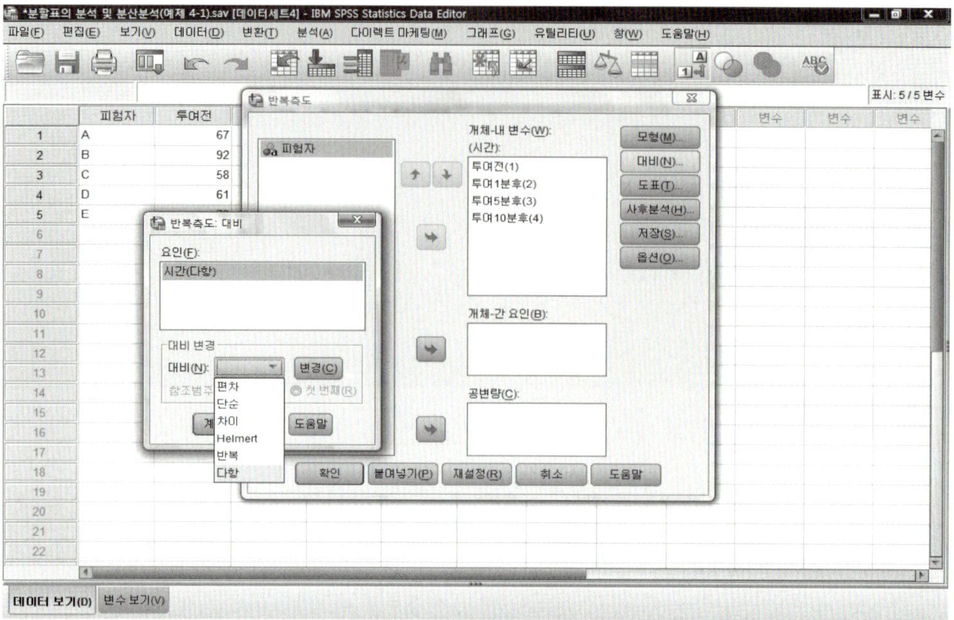

앞의 [반복측도] 대화상자에서 [대비]를 클릭하면 여섯 가지 종류를 선택할 수 있도록 준비되어 있다.

- 편차
- 단순
- 차이
- Helmert
- 반복
- 다항

그런데 이 출력결과는 다항식 대비로 되어 있다.

반복측정의 경우의 다항식 대비란,

"m개의 개체-내 요인의 수준을 독립변수 x라고 했을 때
데이터를 $(m\text{-}1)$ 차의 다항식에 적합시켜 본다"

라고 하는 것이다.

이 데이터의 경우, 개체-내 요인의 수준은

투여전　　1분후　　5분후　　10분후

의 네 개이므로, 3차의 다항식

$$y = \beta_0 + \beta_1 x_1 + \beta_2 x^2 + \beta_3 x^3$$

의 적합이 된다.

출력결과는 다음의 가설의 검정을 실시하고 있다.

1차 …… 귀무가설 $H_0: \beta_1 = 0$

2차 …… 귀무가설 $H_0: \beta_2 = 0$

3차 …… 귀무가설 $H_0: \beta_3 = 0$

따라서 유의확률과 유의수준 0.05를 비교해 보면

$$\beta_2 \neq 0,\ \beta_3 \neq 0$$

이라고 하는 것을 알 수 있다.

그런데 다항식의 대비에서는,

"개체-내 요인의 수준은 등간격이다"

라고 하는 전제 하에 이루어진다.

이 데이터의 경우, 개체-내 요인의 수준은 등간격이라고는 할 수 없으므로, 다항식의 대비를 실시해도 별로 의미가 없다.

한편, **잔차 SSCP 행렬**에는 4변량 사이의 제곱합과 교차곱, 공분산, 상관계수가 계산되어 있다. 이 잔차 SSCP 행렬은 Bartlett의 구형성검정을 하기 위해서 선택한 것이다.

■ 다변량검정에서의 통계량 계산

다변량 분산분석에서는 다음 네 가지의 통계량이 언제나 등장한다.

Pillai의 트레이스, Wilks의 람다, Hotelling의 트레이스, Roy의 최대근

이 네 가지의 통계량은 SSCP 행렬의 요인의 부분과 오차 부분의 수치를 두 개의 행렬로 표현한다. 이를 각각 H, E라고 할 때, HE^{-1}의 고유값

$$\lambda_1 \geq \lambda_2 \geq \cdots \geq \lambda_S$$

을 다음 식에 대입하면 구해진다.

① Pillai의 트레이스 $V = \sum_{i=1}^{s} \frac{\lambda_i}{1+\lambda_i}$ (s는 0이 아닌 고유치의 수)

② Wilks의 람다 $\Lambda = \prod_{i=1}^{s} \frac{1}{1+\lambda_i}$

③ Hotelling의 트레이스 $T = \sum_{i=0}^{s} \lambda_i$

④ Roy의 최대근 $R = \lambda_{\max} = \lambda_1$

그러나 그러기 위해서는 고유값을 계산하지 않으면 안 되는데, 도저히 전자식 탁상 계산기로는 구해지지 않는다. 그래서 다음의 SPSS Syntax 명령문을 이용하기로 한다.

본 예제의 데이터인 경우 다음과 같은 순서로 처리한다.

〈순서 1〉 명령문의 선택

메뉴에서 [파일]-[새 파일]-[명령문]을 선택한다.

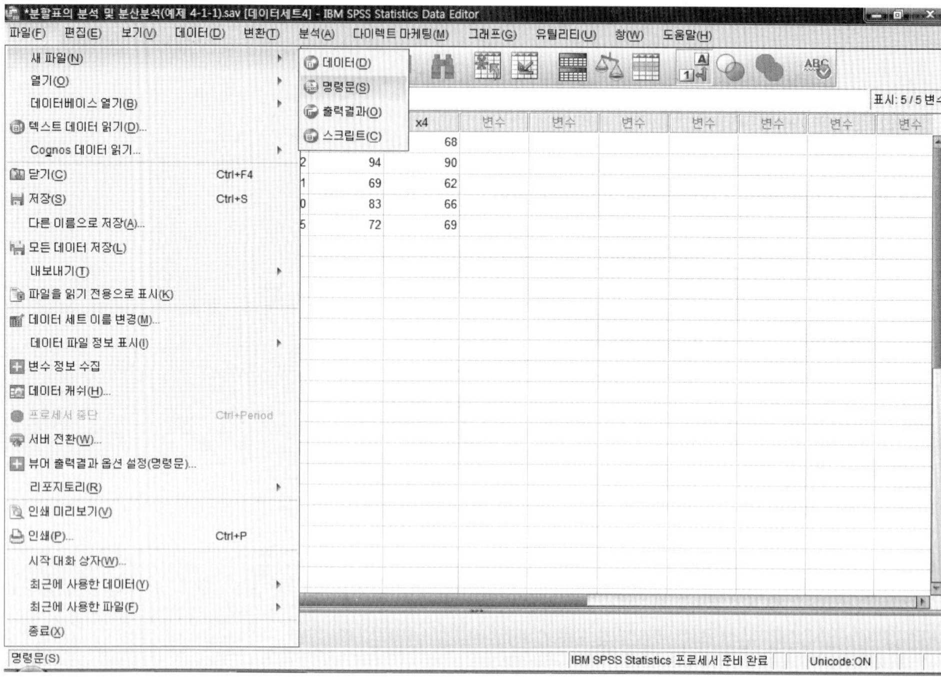

〈순서 2〉 프로그램의 입력

〈순서 3〉 프로그램의 실행

다음과 같이 프로그램의 전체 범위를 설정한 다음, 메뉴에서 [실행]-[끝가지]를 선택하여 클릭하면 실행이 완료된다.

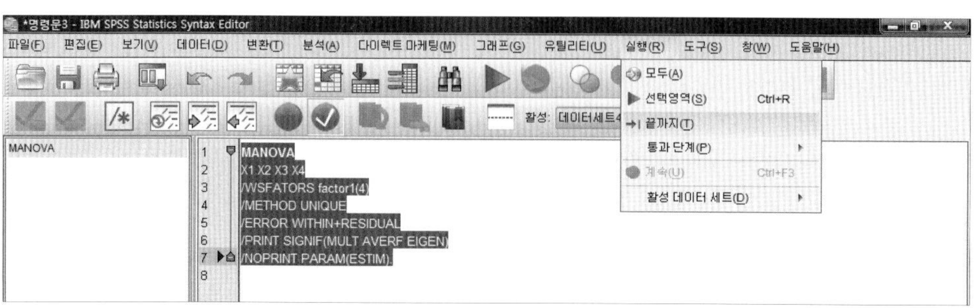

출력결과는 다음과 같다.

```
* * * * * * * * * * * * * * * * * *Analysis  of  Variance -- Design  1 * * * * * * *

EFFECT .. FACTOR1
Multivariate Tests of Significance (S = 1, M = 1/2, N = 0)

Test Name            Value        Exact F      Hypoth. DF       Error DF      Sig. of F

Pillais              .93268       9.23631           3.00           2.00           .099
Hotellings         13.85447       9.23631           3.00           2.00           .099
Wilks                .06732       9.23631           3.00           2.00           .099
Roys                 .93268
Note.. F statistics are exact.

- - - - - - - - - - - - - - - - - - - - - - - - - - - - - - - - - - - - - - - - - - - -
Eigenvalues and Canonical Correlations

Root No.      Eigenvalue          Pct.      Cum. Pct.     Canon Cor.

      1         13.85447     100.00000     100.00000         .96575

- - - - - - - - - - - - - - - - - - - - - - - - - - - - - - - - - - - - - - - - - - - -
* * * * * * * * * * * * * * * * * *Analysis  of  Variance -- Design  1 * * * * * * * *

Tests involving 'FACTOR1' Within-Subject Effect.

 AVERAGED Tests of Significance for x using UNIQUE sums of squares
 Source of Variation          SS       DF        MS         F  Sig of F

 WITHIN+RESIDUAL          304.00       12     25.33
 FACTOR1                 1330.00        3    443.33     17.50      .000

 - - - - - - - - - - - - - - - - - - - - - - - - - - - - - - - - - - - - - - - - - - - -
```

Pillai의 트레이스 $V=\sum_{i=1}^{s}\frac{\lambda_i}{1+\lambda_i}=\frac{\lambda_1}{1+\lambda_1}=\frac{13.854}{1+13.854}=0.93268$

Wilks의 람다 $\Lambda=\prod_{i=1}^{s}\frac{1}{1+\lambda_i}=\frac{1}{1+\lambda_1}=\frac{1}{1+13.854}=0.06732$

Hotelling의 트레이스 $T=\sum_{i=0}^{s}\lambda_i=\lambda_1=13.854$

4.2 | 개체 내 요인의 다중비교(Bonferroni의 방법)

반복측정에 의한 데이터의 경시측정 데이터와 같은 대응이 있는 데이터의 경우에는,

"변화의 패턴을 조사한다"

는 것이 주목적이므로, 개체 내 요인에 대해서 Tukey의 방법과 같은 모든 수준의 조합에 의한 다중비교는 실행되지 않는다.

그러나 모든 수준의 조합에 의한 다중비교를 실시하고 싶을 때에는 다음과 같은 [옵션]을 이용하는 방법이 있다.

■ SPSS에 의한 해법

[예제 4-1]의 <순서 1>에서 <순서 3>까지 마찬가지로 진행한다.

〈순서 4〉 옵션의 선택

다음의 대화상자에서 [옵션]을 클릭한다.

〈순서 5〉 [옵션]의 대화상자가 나타나면, '시간'을 [평균 표시 기준]으로 이동한다.

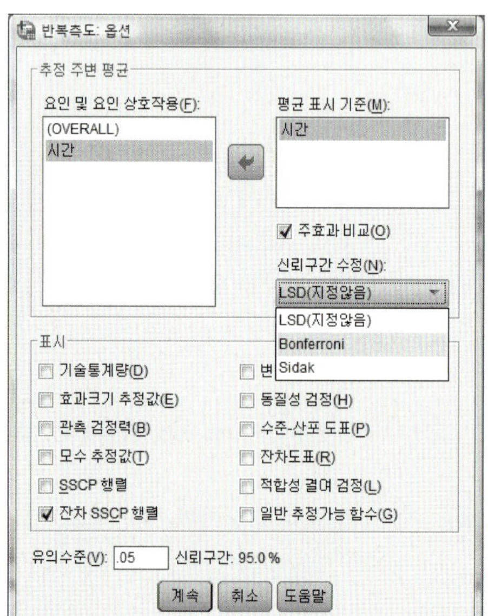

이어서 [잔차 SSCP 행렬]을 체크하고, [주효과 비교]를 체크한다.
[신뢰구간 수정]이 [LSD(지정않음)]로 되어 있으므로, [Bonferroni]를 선택한다.
[계속]을 클릭한다.

〈순서 6〉 다음 화면에서 [확인]을 클릭한다.

■ 분석결과

대응별 비교

측도: MEASURE_1

(I) 시간	(J) 시간	평균차이(I-J)	표준오차	유의확률[b]	차이에 대한 95% 신뢰구간[b] 하한	상한
1	2	-20.000*	3.194	.020	-35.493	-4.507
	3	-11.000	4.494	.424	-32.803	10.803
	4	-1.000	1.581	1.000	-8.670	6.670
2	1	20.000*	3.194	.020	4.507	35.493
	3	9.000	2.881	.212	-4.976	22.976
	4	19.000*	2.898	.017	4.940	33.060
3	1	11.000	4.494	.424	-10.803	32.803
	2	-9.000	2.881	.212	-22.976	4.976
	4	10.000	3.347	.242	-6.235	26.235
4	1	1.000	1.581	1.000	-6.670	8.670
	2	-19.000*	2.898	.017	-33.060	-4.940
	3	-10.000	3.347	.242	-26.235	6.235

추정 주변 평균을 기준으로

*. 평균차이는 .05 수준에서 유의합니다.

b. 다중비교를 위한 수정: Bonferroni

다변량 검정

	값	F	가설 자유도	오차 자유도	유의확률
Pillai의 트레이스	.933	9.236[a]	3.000	2.000	.099
Wilks의 람다	.067	9.236[a]	3.000	2.000	.099
Hotelling의 트레이스	13.854	9.236[a]	3.000	2.000	.099
Roy의 최대근	13.854	9.236[a]	3.000	2.000	.099

각 F는 다변량효과 시간을(를) 검정합니다. 이 검정은 추정되는 주변 평균 사이의 선형독립의 대응별 비교에 기초합니다.

a. 정확한 통계량

위의 다중비교는 Bonferroni의 방법에 의한 다중비교이다.

평균 차이 중의 *표가 붙어 있는 수준의 조합에 유의수준 5%에서 유의차가 있다.

따라서

{투여전과 1분후}

{1분후와 10분후}

에서 각각 심박수에 차가 있다는 것을 알 수 있다.

힌트 : LSD(지정않음)

LSD(지정않음)=최소유의차(다중비교 없음)을 나타내고 있다. 다시 말하면,

"LSD는 다중비교가 아니다"

라고 하는 것이다.

그래서 Bonferroni에 의한 유의수준의 조정을 실시한다. Sidak의 t검정에서도 유의수준이 조정되어 Bonferroni의 방법보다도 엄격하게 한정되고 있다.

힌트 : Bonferroni의 수정

Bonferroni의 수정이란 수준의 수를 a로 했을 때 유의수준을

$$\frac{0.05}{{}_aC_2}$$

로 조정한다. 예를 들면, $a = 5$인 경우에는 $C = \frac{5!}{(5-2)!2!} = \frac{5 \times (5-1)}{2 \times 1} = 10$이 된다.

4.3 | 개체 내 요인의 다중비교(Dunnett의 방법)

반복측정에 의한 데이터나 경시측정(經時測定) 데이터와 같은 대응이 있는 데이터의 경우에는, 투여전→1분후→5분후→10분후라고 하는 변화의 패턴을 조사하는 것이 주목적이므로, 개체 내 요인에 대해서 Tukey에 의한 방법과 같은 다중비교는 별로 실행되지 않는다.

그러나

1. 투여전의 심박수와 차가 있는 것은 몇 분 후인가
2. 어느 시점에서 심박수가 최고로 되는가?

이와 같은 때는 일단 데이터를 정렬해서 Dunnett의 방법에 의한 다중비교를 실시해 보자.

반복측정에 의한 일원배치의 분산분석의 결과는 반복이 없는 이원배치의 분산분석 결과와 같게 된다.

■ SPSS에 의한 해법

〈순서 1〉 데이터의 입력

다음과 같이 데이터를 입력한다.

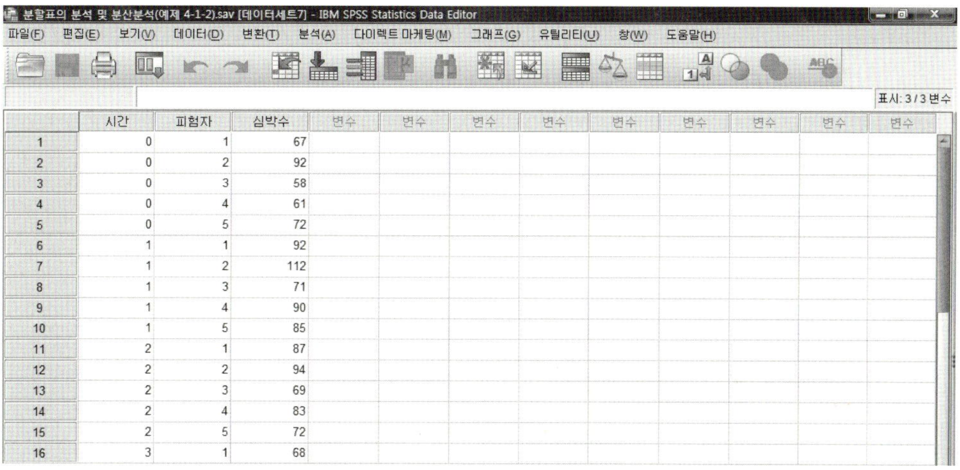

[변수값 설명]

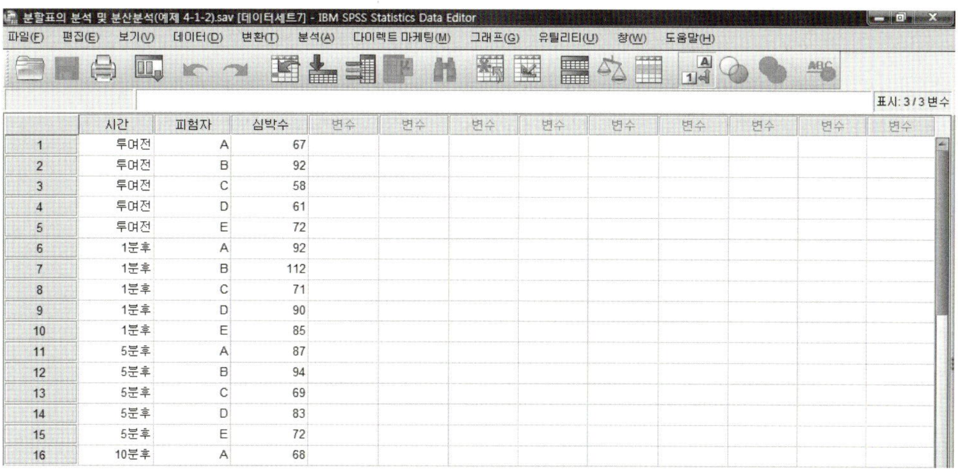

〈순서 2〉 분석수법의 선택

메뉴에서 [분석]-[일반선형모형]-[일변량]을 선택한다.

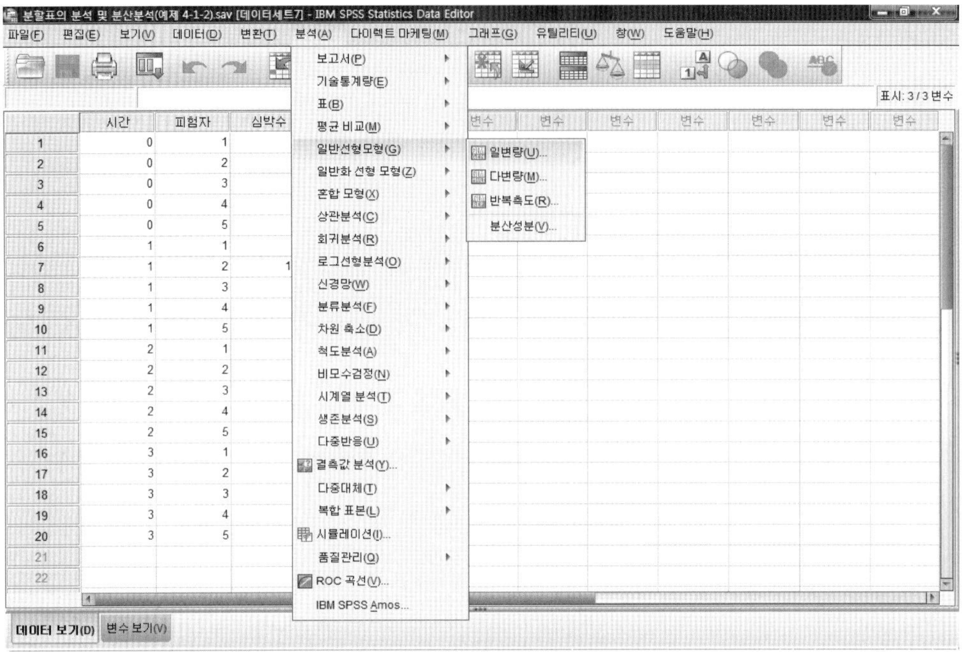

〈순서 3〉 변수의 선택

다음의 화면이 나타나므로, [종속변수]에 '심박수'를, [고정요인]에 '시간'과 '피험자'를 이동한다. [사후분석]을 클릭한다.

〈순서 4〉 사후분석의 선택

① 다음과 같은 화면이 되므로, [요인]의 '시간'을 [사후검정변수]로 이동한다. 이 데이터의 경우에는 투여전과 차가 있는 그룹을 조사하고 싶으므로, 다중비교 중에서 [Dunnett]를 선택한다.

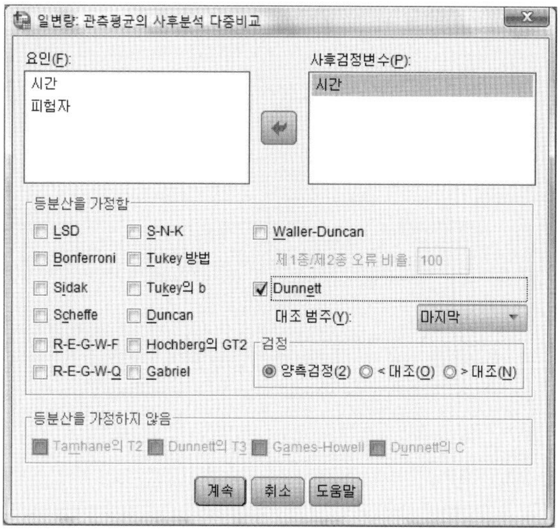

② 투여전이 대조범주가 되므로, [마지막]을 [첫 번째]로 바꿔 놓는다. 이어서 [계속]을 클릭한다.

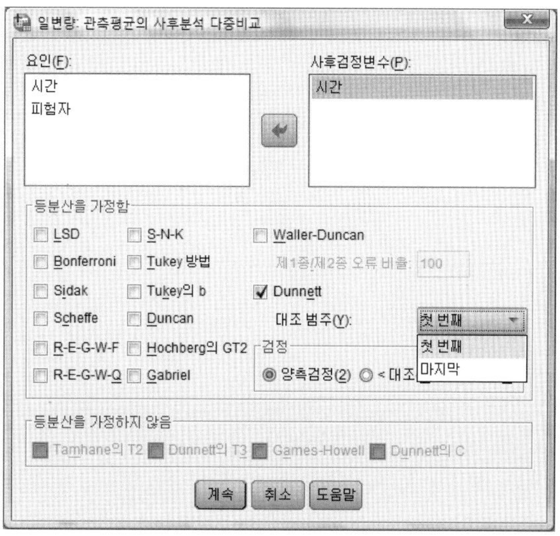

〈순서 5〉 모형의 선택

① 다음 화면이 되면, 상호작용이 없는 모형을 작성한다. 그를 위해서 [모형]을 클릭한다.

② 다음의 화면이 나타나면, [사용자 정의]를 클릭한다. '피험자'와 '시간'을 [모형]에 이동한다. [계속]을 클릭한다.

(주) 상호작용 피험자*시간을 모형 안에 투입하지 않는다.

〈순서 6〉 분산분석의 실행

앞의 화면으로 되돌아오면 [확인]을 클릭한다.

분석결과

개체-간 효과 검정

종속변수: 심박수

소스	제 III 유형 제곱합	자유도	평균제곱	F	유의확률
수정된 모형	3536.000[a]	7	505.143	19.940	.000
절편	121680.000	1	121680.000	4803.158	.000
피험자	2206.000	4	551.500	21.770	.000
시간	1330.000	3	443.333	17.500	.000
오차	304.000	12	25.333		
전체	125520.000	20			
수정된 합계	3840.000	19			

a. R 제곱 = .921 (수정된 R 제곱 = .875)

다중비교

종속변수: 심박수

Dunnett t (양측)[a]

(I) 시간	(J) 시간	평균차이(I-J)	표준오차	유의확률	95% 신뢰구간 하한	95% 신뢰구간 상한
1분후	투여전	20.00*	3.183	.000	11.46	28.54
5분후	투여전	11.00*	3.183	.012	2.46	19.54
10분후	투여전	1.00	3.183	.978	-7.54	9.54

관측평균을 기준으로 합니다.
오차항은 평균제곱(오차) = 25.333입니다.

*. 평균차이는 0.05 수준에서 유의합니다.

a. Dunnett t-검정은 한 집단을 대조군으로 간주하고 다른 모든 집단을 이 집단과 비교합니다.

이 검정은 반복이 없는 이원배치의 분산분석이다.

주목해야 할 곳은,

"시간에 관한 F값이 17.500으로, 4.1절의 분석결과(3)
개체-내 효과검정의 F값과 일치하고 있다"

라고 하는 점이다. 다시 말하면, 이들은 같은 내용의 검정을 하고 있다고 하는 것이다.

위의 다중비교는 Dunnett의 방법에 의한 다중비교이다.

평균 차이 중의 *표가 붙어 있는 수준의 조합에, 유의수준 5%에서 유의차가 있다. 따라서 다음의 조합

{투여전 1분후} {투여전 5분후}

에서 각각 심박수에 차가 있다는 것을 알 수 있다.

다시 말하면,

"약물투여에 의해서 1분후에 심박수의 변화가 보이고,
10분후에는 투여전의 심박수로 되돌아갔다"

라고 생각된다.

프로파일 도표

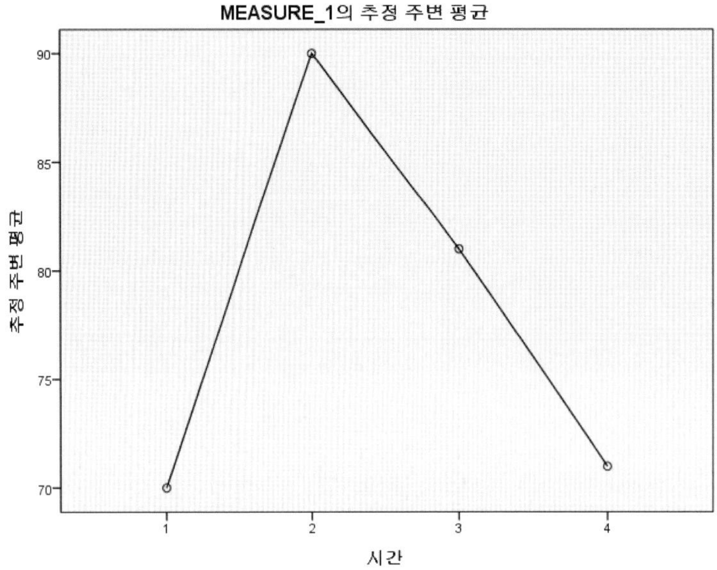

이 그림을 보더라도 그 사실을 실감할 수 있다.

CHAPTER

5

크러스컬-월리스의 검정과 다중비교

CHAPTER 5 크러스컬-월리스의 검정과 다중비교

5.1 | 크러스컬-월리스의 검정

■ 크러스컬-월리스의 검정이란

크러스컬-월리스(Kruskal-Wallis)의 순위에 의한 일원배치 분산분석은 k조의 독립표본이 다른 모집단으로부터 얻어진 것인지 어떤지를 결정하기 위해서, 대단히 유용한 검정이다. 표본의 값은 대개의 경우 다소는 다르고, 문제는 표본 간의 차이가 실제로 모집단의 차이를 의미하는지 어떤지 혹은 동일 모집단으로부터의 무작위 표본 사이에서 생각되어지는 단순한 우연적인 변동을 나타내고 있는지 어떤지를 결정하는 것이다. 크러스컬-월리스의 검정은 k조의 표본이 동일 모집단으로부터 추출되었는지, 또는 평균에 관해서 같은 모집단으로부터 추출된 것이라고 하는 귀무가설을 검정한다. 이 검정에서는 연구탐색 하의 변량은 연속분포를 갖는 것으로 가정하고 있다. 검정은 그 변량을 적어도 순서척도로 측정될 것을 요구하고 있다.

크러스컬-월리스의 검정은 일원배치 분산분석의 비모수적 검정으로, 데이터의 정규성이나 등분산성 등의 가정을 필요로 하지 않는 검정방법이다. 이 방법의 사고방식은 데이터를 순위로 변환하여 수준마다의 평균을 구한다. 이 평균 순위를 사용해서 다음과 같은 가설을 검정한다.

귀무가설 H_0 : 각 수준에 있어서의 평균 순위에 차는 없다

[예제 5-1]

다음의 데이터는 세 종류의 진통제 A1, A2, A3의 지속시간을 측정한 결과이다. 세 종류의 진통제의 지속시간에 차가 있는지 어떤지 조사해 보자.

표 5.1 데이터표

A1	A2	A3
12.2	22.2	26.4
18.8	20.5	32.6
18.2	14.6	31.3
	20.8	24.5
	19.5	21.2
	26.3	22.4

여기에서 귀무가설은 다음과 같다.

귀무가설 H_0 : 세 종류의 진통제 A1, A2, A3의 지속시간 사이에 차는 없다

■ SPSS에 의한 해법

〈순서 1〉 데이터의 입력

<표 5.1>의 데이터를 다음과 같이 입력한다.

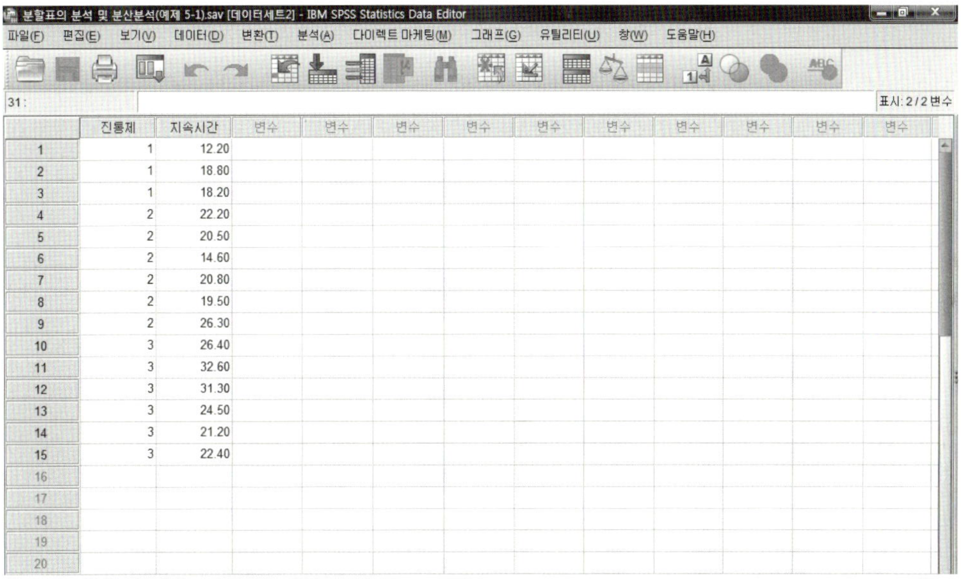

	진통제	지속시간
1	1	12.20
2	1	18.80
3	1	18.20
4	2	22.20
5	2	20.50
6	2	14.60
7	2	20.80
8	2	19.50
9	2	26.30
10	3	26.40
11	3	32.60
12	3	31.30
13	3	24.50
14	3	21.20
15	3	22.40

(변수값 설명)

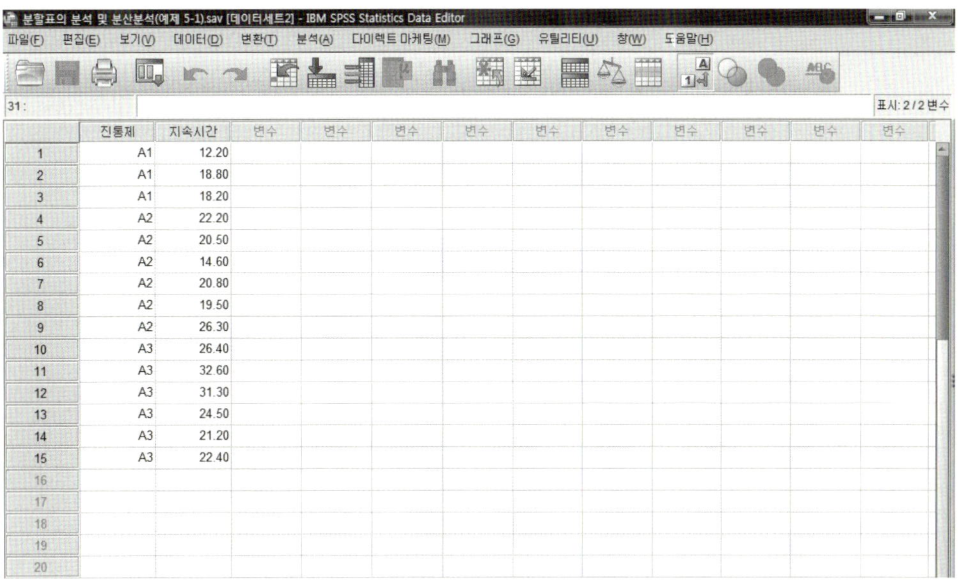

	진통제	지속시간
1	A1	12.20
2	A1	18.80
3	A1	18.20
4	A2	22.20
5	A2	20.50
6	A2	14.60
7	A2	20.80
8	A2	19.50
9	A2	26.30
10	A3	26.40
11	A3	32.60
12	A3	31.30
13	A3	24.50
14	A3	21.20
15	A3	22.40

〈순서 2〉 분석수법의 선택

① 메뉴에서 [분석]-[비모수검정]-[독립표본]을 선택한다.

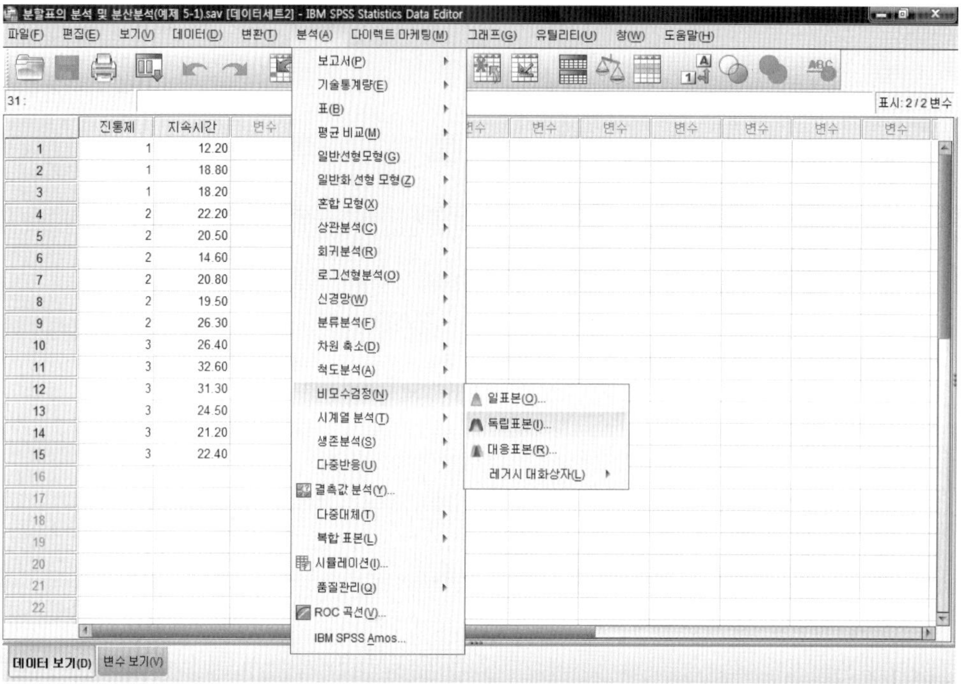

② 다음의 화면이 되면 [사용자 정의에 의한 분석]을 체크하고 [필드]를 클릭한다.

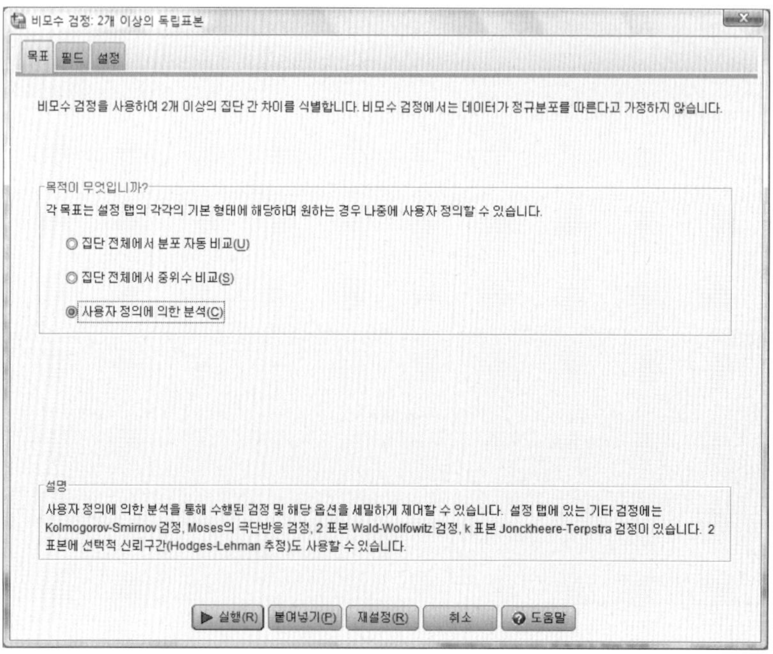

③ [필드] 화면에서 '지속시간'을 [검정 필드]에, '진통제'를 [집단]에 이동한다. 그리고 [설정]을 클릭한다.

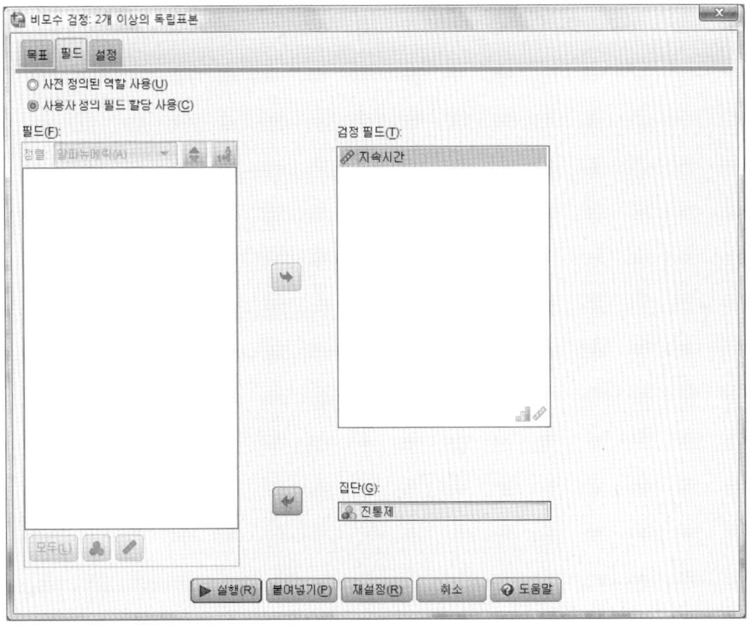

④ [설정] 화면에서 [사용자 정의에 의한 검정]을 체크하고, [Kruskal-Wallis 일원배치 분산분석(k 표본)]을 체크한다. 그리고 [다중비교]는 [없음]을 선택한다. [실행]을 클릭한다.

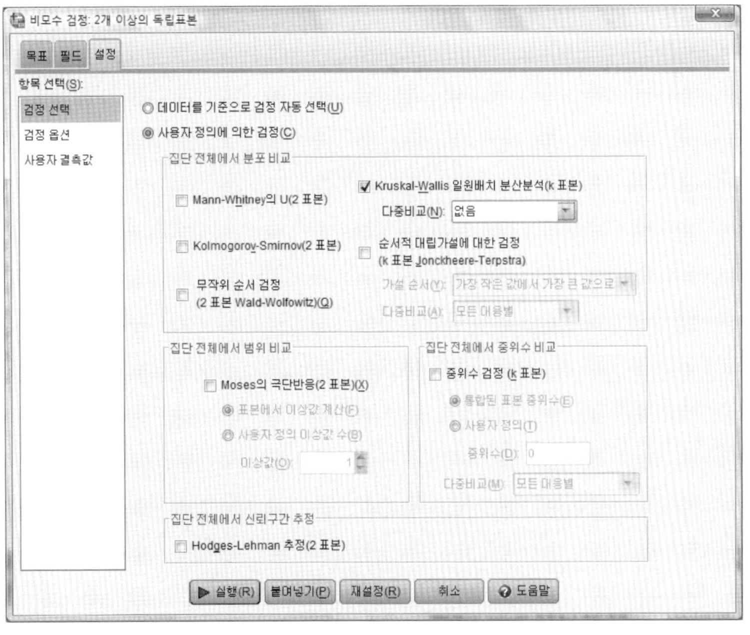

■ 분석결과

가설검정 요약

	영가설	검정	유의확률	의사결정
1	지속시간의 분포가 진통제의 범주에서 같습니다.	독립표본 Kruskal-Wallis 검정	.011	영가설을 기각합니다.

근사 유의확률이 표시됩니다. 유의수준이 .05입니다.

출력결과의 표를 더블클릭하면 다음과 같은 표가 나타난다.

독립표본 Kruskal-Wallis 검정

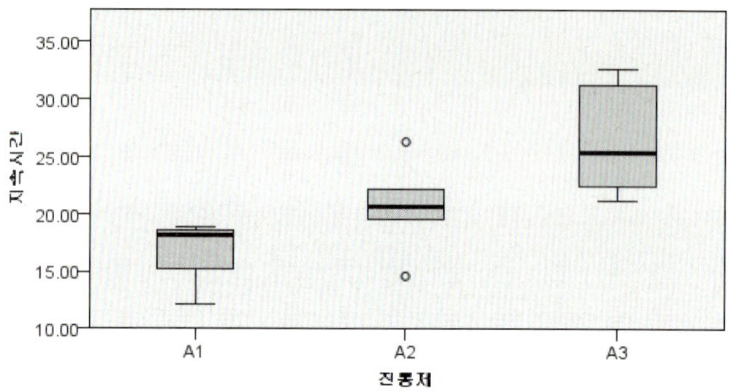

전체 N	15
검정 통계량	9.083
자유도	2
근사 유의확률 (양측검정)	.011

1. 검정 통계량이 등순위로 수정됩니다.

Kruskal-Wallis의 검정은 다음의 귀무가설

귀무가설 H_0 : "세 종류의 진통제 A1, A2, A3의 지속시간 사이에 차는 없다"

를 검정하고 있다.

검정통계량이 9.083이고, 그 때의 유의확률은 0.011이다. 다시 말하면

$$\text{유의확률 } 0.011 \leq \text{유의수준 } 0.05$$

이므로, 귀무가설 H_0는 기각된다.

따라서

"세 종류의 진통제 A1, A2, A3의 지속시간 사이에 차가 있다"

는 것을 알 수 있다.

<표 5.1>의 데이터를 한데 모아 순위를 매기면 <표 5.2>와 같다.

표 5.2 순위표

진통제	A1	A2	A3
순위	1	9	13
	4	6	15
	3	2	14
		7	11
		5	8
		6	10
순위합	8	41	71
제곱	8^2	41^2	71^2

검정통계량 KW는 다음과 같이 계산한다.

$$KW = \frac{12}{\left(\sum_{i=1}^{a} N_i\right)\left(\left(\sum_{i=1}^{a} N_i\right)+1\right)} \sum_{i=1}^{a} N_i \left(\overline{r}_i - \frac{\left(\sum_{i=1}^{a} N_i\right)+1}{2}\right)^2$$

$$= \frac{12}{\left(\sum_{i=1}^{a} N_i\right)\left(\left(\sum_{i=1}^{a} N_i\right)+1\right)} \left(\sum_{i=1}^{a} \frac{\left(\sum_{j=1}^{N_i} r_{ij}\right)^2}{N_i}\right) - 3\left(\left(\sum_{i=2}^{a} N_i\right)+1\right)$$

$$= \frac{12}{15(15+1)}\left(\frac{8^2}{3} + \frac{41^2}{6} + \frac{71^2}{6}\right) - 3(15+1) = 9.083$$

여기에서

$\sum_{i=1}^{a} N_i$: 전체 데이터의 개수

$\left(\sum_{j=1}^{N_i} r_{ij}\right)^2$: 그룹별 순위합의 제곱

그런데 분석결과 "세 종류의 진통제 A1, A2, A3의 지속시간 사이에 차가 있다"는 것을 알았는데, 어느 진통제와 어느 진통제 사이에 차가 있는 것일까? 이와 같은 때는 다중비교를 실시한다.

5.2 | 다중비교

■ SPSS에 의한 해법

〈순서 1〉 분석수법의 선택(1)

다중비교를 하고 싶을 때는 [설정] 탭에서, [다중비교]의 [모든 대응별]을 선택한다. 그리고 [실행]을 클릭한다.

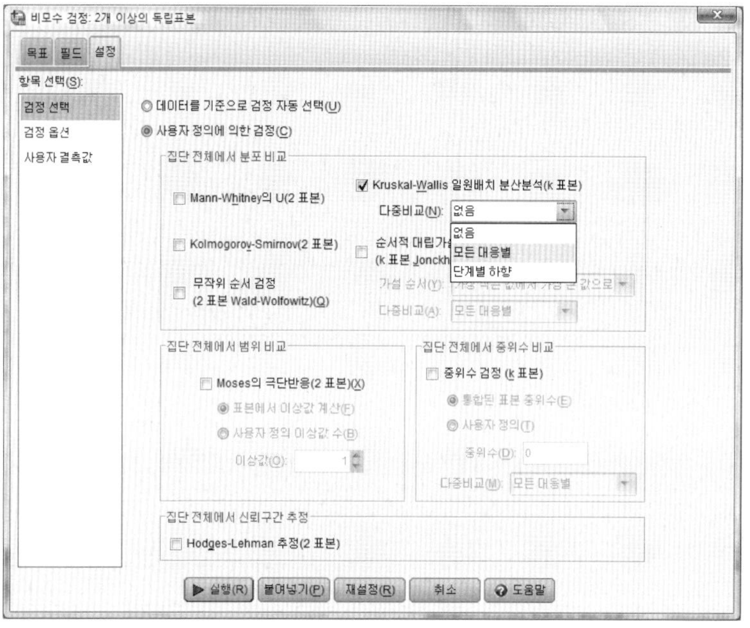

〈순서 2〉 분석수법의 선택(2)

[다중비교] 중에는 [단계별 하향]도 준비되어 있다.

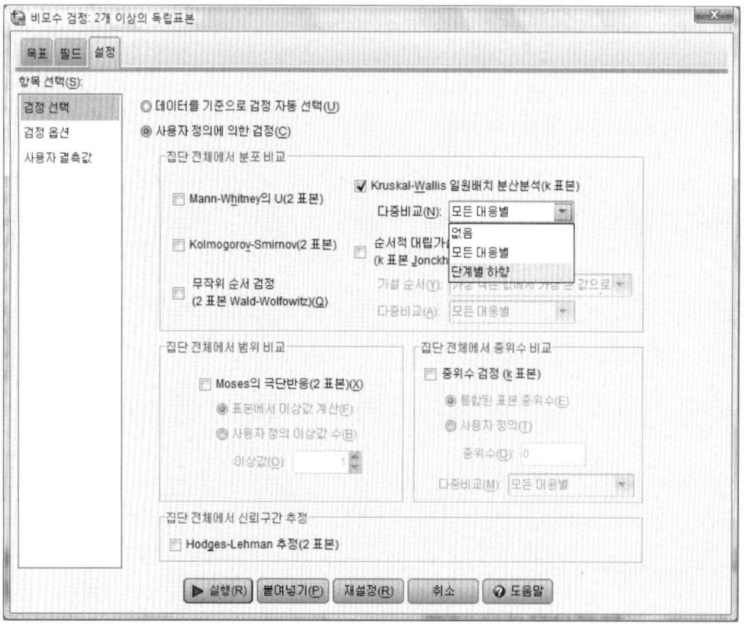

분석결과(1)

[모든 대응별]의 경우

[모형 뷰어]에서 [대응별 비교]를 선택한다.

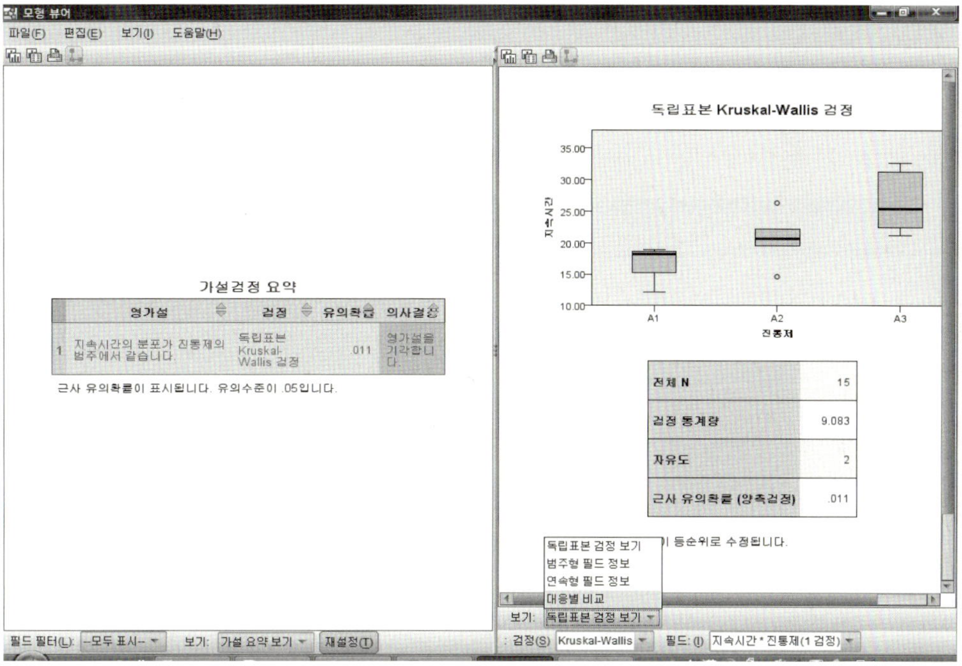

표본1-표본2	검정 통계량	표준 오차	표준 검정 통계량	유의확률	수정된 유의확률
A1-A2	-4.167	3.162	-1.318	.188	.563
A1-A3	-9.167	3.162	-2.899	.004	.011
A2-A3	-5.000	2.582	-1.936	.053	.158

각 행은 표본 1과 표본 2 분포가 동일한 영가설을 검정합니다.
근사 유의확률(양측검정)이 표시됩니다. 유의수준이 .05입니다.

수정된 유의확률과 유의수준 0.05를 비교하면, 유의차가 있는 조합은 {A1 A3}임을 알 수 있다. 수정된 유의확률 0.011은 다음과 같이 계산된다.

1. $\frac{-9.167}{3.162} = -2.899$일 때의 표준정규분포 왼쪽의 확률은 0.00187이다.

   Excel 표준정규 누적 분포값 : NORM.S.DIST(-2.899,1)=0.00187

2. 양측 유의확률이므로 2배한다.

$$유의확률=2\times 0.00187=0.00374$$

3. Bonferroni의 부등식에 의한 수정을 한다.

$$_3C_2 = \frac{3\times 2}{2\times 1} = 3\text{이므로}$$

$$\text{수정된 유의확률}=0.00374\times 3=0.011$$

■ 분석결과(2)

[단계별 하향]의 경우

[모형 뷰어]에서 [동질적 부분집합]을 선택한다.

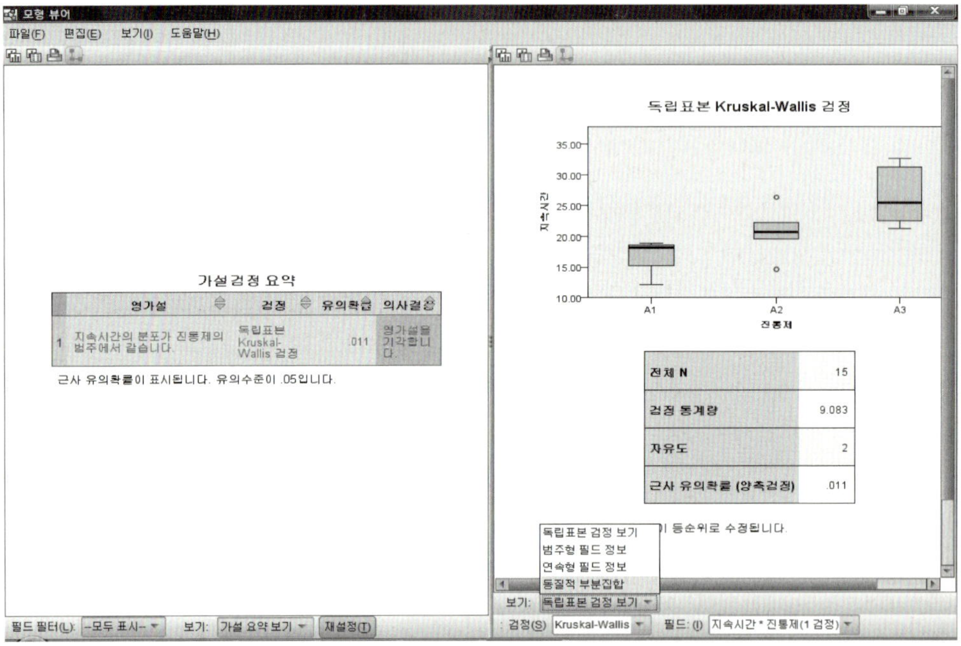

지속시간을(를) 기반으로 하는 동질적 부분집합

		부분집합	
		1	2
표본[1]	A1	2.667	
	A2	6.833	
	A3		11.833
검정 통계량		3.267	.[2]
유의확률 (2측검정)		.071	.
수정된 유의확률 (2측검정)		.071	.

동질적 부분집합은 근사 유의확률을 기반으로 합니다. 유의수준이 .05입니다.

[1]각 셀은 지속시간의 표본 평균 순위를 보여줍니다.

[2]부분집합에 표본이 하나만 있기 때문에 계산할 수 없습니다.

동질적 부분집합이란

서로 유의차가 없는 수준들의 그룹

을 가리킨다.

유의차가 없는 그룹은

부분집합 1 … {A1 A2}

부분집합 2 … {A3}

로 되어 있다.

힌트 : Kruskal-Wallis의 검정

세 개 이상의 그룹 간에 차가 있는지 어떤지를 알고 싶을 때에 실시하는 비모수적 검정의 하나이다.

귀무가설 H_0 : 그룹 간에 차는 없다

대립가설 H_1 : 그룹 간에 차가 있다

모집단이 정규분포에 따르고 있다고 기대될 때는 일원배치 분산분석으로, 모집단의 정규성에 기대를 가질 수 없을 때는, 이 Kruskal-Wallis의 검정을 실시한다. 다중비교를 하고 싶을 때는 Bonferroni의 부등식을 이용한다.

CHAPTER

6

프리드만의 검정과 다중비교

CHAPTER 6 프리드만의 검정과 다중비교

6.1 | 프리드만의 검정

■ 프리드만의 검정이란

k조의 대응표본에 의한 데이터가 적어도 순서척도일 때, 프리드만(Friedman)의 순위에 의한 이원배치 분산분석은 k조의 표본이 동일 모집단으로부터 추출되었다고 하는 귀무가설을 검정하는 데 유용하다.

k조의 표본은 대비되고 있기 때문에, 경우의 수는 각각의 표본에 대해서 같다. 그 대응은 k조건 각각 아래에서 피험자의 동일 그룹을 연구함으로써 달성할 수 있다. 혹은 연구자는 각각 k조의 대비된 피험자로 이루어지는 조를 몇 개 얻을 수 있다. 그러고 나서 제1의 조건에 각 조의 어떤 피험자를 랜덤하게 할당하고, 제2의 조건은 각 조의 다른 피험자를 할당하는 식이다. 예를 들면, 네 가지의 교수방법 하에서 학습달성의 차이를 연구하고 싶다면, 각각의 조는 관련변량(연령, 이전에 받은 교육, 지능, 사회경제상태, 학습의욕 등)에 대해서 대비된 아이들로 구성되어 있는 $k = 4$의 N조의 학생을 얻을 수 있다. 그러고 나서 랜덤하게 N조의 각각으로부터 한 사람의 아이에게 교수법 A를 할당하고, 다른 한 사람에게 B를, 또 다른 한 사람에게 C를, 네 번째의 아이에게 D를 할당한다.

프리드만의 검정에 대해서는 데이터는 N행, k열의 이원표로 표현된다. 행은 여러 피험자나 대비된 피험자의 조를 나타내고, 열은 여러 가지 조건을 나타내고 있다. 모든 조건 하에서 실험되고 있는 피험자의 스코어를 연구할 수 있으면, 각 행은 k조건 하에서의 각 피험자의 스코어를 부여한다.

프리드만 검정의 데이터는 순위이다. 각 행에 있어서의 스코어는 각각에 순위가 매겨져 있다. 즉, k조건을 연구할 때 어느 행의 순위도 1에서 k까지의 범위에 있다. 프리드만의 검정은 순위(표본)에 대한 서로 다른 열이 동일 모집단으로부터 추출된 것인지 아닌지를 결정한다.

[예제 6-1]

네 개의 조건 하에서 세 그룹의 스코어를 연구하고자 한다. 여기에서 $k = 4$이며, $N = 3$이다. 각 그룹은 네 명의 대비된 피험자를 포함하고, 각 피험자는 네 개 조건의 각각에 할당된다. 이 연구의 대상이 되는 데이터는 다음의 <표 6.1>과 같다.

표 6.1 네 개의 조건 하에서의 세 개의 대비된 그룹의 스코어

	조건			
	I	II	III	IV
그룹 A	9	4	1	7
그룹 B	6	5	2	8
그룹 C	9	1	2	6

이와 같은 데이터에 관해서 프리드만의 검정을 실시하기 위하여, 우선 각 행에 대해서 스코어의 순위를 매긴다. 각행에 있어서의 최저 스코어에는 1의 순위를 부여하고, 다음으로 낮은 스코어에는 2의 순위를 매기는 식이다. 그 반대로 순위를 매겨도 문제는 없다. 이와 같이 해서 다음의 <표 6.2>의 데이터를 얻을 수 있다. <표 6.2>의 각 행에 있어서의 순위는 1에서 $k = 4$까지의 범위인 점에 주의를 요한다.

표 6.2 네 개의 조건 하에서의 세 개의 대비된 그룹의 순위

	조건			
	I	II	III	IV
그룹 A	4	2	1	3
그룹 B	3	2	1	4
그룹 C	4	1	2	3

이때 유의수준 5% 하에서,

H_0 : 모든 표본(열)이 같은 모집단으로부터 추출된 것이다

H_1 : 모든 표본(열)이 같은 모집단으로부터 추출된 것은 아니다

힌트 : 비모수적 검정

정규모집단		비모수적 검정
일원배치 분산분석	⇔	Kruskal-Wallis의 검정
반복측정에 의한 일원배치 분산분석	⇔	Friedman의 검정

힌트 : 모집단의 정규성 검토

메뉴에서 [분석]-[기술통계량]-[데이터 탐색]-[도표]-[검정과 함께 정규성 도표]를 이용한다.

■ SPSS에 의한 해법

〈순서 1〉 데이터의 입력

<표 6.1>의 데이터를 다음과 같이 입력한다.

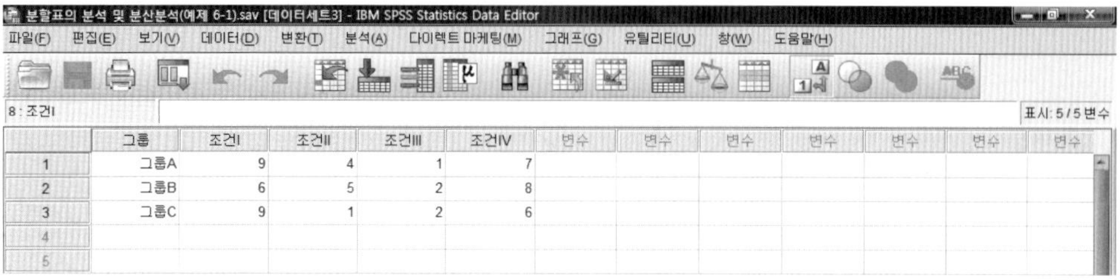

〈순서 2〉 분석수법의 선택

① 메뉴에서 [분석]-[비모수검정]-[대응표본]을 선택한다.

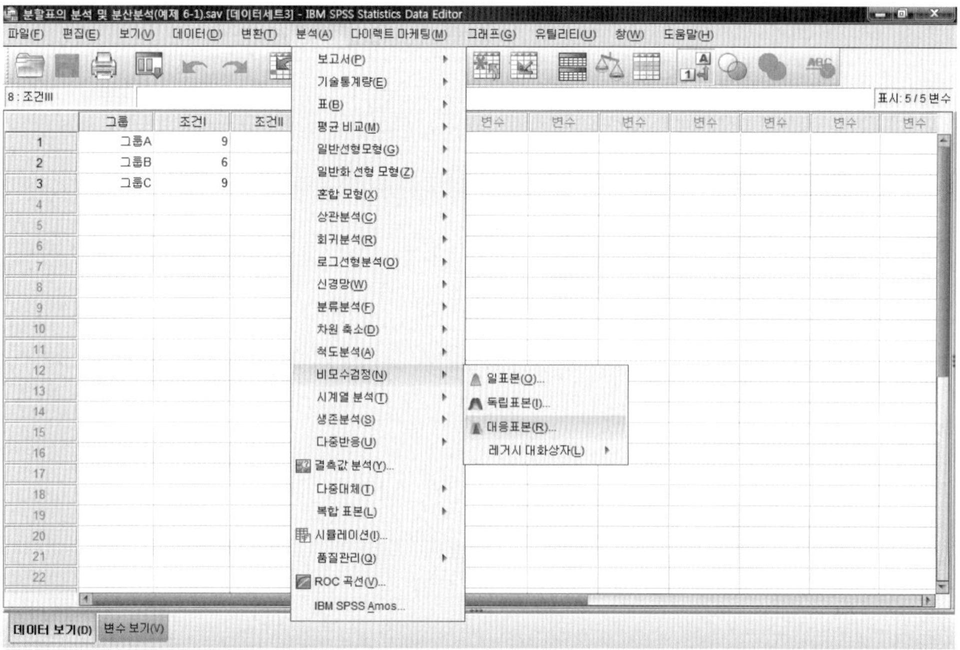

② 각 변수에 대한 측도 설정은 다음과 같이 한다.

③ 다음 화면에서 [사용자 정의에 의한 분석]을 체크하고 [필드]를 클릭한다.

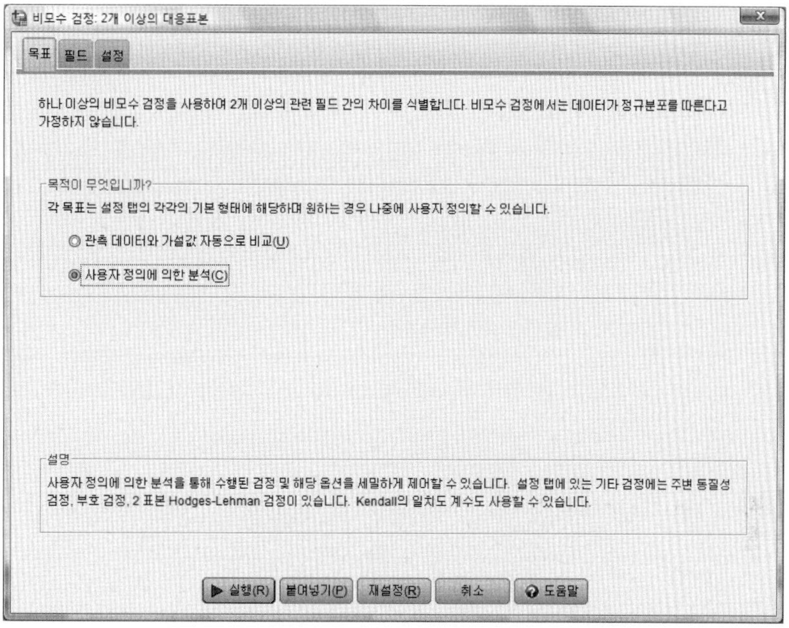

④ 다음 화면에서 반복측정의 순으로 조건Ⅰ, 조건Ⅱ, 조건Ⅲ, 조건Ⅳ를 [검정 필드]에 이동한다. 그리고 [설정]을 클릭한다.

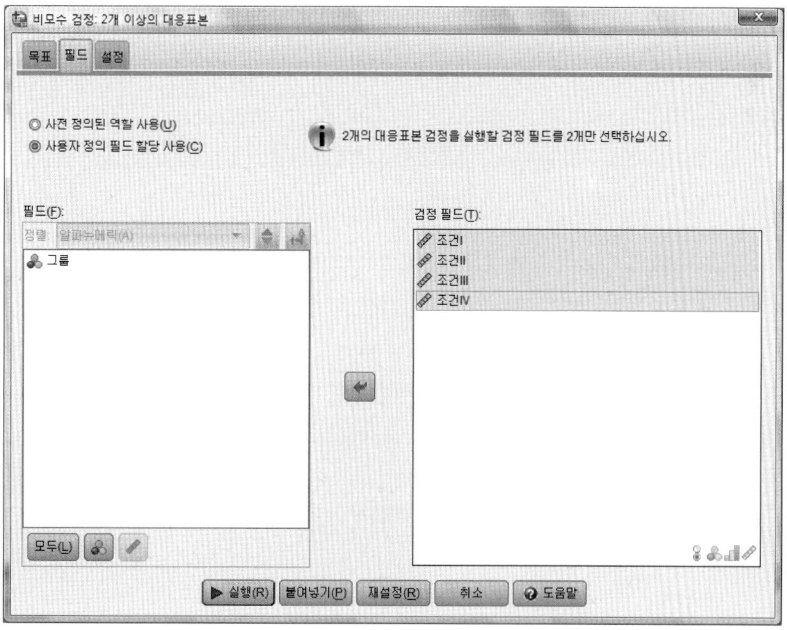

⑤ 다음 화면에서 [사용자 정의에 의한 검정]을 클릭하고, [Friedman의 순위 이원배치 분산분석(k 표본)]을 체크한다. [다중비교]는 [없음]을 선택한다. 그리고 [실행]을 클릭한다.

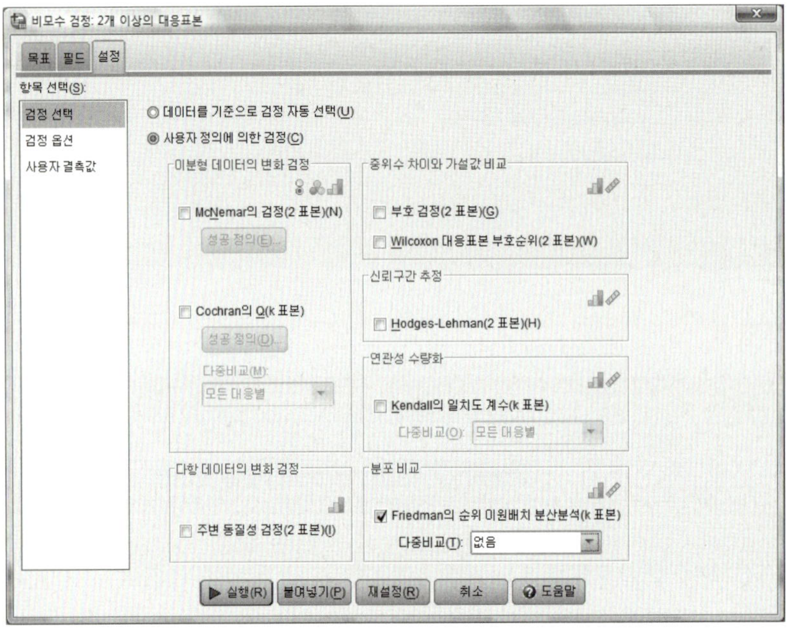

■ 분석결과

가설검정 요약

	영가설	검정	유의확률	의사결정
1	조건I, 조건II, 조건III and 조건IV의 분포가 같습니다.	대응표본 Friedman의 순위 이원분산분석	.060	영가설을 채택합니다.

근사 유의확률이 표시됩니다. 유의수준이 .05입니다.

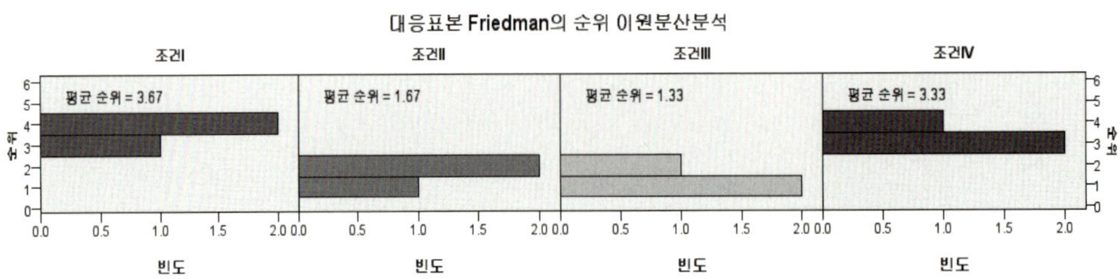

전체 N	3
검정 통계량	7.400
자유도	3
근사 유의확률 (양측검정)	.060

<표 6.2> 네 개의 조건 하에서의 세 개의 대비된 그룹의 순위 데이터로 분석을 해도 결과는 같다.

프리드만의 검정의 귀무가설은 다음과 같다.

H_0 : 모든 표본(열)이 같은 모집단으로부터 추출된 것이다

근사 유의확률 0.060 > 유의수준 0.05이므로 모든 표본(열)이 같은 모집단으로부터 추출된 것이다, 라고 하는 귀무가설은 채택된다.

여기에서 검정통계량을 구하는 공식을 소개하면 다음과 같다.

$$\chi^2 = \frac{12}{Nk(k+1)}\sum_{j=1}^{k}(R_j)^2 - 3N(k+1)$$
$$= \frac{12}{(3)(4)(4+1)}\left[(11)^2+(5)^2+(4)^2+(10)^2\right]-(3)(3)(4+1)$$
$$= 7.400$$

여기에서,

N = 행의 수

k = 열의 수

R_j = 제 j 열의 순위의 합

$\sum_{j=1}^{k}$ 는 k조의 조건 전체에 걸친 순위합의 제곱의 합을 나타낸다.

힌트 : Friedman의 검정

대응의 있는 몇 개의 그룹 사이의 차를 조사하기 위한 비모수적 검정의 하나이다. 반복측정에 의한 일원배치 분산분석의 비모수적 검정이다. 또는 반복이 없는 이원배치 분산분석의 비모수적 검정이라고 볼 수도 있다.

6.2 ㅣ 다중비교

■ SPSS에 의한 해법

〈순서 1〉 분석수법의 선택(1)

다중비교를 하고 싶을 때는 [설정] 탭에서, [다중비교]의 [모든 대응별]을 선택한다. 그리고 [실행]을 클릭한다.

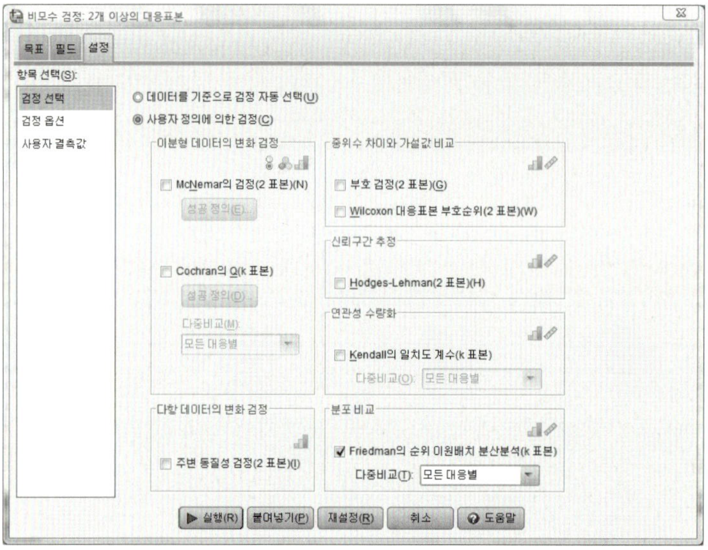

〈순서 2〉 분석수법의 선택(2)

[다중비교] 중에는 [단계별 하향]도 준비되어 있다.

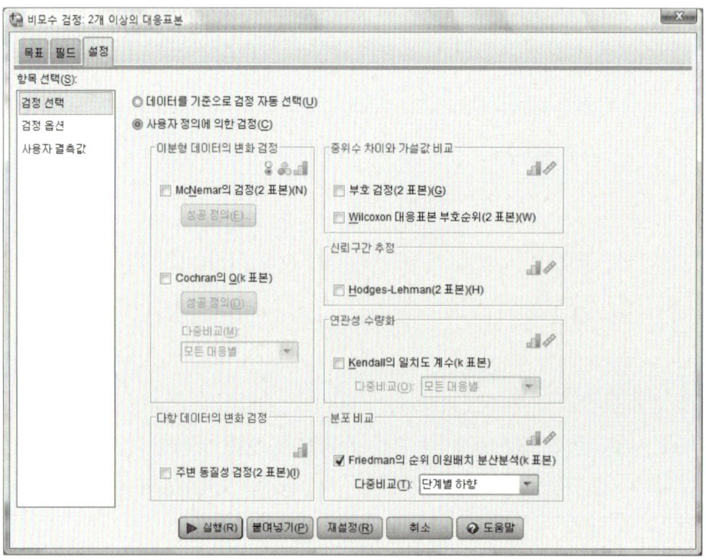

■ 분석결과(1)

전체 검정에 차이가 없다는 귀무가설이 채택되므로 다중비교는 수행되지 않는다.

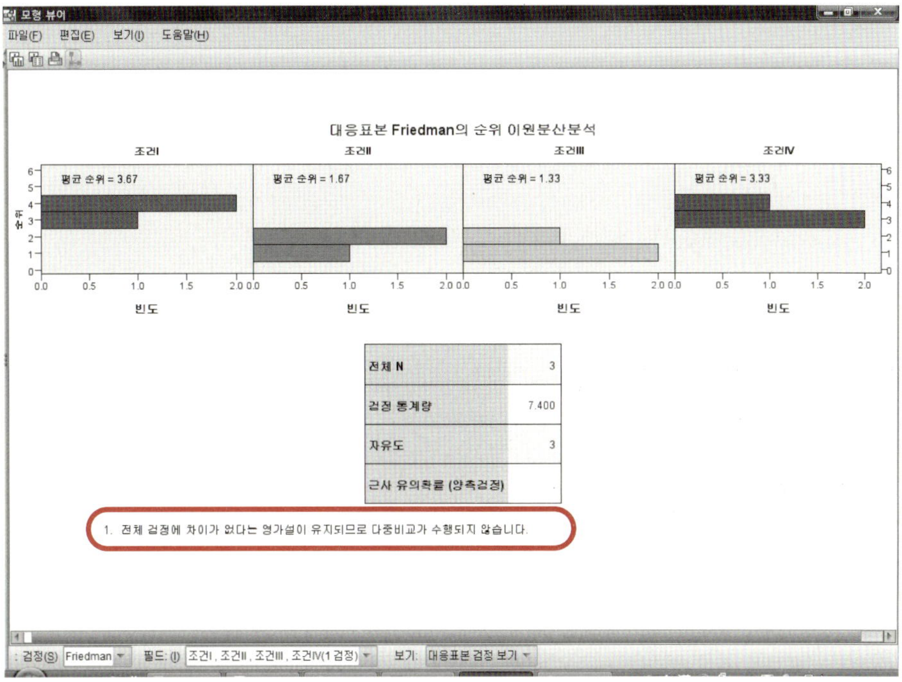

■ 분석결과(2)

이 경우에도 마찬가지로 전체 검정에 차이가 없다는 귀무가설이 채택되므로 다중비교는 수행되지 않는다.

[예제 6-2]

[예제 4-1]의 데이터를 사용해서 Friedman의 검정을 실시해 보자.

<표 6.3>의 데이터는 약물투여에 대한 심박수(心搏數, 심장의 박동수)를 투여전, 1분후, 5분후, 10분후의 4회 연속해서 측정한 것이다.

표 6.3 약물투여에 의한 심박수 (D. M. Fisher)

	투여전	1분후	5분후	10분후
A	67	92	87	68
B	92	112	94	90
C	58	71	69	62
D	61	90	83	66
E	72	85	72	69

약물투여에 의해서 심박수는 변화했을까?

■ 분석결과

가설검정 요약

	영가설	검정	유의확률	의사결정
1	투여전, 투여1분후, 투여5분후 and 투여10분후의 분포가 같습니다.	대응표본 Friedman의 순위 이원분산분석	.005	영가설을 기각합니다.

근사 유의확률이 표시됩니다. 유의수준이 .05입니다.

출력결과의 표를 더블클릭하면 다음과 같은 표가 나타난다.

대응표본 Friedman의 순위 이원분산분석

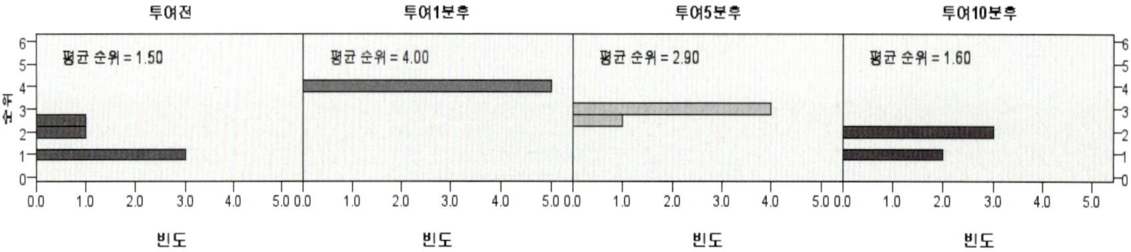

전체 N	5
검정 통계량	12.918
자유도	3
근사 유의확률 (양측검정)	.005

출력결과를 보면 검정통계량이 12.918이고, 근사 유의확률은 0.005이다.

다시 말하면, 근사 유의확률 0.005 ≤ 유의수준 0.05이므로 귀무가설은 기각된다.

따라서,

"투여전부터 10분후까지의 심박수에 차가 있다"

는 것을 알 수 있다.

이 사실은

"약물투여에 의해서 심박수가 변화하고 있다"

라고 하는 것을 의미한다.

■ 다중비교(1)

[모든 대응별]의 경우

[모형 뷰어]에서 [대응별 비교]를 선택한다.

표본1-표본2	검정 통계량	표준 오차	표준 검정 통계량	유의확률	수정된 유의확률
투여전-투여10분후	-.100	.816	-.122	.903	1.000
투여전-투여5분후	-1.400	.816	-1.715	.086	.518
투여전-투여1분후	-2.500	.816	-3.062	.002	.013
투여10분후-투여5분후	1.300	.816	1.592	.111	.668
투여10분후-투여1분후	2.400	.816	2.939	.003	.020
투여5분후-투여1분후	1.100	.816	1.347	.178	1.000

각 행은 표본 1과 표본 2 분포가 동일한 영가설을 검정합니다.
근사 유의확률(양측검정)이 표시됩니다. 유의수준이 .05입니다.

네 개의 그룹이므로, 조합의 수는 여섯 가지가 된다.

수정된 유의확률이 0.05 이하인 조합은

{투여전　1분후}

{10분후　1분후}

가 된다.

■ 다중비교(2)

[단계별 하향]의 경우

[모형 뷰어]에서 [동질적 부분집합]을 선택한다.

동질적 부분집합

		부분집합		
		1	2	3
표본[1]	투여전	1.500		
	투여10분후	1.600	1.600	
	투여5분후		2.900	2.900
	투여1분후			4.000
검정 통계량		.200	5.000	5.000
유의확률 (2측검정)		.655	.025	.025
수정된 유의확률 (2측검정)		.881	.050	.050

동질적 부분집합은 근사 유의확률을 기반으로 합니다. 유의수준이 .05입니다.

[1]각 셀은 표본 평균 순위를 보여줍니다.

동질적 부분집합이므로, 유의차가 없는 그룹은

그룹 1 … {투여전 10분후}
그룹 2 … {10분후 5분후}
그룹 3 … {5분후 1분후}

로 되어 있다.

'동질'이란 수준과 수준 사이에 유의차가 없다고 하는 의미이다.

CHAPTER

7

반복이 없는 이원배치 분산분석과 다중비교

CHAPTER 7

반복이 없는 이원배치 분산분석과 다중비교

7.1 | 반복이 없는 이원배치 분산분석

[예제 7-1]

다이어트 식품으로 알려진 A, B, C, D 네 가지 식품의 콜레스테롤 함유량을 비교하려고 한다. 각 식품별로 측정된 세 개의 관측치가 세 곳의 상이한 실험실에서 측정된 결과라고 하자.

표 7.1 데이터표

(단위 : mg)

식품 \ 실험실	1	2	3
A	3.6	4.1	4.0
B	3.1	3.2	3.9
C	3.2	3.5	3.5
D	3.5	3.8	3.8

다이어트 식품과 실험실에 따라서 콜레스테롤 함유량에 차이가 있는가를 5% 유의수준으로 검정하라.

■ 사고방식과 적용수법

본 예제에서 만일 세 곳의 실험실로 하여금 네 가지 식품에 대하여 모두 콜레스테롤 함유량을 측정하게 한다면, 실험실들의 측정기술 수준의 차이에 기인한 함유량이 각 식품에 모두 반영된다. 따라서 각 식품의 평균 콜레스테롤 함유량의 차이 여부를 보다 효율적으로 판단할 수 있게 된다. 이와 같이 표본을 각 처리방법에 임의로 할당하기 전에 각 집단이나 블록 내에서 상대적으로 적은 변동을 갖도록 어떤 특성을 사용하여 표본을 배치하는 방법을 **난괴법(randomized block design)**이라 하며, 이를 분석하는 수법을 **반복 없는 이원배치 분산분석**이라고 한다.

■ 분산분석표

본 예제에서는 다음 두 가지의 질문이 있을 수 있다.

첫째, 식품에 따라 콜레스테롤 함유량의 차이가 발생하는가?

둘째, 실험실에 따라 콜레스테롤 함유량의 차이가 발생하는가?

위의 두 가지 내용을 이원 분산분석에서의 **주효과(main effect)**에 대한 검정이라고도 한다. 여기에 관련된 검정을 보다 간편하게 하기 위해서는 **이원배치 분산분석표(two-way ANOVA table)**가 필요하다.

표 7.2 이원 분산분석표(반복 없는 이원 분산분석)

변동의 요인	편차제곱의 합	자유도	분산	F 비	분산의기대치
인자 A (행)	S_A	$a-1$	V_A	V_A / V_e	$\sigma_e^2 + b\sigma_A^2$
인자 B (열)	S_B	$b-1$	V_B	V_B / V_e	$\sigma_e^2 + a\sigma_B^2$
잔 차	S_e	$(a-1)(b-1)$	V_e		σ_e^2
계	S_T	$ab-1$			

SPSS에 의한 해법

〈순서 1〉 데이터의 입력

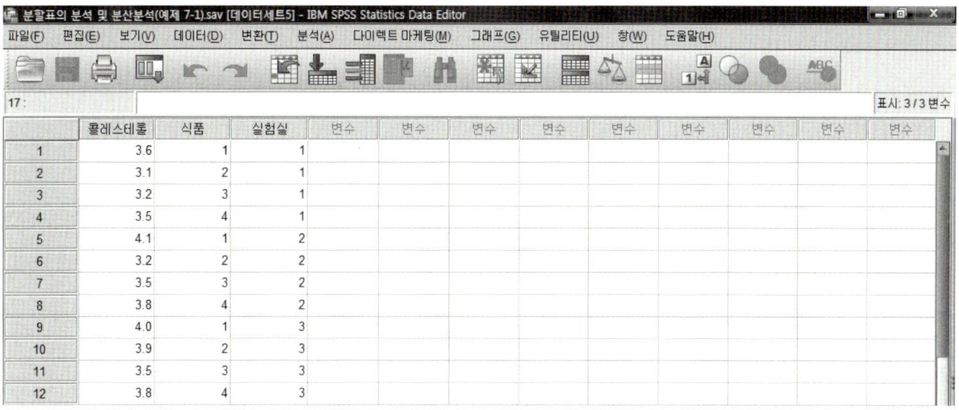

	콜레스테롤	식품	실험실
1	3.6	1	1
2	3.1	2	1
3	3.2	3	1
4	3.5	4	1
5	4.1	1	2
6	3.2	2	2
7	3.5	3	2
8	3.8	4	2
9	4.0	1	3
10	3.9	2	3
11	3.5	3	3
12	3.8	4	3

(변수값 설명)

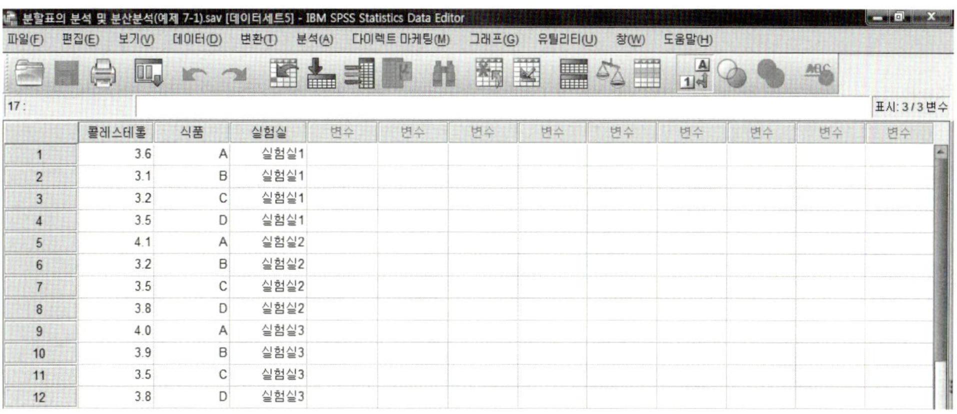

	콜레스테롤	식품	실험실
1	3.6	A	실험실1
2	3.1	B	실험실1
3	3.2	C	실험실1
4	3.5	D	실험실1
5	4.1	A	실험실2
6	3.2	B	실험실2
7	3.5	C	실험실2
8	3.8	D	실험실2
9	4.0	A	실험실3
10	3.9	B	실험실3
11	3.5	C	실험실3
12	3.8	D	실험실3

〈순서 2〉 분석수법의 선택

메뉴에서 [분석]-[일반선형모형]-[일변량]을 선택한다.

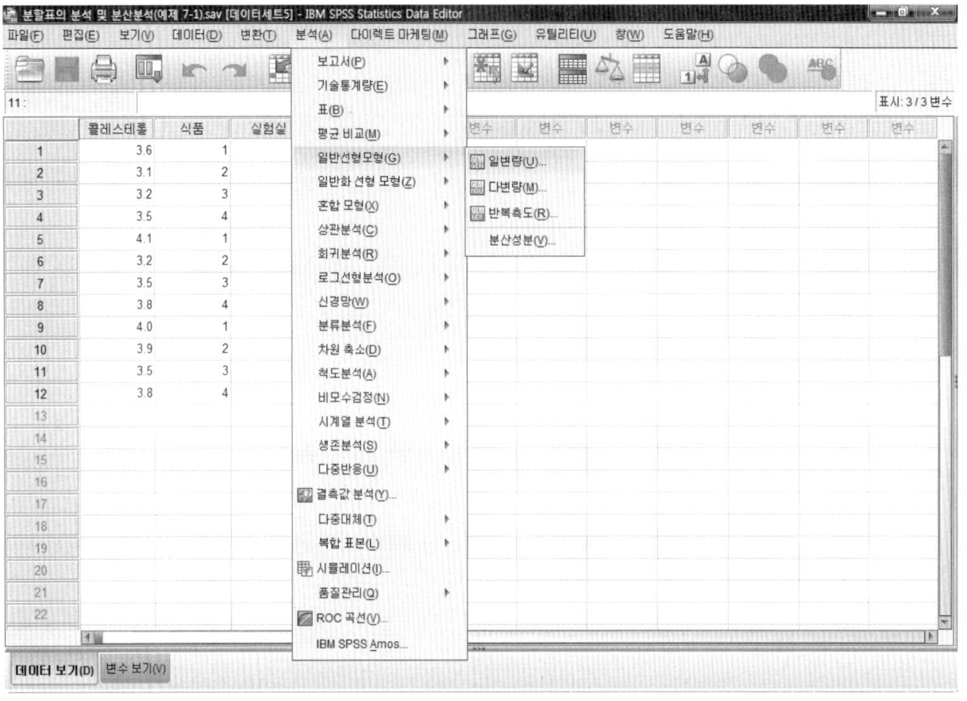

〈순서 3〉 변수의 선택

'콜레스테롤'을 [종속변수]로, '식품'과 '실험실'을 [고정요인]으로 이동한다.

〈순서 4〉 모형의 선택

[모형]을 클릭하면 다음 화면이 나타난다.

[사용자 정의]를 클릭하고, '식품'과 '실험실'을 [모형]으로 이동한다. [계속]을 클릭한다.

〈순서 5〉 옵션의 선택

다음 화면에서 [기술통계량]을 선택하고 [계속]을 클릭한다.

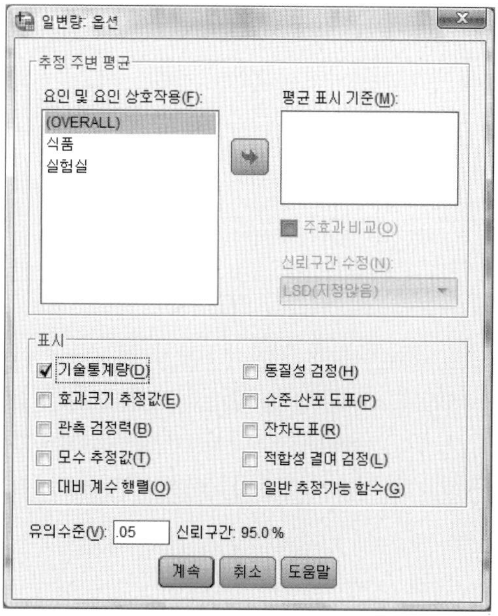

앞의 화면에서 [확인]을 클릭한다.

■ 분석결과

기술통계량

종속변수: 콜레스테롤

식품	실험실	평균	표준편차	N
A	실험실1	3.600	.	1
	실험실2	4.100	.	1
	실험실3	4.000	.	1
	전체	3.900	.2646	3
B	실험실1	3.100	.	1
	실험실2	3.200	.	1
	실험실3	3.900	.	1
	전체	3.400	.4359	3
C	실험실1	3.200	.	1
	실험실2	3.500	.	1
	실험실3	3.500	.	1
	전체	3.400	.1732	3
D	실험실1	3.500	.	1
	실험실2	3.800	.	1
	실험실3	3.800	.	1
	전체	3.700	.1732	3
전체	실험실1	3.350	.2380	4
	실험실2	3.650	.3873	4
	실험실3	3.800	.2160	4
	전체	3.600	.3275	12

개체-간 효과 검정

종속변수: 콜레스테롤

소스	제 III 유형 제곱합	자유도	평균제곱	F	유의확률
수정된 모형	.960[a]	5	.192	5.236	.034
절편	155.520	1	155.520	4241.455	.000
식품	.540	3	.180	4.909	.047
실험실	.420	2	.210	5.727	.041
오차	.220	6	.037		
전체	156.700	12			
수정된 합계	1.180	11			

a. R 제곱 = .814 (수정된 R 제곱 = .658)

기술통계량에서는 식품별, 실험실별 평균 콜레스테롤 함유량과 총평균 3.60을 보여주고 있다. 그리고 식품별, 실험실별 표준편차도 출력되어 있다.

분산분석표에서 식품별 콜레스테롤 평균 함유량에 대한 검정에서는

$$\text{유의확률 } 0.047 \ < \text{유의수준 } 0.05$$

이므로, 귀무가설 H_0는 기각된다. 즉, 다이어트 식품별로 콜레스테롤 평균 함유량이 모두 같다고는 할 수 없다.

그리고 실험실별 콜레스테롤 평균 함유량에 대한 검정에서는

$$\text{유의확률 } 0.041 \ < \text{유의수준 } 0.05$$

이므로, 귀무가설 H_0는 기각된다. 즉, 다이어트 실험실별로 콜레스테롤 평균 함유량이 모두 같다고는 할 수 없다.

7.2 | 다중비교

[예제 7-1]의 데이터에 대해서 다중비교를 실시해 보자.

■ SPSS에 의한 해법

〈순서 1〉 변수의 선택

다음 화면에서 [사후분석]을 클릭한다.

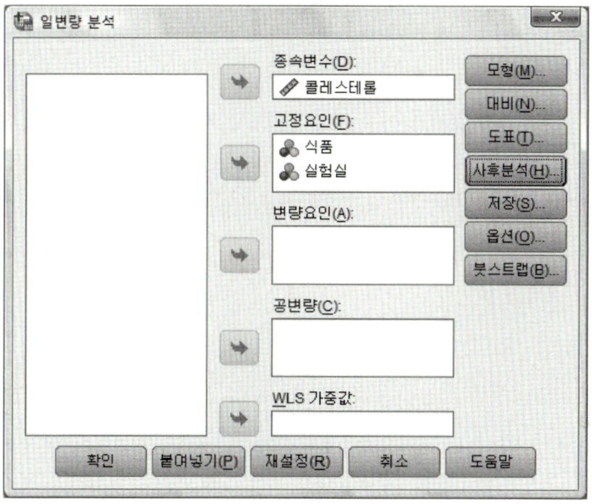

〈순서 2〉 사후분석 방법의 선택

'식품'과 '실험실'을 [사후검정변수]로 이동한다.

[Bonferroni], [Scheffe]를 선택하고 [계속]을 클릭한다.

〈순서 3〉 다중비교의 실행

다음 화면에서 [확인]을 클릭한다.

■ 분석결과

다중비교

종속변수: 콜레스테롤

	(I) 식품	(J) 식품	평균차이(I-J)	표준오차	유의확률	95% 신뢰구간 하한	95% 신뢰구간 상한
Scheffe	A	B	.500	.1563	.094	-.091	1.091
		C	.500	.1563	.094	-.091	1.091
		D	.200	.1563	.669	-.391	.791
	B	A	-.500	.1563	.094	-1.091	.091
		C	.000	.1563	1.000	-.591	.591
		D	-.300	.1563	.379	-.891	.291
	C	A	-.500	.1563	.094	-1.091	.091
		B	.000	.1563	1.000	-.591	.591
		D	-.300	.1563	.379	-.891	.291
	D	A	-.200	.1563	.669	-.791	.391
		B	.300	.1563	.379	-.291	.891
		C	.300	.1563	.379	-.291	.891
Bonferroni	A	B	.500	.1563	.112	-.104	1.104
		C	.500	.1563	.112	-.104	1.104
		D	.200	.1563	1.000	-.404	.804
	B	A	-.500	.1563	.112	-1.104	.104
		C	.000	.1563	1.000	-.604	.604
		D	-.300	.1563	.621	-.904	.304
	C	A	-.500	.1563	.112	-1.104	.104
		B	.000	.1563	1.000	-.604	.604
		D	-.300	.1563	.621	-.904	.304
	D	A	-.200	.1563	1.000	-.804	.404
		B	.300	.1563	.621	-.304	.904
		C	.300	.1563	.621	-.304	.904

관측평균을 기준으로 합니다.
오차항은 평균제곱(오차) = .037입니다.

다중비교

종속변수: 콜레스테롤

	(I) 실험실	(J) 실험실	평균차이(I-J)	표준오차	유의확률	95% 신뢰구간	
						하한	상한
Scheffe	실험실1	실험실2	-.300	.1354	.166	-.734	.134
		실험실3	-.450*	.1354	.044	-.884	-.016
	실험실2	실험실1	.300	.1354	.166	-.134	.734
		실험실3	-.150	.1354	.572	-.584	.284
	실험실3	실험실1	.450*	.1354	.044	.016	.884
		실험실2	.150	.1354	.572	-.284	.584
Bonferroni	실험실1	실험실2	-.300	.1354	.206	-.745	.145
		실험실3	-.450*	.1354	.048	-.895	-.005
	실험실2	실험실1	.300	.1354	.206	-.145	.745
		실험실3	-.150	.1354	.931	-.595	.295
	실험실3	실험실1	.450*	.1354	.048	.005	.895
		실험실2	.150	.1354	.931	-.295	.595

관측평균을 기준으로 합니다.
오차항은 평균제곱(오차) = .037입니다.

*. 평균차이는 .05 수준에서 유의합니다.

식품에 대한 분산분석 결과는 귀무가설이 기각되었음에도 불구하고, 다중비교에서 유의차가 있는 조합이 없는 것으로 나타났다. 그 유의확률이 0.047로 유의수준 0.05에 근접하기 때문에 유의차를 검출하지 못한 것으로 생각된다.

실험실 대한 다중비교 결과에서는 Bonferroni, Scheffe의 방법 모두 다음과 같은 조합에서 유의차가 있는 것으로 나타났다.

{실험실1　실험실3}

■ LSD 방법에 의한 다중비교

근소한 유의차를 검출하기 위해서 LSD(최소유의차) 방법을 선택하여 다중비교를 실시하기로 한다.

■ 분석결과

다중비교

종속변수: 콜레스테롤

LSD

(I) 식품	(J) 식품	평균차이(I-J)	표준오차	유의확률	95% 신뢰구간 하한	95% 신뢰구간 상한
A	B	.500*	.1563	.019	.117	.883
	C	.500*	.1563	.019	.117	.883
	D	.200	.1563	.248	-.183	.583
B	A	-.500*	.1563	.019	-.883	-.117
	C	.000	.1563	1.000	-.383	.383
	D	-.300	.1563	.103	-.683	.083
C	A	-.500*	.1563	.019	-.883	-.117
	B	.000	.1563	1.000	-.383	.383
	D	-.300	.1563	.103	-.683	.083
D	A	-.200	.1563	.248	-.583	.183
	B	.300	.1563	.103	-.083	.683
	C	.300	.1563	.103	-.083	.683

관측평균을 기준으로 합니다.
오차항은 평균제곱(오차) = .037입니다.

*. 평균차이는 .05 수준에서 유의합니다.

다중비교

종속변수: 콜레스테롤

LSD

(I) 실험실	(J) 실험실	평균차이(I-J)	표준오차	유의확률	95% 신뢰구간 하한	95% 신뢰구간 상한
실험실1	실험실2	-.300	.1354	.069	-.631	.031
	실험실3	-.450*	.1354	.016	-.781	-.119
실험실2	실험실1	.300	.1354	.069	-.031	.631
	실험실3	-.150	.1354	.310	-.481	.181
실험실3	실험실1	.450*	.1354	.016	.119	.781
	실험실2	.150	.1354	.310	-.181	.481

관측평균을 기준으로 합니다.
오차항은 평균제곱(오차) = .037입니다.

*. 평균차이는 .05 수준에서 유의합니다.

LSD(최소유의차) 방법에 의한 다중비교 결과 식품에서도 다음의 조합에서 유의차가 있는 것으로 나타나고 있다.

{식품A　식품B}

{식품A　식품C}

[예제 7-2]

네 개 회사에서 생산되는 소형차를 여섯 명의 운전자에게 운전하게 하여 휘발유 리터당 주행거리를 측정한 결과가 다음과 같다.

표 7.3 차종별 운전자별 리터당 주행거리 (단위 : km/ℓ)

차종 \ 운전자	1	2	3	4	5	6
가	15	10	13	14	17	9
나	17	12	18	13	15	12
다	17	7	9	13	8	12
라	10	12	8	7	9	11

차종에 따라 리터당 주행거리의 차이가 발생하는가? 그리고 운전자에 따라 리터당 주행거리의 차이가 발생하는가? 5% 유의수준으로 각각 검정하라.

■ 분산분석 결과

개체-간 효과 검정

종속변수: 리터당 주행거리

소스	제 III 유형 제곱합	자유도	평균제곱	F	유의확률
수정된 모형	134.000[a]	8	16.750	2.094	.103
절편	3456.000	1	3456.000	432.000	.000
운전자	47.000	5	9.400	1.175	.367
차종	87.000	3	29.000	3.625	.038
오차	120.000	15	8.000		
전체	3710.000	24			
수정된 합계	254.000	23			

a. R 제곱 = .528 (수정된 R 제곱 = .276)

분산분석표에서 차종별 리터당 주행거리에 대한 검정에서는,

$$\text{유의확률 } p\text{값} = 0.038 < \text{유의수준 } \alpha = 0.05$$

이므로 귀무가설 H_0를 기각한다. 즉, 차종별로 리터당 주행거리가 모두 같다고는 할 수 없다. 그리고 운전자별 리터당 주행거리에 대한 검정에서는,

$$\text{유의확률 } p\text{값} = 0.367 > \text{유의수준 } \alpha = 0.05$$

이므로 귀무가설 H_0를 기각할 수 없다. 즉, 운전자별로 리터당 주행거리가 적어도 하나는 다르다고 할 수 없다.

■ 다중비교 결과

차종별 리터당 주행거리에 대한 검정결과 기각되었으므로, 이에 대한 다중비교를 실시해 보자. 그러나 반드시 분산분석의 결과에 따라 다중비교를 실시하는 것은 아니다.

다중비교

종속변수: 리터당 주행거리

Bonferroni

(I) 차종	(J) 차종	평균차이(I-J)	표준오차	유의확률	95% 신뢰구간	
					하한	상한
가	나	-1.5000	1.63299	1.000	-6.4582	3.4582
	다	2.0000	1.63299	1.000	-2.9582	6.9582
	라	3.5000	1.63299	.293	-1.4582	8.4582
나	가	1.5000	1.63299	1.000	-3.4582	6.4582
	다	3.5000	1.63299	.293	-1.4582	8.4582
	라	5.0000*	1.63299	.047	.0418	9.9582
다	가	-2.0000	1.63299	1.000	-6.9582	2.9582
	나	-3.5000	1.63299	.293	-8.4582	1.4582
	라	1.5000	1.63299	1.000	-3.4582	6.4582
라	가	-3.5000	1.63299	.293	-8.4582	1.4582
	나	-5.0000*	1.63299	.047	-9.9582	-.0418
	다	-1.5000	1.63299	1.000	-6.4582	3.4582

관측평균을 기준으로 합니다.
오차항은 평균제곱(오차) = 8.000입니다.

*. 평균차이는 .05 수준에서 유의합니다.

다중비교

종속변수: 리터당 주행거리

Scheffe

(I) 차종	(J) 차종	평균차이(I-J)	표준오차	유의확률	95% 신뢰구간	
					하한	상한
가	나	-1.5000	1.63299	.838	-6.6283	3.6283
	다	2.0000	1.63299	.688	-3.1283	7.1283
	라	3.5000	1.63299	.247	-1.6283	8.6283
나	가	1.5000	1.63299	.838	-3.6283	6.6283
	다	3.5000	1.63299	.247	-1.6283	8.6283
	라	5.0000	1.63299	.057	-.1283	10.1283
다	가	-2.0000	1.63299	.688	-7.1283	3.1283
	나	-3.5000	1.63299	.247	-8.6283	1.6283
	라	1.5000	1.63299	.838	-3.6283	6.6283
라	가	-3.5000	1.63299	.247	-8.6283	1.6283
	나	-5.0000	1.63299	.057	-10.1283	.1283
	다	-1.5000	1.63299	.838	-6.6283	3.6283

관측평균을 기준으로 합니다.
오차항은 평균제곱(오차) = 8.000입니다.

차종별 리터당 주행거리에 대한 다중비교 결과에서도 Bonferroni의 방법과 Scheffe의 방법에 따라 그 결과가 다르게 나타나고 있다.

Bonferroni의 방법에서는 {나 라} 조합에서 유의차가 있는 것으로 나타나지만, Scheffe의 방법에서는 어떠한 조합도 유의차가 검출되지 않고 있다.

CHAPTER

8

이원배치 분산분석(Ⅰ)

- 대응이 없는 요인과 대응이 없는 요인 -

CHAPTER 8

이원배치 분산분석(Ⅰ)

- 대응이 없는 요인과 대응이 없는 요인 -

8.1 | 반복이 있는 이원배치 분산분석

[예제 8-1]

점포의 크기와 지역에 따라 생활필수품의 가격에 차이가 있는가를 알아보기 위하여 이원 분산분석을 하려고 한다. 점포의 크기를 인자 A로 하고 지역을 인자 B로 할 때 인자수준은 $a = 2$(대, 소), $b = 3$(서울, 중부, 남부)으로 한다. 따라서 전체 처리는 $2 \times 3 = 6$개가 된다. 각 처리에서 두 개의 표본을 추출한 결과 다음과 같은 데이터를 얻었다고 한다.

표 8.1 데이터표

(단위 : 1,000원)

점포크기 \ 지역	B_1(서울)	B_2(중부)	B_3(남부)
A_1(소)	74 78	78 74	68 72
A_2(대)	70 74	68 72	60 64

■ 사고방식과 적용수법

전술한 바와 같이 일원배치 분산분석은 모집단의 평균이 같은지에 대한 가설검정이며, 반복 없는 이원배치 분산분석은 블록화를 이용하여 비처리(non-treatment) 변동을 고려한 평균이 같은지에 대한 검정이다. 본 예제는 두 개의 처리효과를 검정하는 데 사용하는 반복 있는 이원배치 분산분석에 의해서 해결해야 한다.

이 검정은 반복을 완전 무작위화법으로 하는 경우에 해당된다.

(주) 블록(block)이란 실험계획법에서는 대단히 중요한 개념이다. 셀이라고도 한다. 실험의 환경을 될 수 있는 한 균일한 부분으로 쪼개어 여러 블록으로 만든 후에 블록 내에서 각 요인의 영향을 조사하는 것이 바람직하다.

■ 분산분석표

반복이 있는 이원배치 분산분석표는 다음과 같다.

표 8.2 이원배치 분산분석표(반복 있는 이원배치 분산분석)

변동의 요인	편차제곱의 합	자유도	분산	F비	분산의 기대치
인자 A (행)	S_A	$a-1$	V_A	V_A / V_e	$\sigma_e^2 + br\sigma_A^2$
인자 B (열)	S_B	$b-1$	V_B	V_B / V_e	$\sigma_e^2 + ar\sigma_B^2$
A × B (교호작용)	$S_{A\times B}$	$(a-1)(b-1)$	$V_{A\times B}$	$V_{A\times B} / V_e$	$\sigma_e^2 + r\sigma_{A\times B}^2$
잔 차	S_e	$ab(r-1)$	V_e		σ_e^2
계	S_T	$abr-1$			

검정의 순서

반복이 있는 이원배치 분산분석에서의 가설검정은 세 가지로 나누어진다. 먼저 인자 간의 교호작용(interaction)이 있는지의 여부를 검정해야 한다. 만약 교호작용이 존재한다면 인자 A와 인자 B의 효과를 따로 검정하는 것은 의미가 없게 되며 처리의 수가 ab인 일원 분산분석으로 간주하여 ab개의 처리 간 평균의 동일성을 검정하거나 차이를 추정하면 된다.

만약 교호작용이 존재하지 않는다면 인자 A의 효과와 인자 B의 효과에 대하여 별도로 검정한다.

이원배치 분산분석의 모형은 다음과 같다.

$$Y_{ijk} = \mu_{..} + \alpha_i + \beta_j + (\alpha\beta)_{ij} + \varepsilon_{ijk}$$

여기에서

Y_{ijk} : 인자 A의 수준이 i이고 인자 B의 수준이 j인 처리에서 추출한 k 번째의 관찰값

$\mu_{..}$: 총평균

α_i : 인자 A의 효과

β_j : 인자 B의 효과

$(\alpha\beta)_{ij}$: 교호작용 효과

ε_{ijk} : 오차

교호작용이 존재하는지를 검정하기 위한 가설은 다음과 같이 설정된다.

H_0 : 모든 $(\alpha\beta)_{ij} = 0$

H_1 : $(\alpha\beta)_{ij}$ 중 적어도 하나는 0이 아니다.

귀무가설처럼 모든 $(\alpha\beta)_{ij} = 0$이면 두 인자 간에 교호작용이 존재하지 않음을 의미하며, 대립가설은 교호작용이 존재함을 의미한다.

판정방법은 다음과 같다.

[p값에 의한 판정]

p값 ≦ 유의수준 α → 귀무가설 H_0를 기각한다.

p값 $>$ 유의수준 α $\rightarrow$ 귀무가설 H_0를 기각하지 않는다.

[기각치에 의한 판정]

F비 $\geq$ $F((a-1)(b-1),\ ab(r-1)\ ;\ \alpha)$ $\rightarrow$ 귀무가설 H_0를 기각한다.

F비 $<$ $F((a-1)(b-1),\ ab(r-1)\ ;\ \alpha)$ $\rightarrow$ 귀무가설 H_0를 기각하지 않는다.

■ SPSS에 의한 해법

〈순서 1〉 데이터의 입력

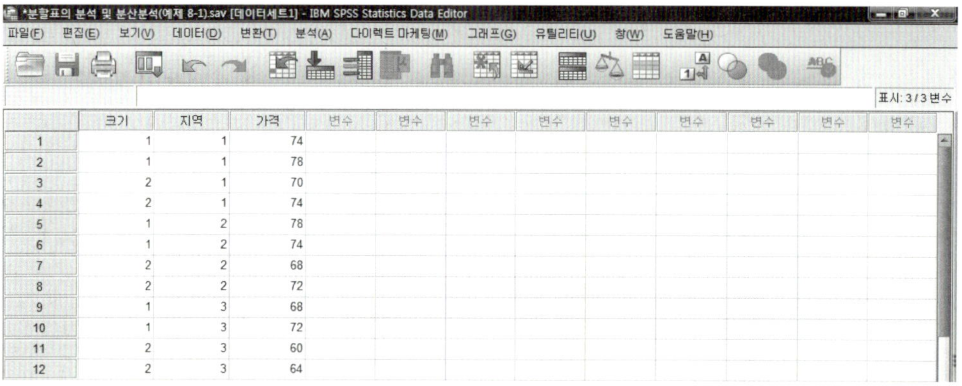

〈순서 2〉 분석수법의 선택

메뉴에서 [분석]-[일반선형모형]-[일변량]을 선택한다.

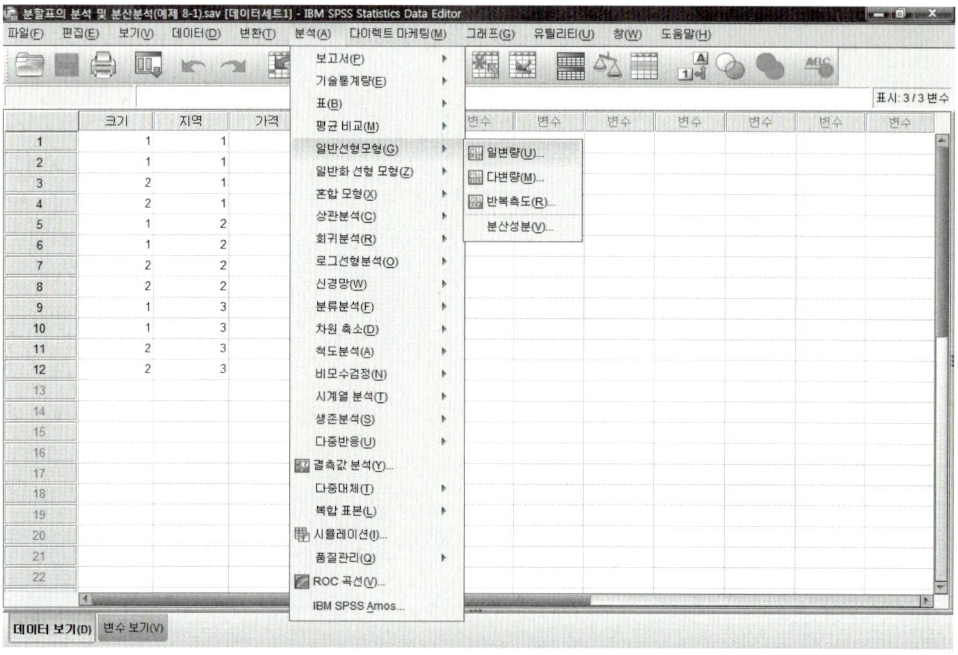

〈순서 3〉 변수의 선택

다음 화면에서 '가격'을 [종속변수]로, '크기'와 '지역'을 [고정요인]으로 이동한다.

〈순서 4〉 모형의 선택

[모형]을 클릭하면 다음 화면이 된다. [사용자 정의]를 클릭한다.

'크기'와 '지역'을 각각 [모형]으로 이동하고, '크기'와 '지역'을 동시에 지정하여 [모형]으로 이동하다. '지역*크기'라는 형식으로 입력된다. 이는 상호작용항을 의미한다.

[계속]을 클릭하면 앞으로 대화상자로 되돌아간다.

〈순서 5〉 옵션의 선택

[옵션]을 클릭하면 다음 화면이 나타난다. [기술통계량]을 선택하고 [계속]을 클릭한다. 앞의 화면에서 [확인]을 클릭한다.

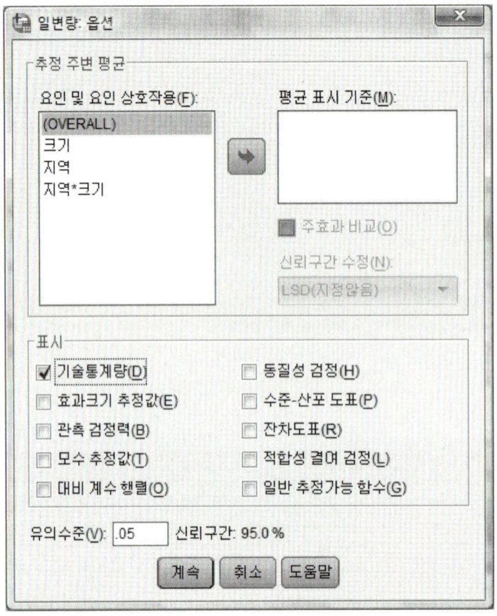

■ 분석결과

개체-간 효과 검정

종속변수: 가격

소스	제 III 유형 제곱합	자유도	평균제곱	F	유의확률
수정된 모형	268.000[a]	5	53.600	6.700	.019
절편	60492.000	1	60492.000	7561.500	.000
크기	108.000	1	108.000	13.500	.010
지역	152.000	2	76.000	9.500	.014
크기 * 지역	8.000	2	4.000	.500	.630
오차	48.000	6	8.000		
전체	60808.000	12			
수정된 합계	316.000	11			

a. R 제곱 = .848 (수정된 R 제곱 = .722)

① 교호작용의 검정

$$\text{유의확률 } p\text{값} = 0.630 > \text{유의수준 } \alpha = 0.05$$

이므로 귀무가설 H_0를 기각하지 않는다. 즉, 점포의 크기와 지역 간에 교호작용은 존재하지 않는다.

② 점포크기의 효과에 대한 검정

$$\text{유의확률 } p\text{값} = 0.010 < \text{유의수준 } \alpha = 0.05$$

F비 = 13.5 > $F(1,6\ ;0.05)$ = 5.987

이므로 귀무가설 H_0를 기각한다. 즉, 점포의 크기에 따라 가격에 차이가 있다.

③ 지역의 효과에 대한 검정

유의확률 p값 = 0.014 < 유의수준 α = 0.05

F비 = 9.5 > $F(2,\ 6\ ;\ 0.05)$ = 5.143

이므로 귀무가설 H_0를 기각한다. 즉, 지역적 위치가 생활필수품의 가격에 영향을 미친다.

■ 교호작용도의 작성

교호작용도(interaction plot) 혹은 상호작용도는 눈으로 교호작용을 확인할 수 있는 유용한 도구다. 평균의 교호작용도를 그리는 순서는 다음과 같다.

〈순서 1〉 데이터의 입력

첫 번째 열에 지역 번호를 입력하고, 두 번째 열과 세 번째 열에 각각 점포크기별 평균가격을 입력한다.

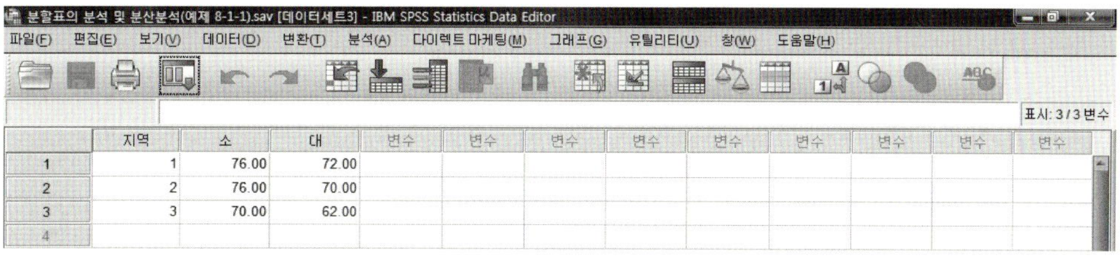

'지역'이라는 변수에는 1 = '서울', 2 = '중부', 3 = '남부'라고 하는 변수값 설명을 해 놓는다.

〈순서 2〉 그래프의 선택

① 메뉴에서 [그래프]-[레거시 대화상자]-[선도표]를 선택한다.

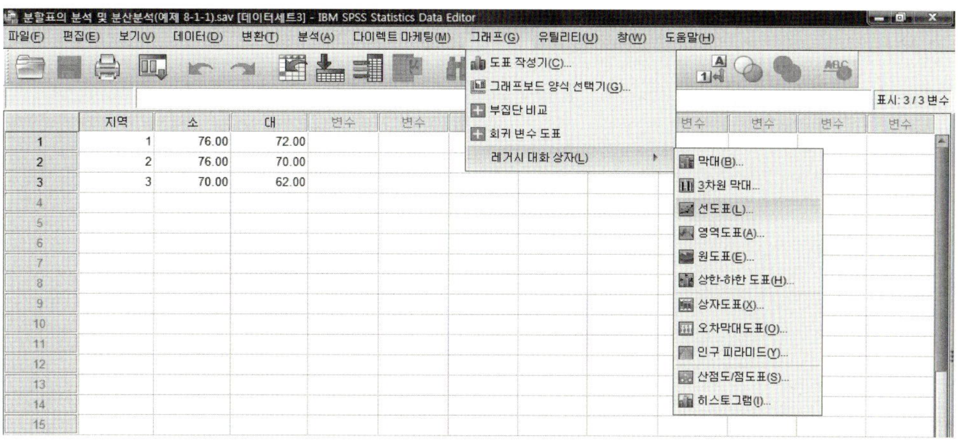

② [선도표] 대화상자에서 [다중]을 선택하고 [도표에 표시할 데이터]에서 [개별 변수의 요약값]을 선택한다. [정의]를 클릭한다.

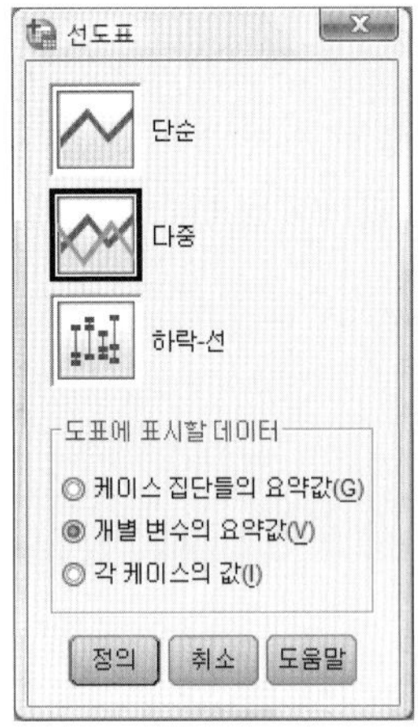

〈순서 3〉 변수의 선택

다음 대화상자가 나타나면, [선 표시]에 '대'와 '소'를 선택한다. [범주축]에는 '지역'을 선택한다.

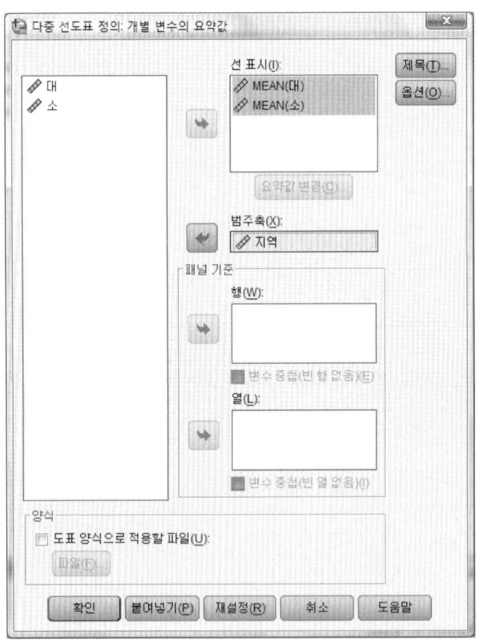

〈순서 4〉 제목의 입력

[제목]을 클릭하면 다음 화면이 나타난다. [제목]의 [첫째 줄]에 '교호작용도'라고 입력한다. [계속]을 클릭한다.

여기에서 [확인]을 클릭하면 교호작용도가 출력된다. 그래프를 일부 수정하면 다음과 같이 완성된다.

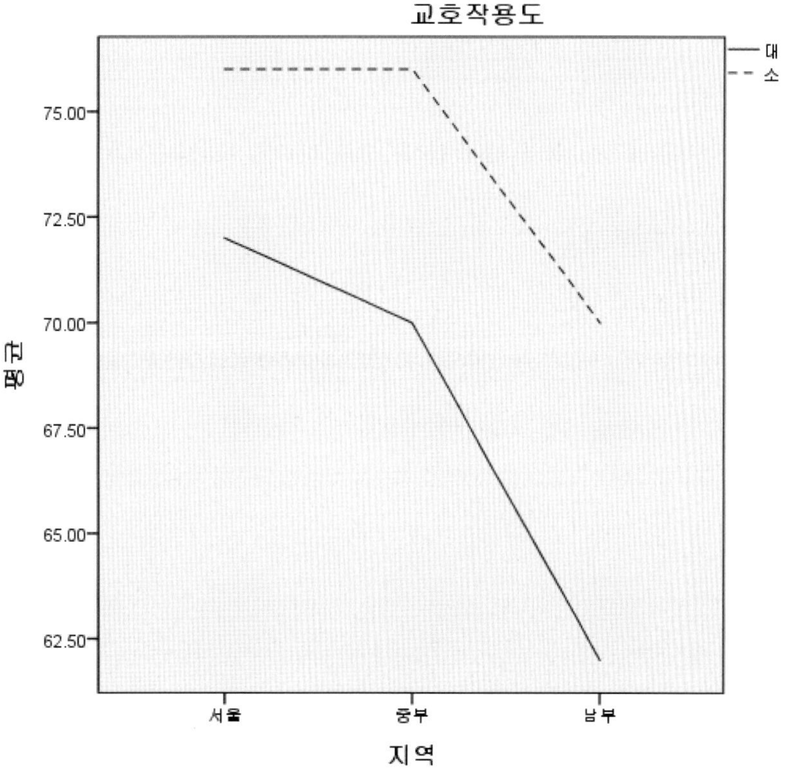

이 교호작용도에서 두 선이 교차되고 있지 않기 때문에 점포의 크기와 지역의 두 요인 간에 교호작용이 없음을 알 수 있다. 만약 교호작용이 있다면 두 선은 서로 교차하게 된다.

[예제 8-2]

빵의 맛에 영향을 주는 두 요인으로 굽는 시간과 온도의 효과를 조사하고자 실험을 실시했다. 전문가가 빵의 맛에 대한 등급을 측정했으며 굽는 시간은 '짧다', '중간', '길다' 등으로 세 개의 수준을 가진다. 굽는 온도 역시 '낮다', '중간', '높다' 등으로 세 개의 수준을 가진다. 세 명의 전문가가 각 경우마다 빵을 0에서 6까지의 등급으로 평가한 데이터가 다음과 같다.

표 8.3 데이터표

굽는시간 \ 온도	낮다	중간	높다
짧다	0 0 3	0 2 4	4 5 6
중간	2 3 4	3 6 6	1 2 3
길다	4 5 6	1 3 5	0 1 2

시간과 온도에 따라서 빵의 맛에 영향을 주는지 5% 유의수준으로 검정하라.

■ SPSS에 의한 해법

〈순서 1〉 데이터의 입력

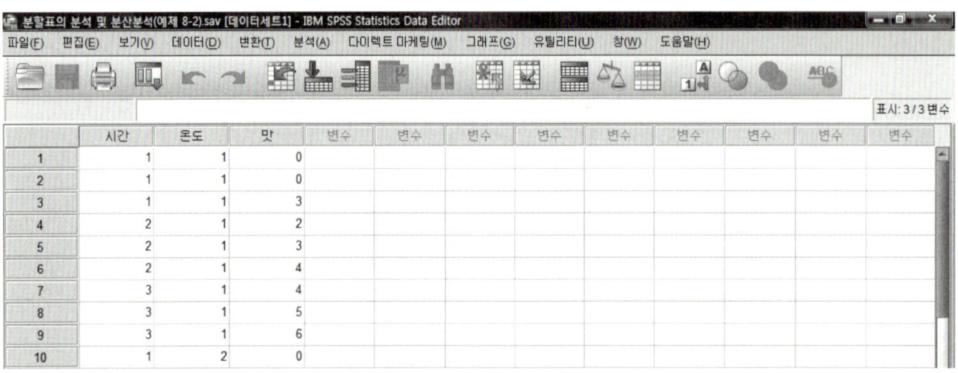

(주 1) '시간'이라는 변수에는 1 = '짧다', 2 = '중간', 3 = '길다'고 하는 변수값 설명을 해 놓는다.
(주 2) '온도'라는 변수에는 1 = '낮다', 2 = '중간', 3 = '높다'고 하는 변수값 설명을 해 놓는다.

〈순서 2〉 분석수법의 선택

메뉴의 [분석(A)]-[일반선형모형(G)]-[일변량(U)]을 선택한다.

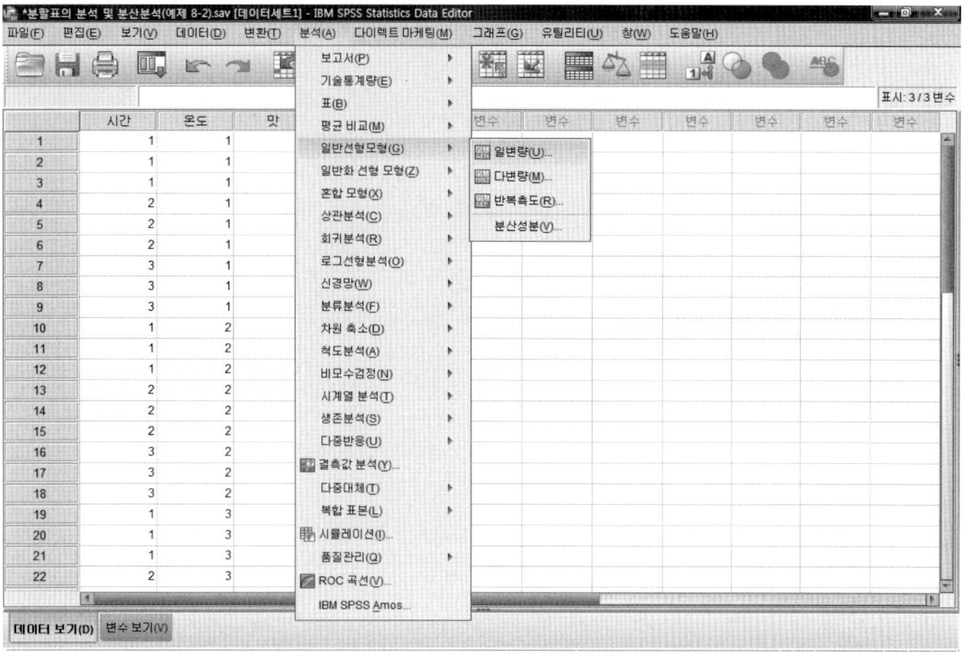

〈순서 3〉 변수의 선택

다음 화면에서 '맛'을 [종속변수]로, '시간'과 '온도'를 [고정요인]으로 이동한다.

〈순서 4〉 모형의 선택

[모형]을 클릭하면 다음 화면이 된다. [사용자 정의]를 클릭한다.

'시간'과 '온도'를 각각 [모형]으로 이동하고, '시간'과 '온도'를 동시에 지정하여 [모형]으로 이동하다. '시간*온도'라는 형식으로 입력된다. 이는 상호작용항을 의미한다.

[계속]을 클릭하면 앞으로 대화상자로 되돌아간다.

〈순서 5〉 옵션의 선택

[옵션]을 클릭하면 다음 화면이 나타난다. [기술통계량]을 선택하고 [계속]을 클릭한다. 앞의 화면에서 [확인]을 클릭한다.

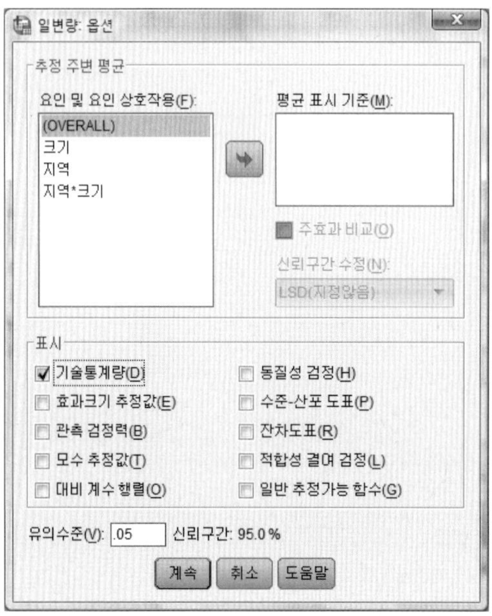

■ 분석결과

개체-간 효과 검정

종속변수: 맛

소스	제 III 유형 제곱합	자유도	평균제곱	F	유의확률
수정된 모형	66.000[a]	8	8.250	3.908	.008
절편	243.000	1	243.000	115.105	.000
시간	2.000	2	1.000	.474	.630
온도	2.000	2	1.000	.474	.630
시간 * 온도	62.000	4	15.500	7.342	.001
오차	38.000	18	2.111		
전체	347.000	27			
수정된 합계	104.000	26			

a. R 제곱 = .635 (수정된 R 제곱 = .472)

① 교호작용의 검정

$$\text{유의확률 } p\text{값} = 0.001 < \text{유의수준 } \alpha = 0.05$$

이므로 귀무가설 H_0를 기각한다. 즉, 굽는 시간과 온도 간에 교호작용은 존재한다.

② 시간의 효과에 대한 검정

$$\text{유의확률 } p\text{값} = 0.630 > \text{유의수준 } \alpha = 0.05$$

이므로 귀무가설 H_0를 기각하지 않는다. 즉, 굽는 시간에 따라 빵의 맛에 영향을 미치지 않는다.

③ 온도의 효과에 대한 검정

$$\text{유의확률 } p\text{값} = 0.630 > \text{유의수준 } \alpha = 0.05$$

이므로 귀무가설 H_0를 기각하지 않는다. 즉, 온도에 따라 빵의 맛에 영향을 미치지 않는다.

■ 교호작용도의 작성

〈순서 1〉 데이터의 입력

첫 번째 열에 온도수준 번호를 입력하고 두 번째 열, 세 번째 열, 네 번째 열에 각각 굽는 시간별 평균 맛의 등급을 입력한다.

'온도'라는 변수에는 1 = '낮다', 2 = '중간', 3 = '높다'고 하는 변수값 설명을 해 놓는다.

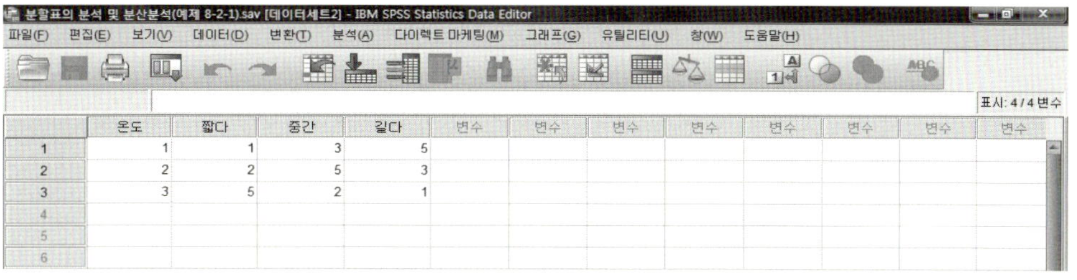

〈순서 2〉 그래프의 선택

① 메뉴에서 [그래프]-[레거시 대화상자]-[선도표]를 선택한다.

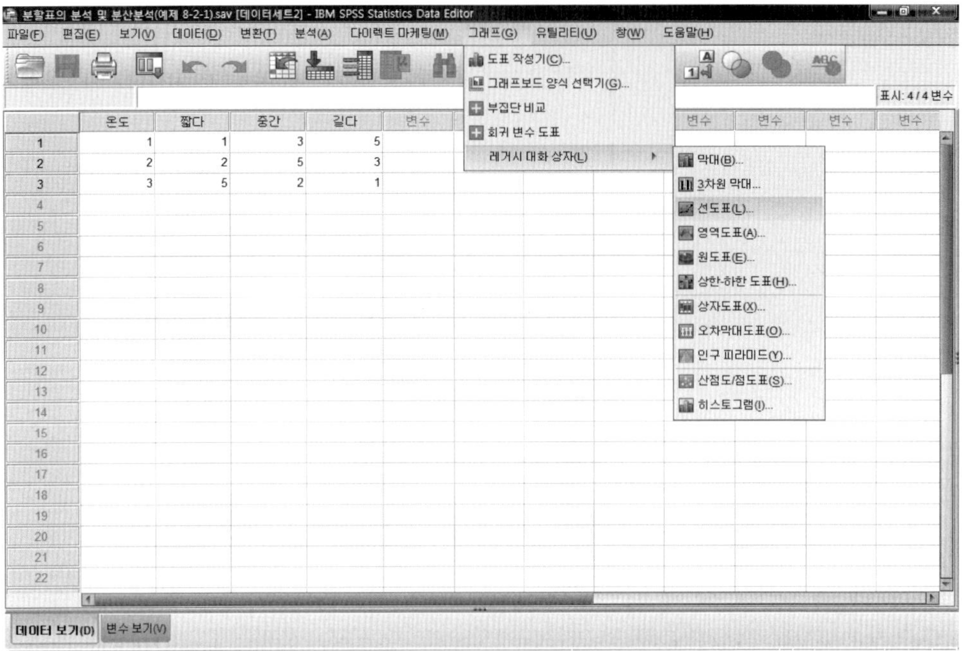

② [선도표] 대화상자에서 [다중]을 선택하고 [도표에 표시할 데이터]에서 [개별 변수의 요약값]을 선택한다. [정의]를 클릭한다.

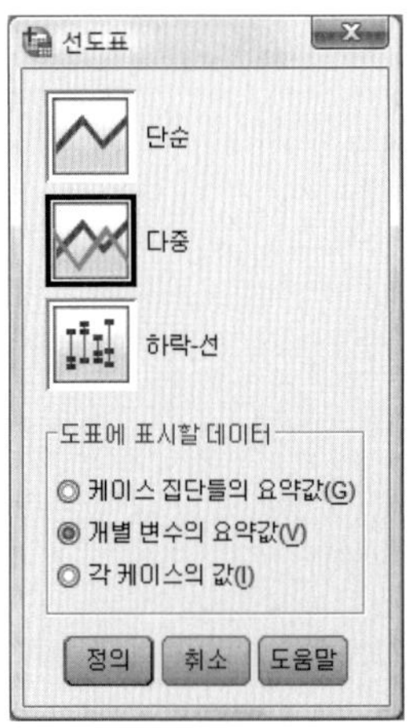

〈순서 3〉 변수의 선택

다음 대화상자가 나타나면, [선 표시]에 '길다', '중간', '짧다'를 선택한다. [범주축]에는 '온도'를 선택한다.

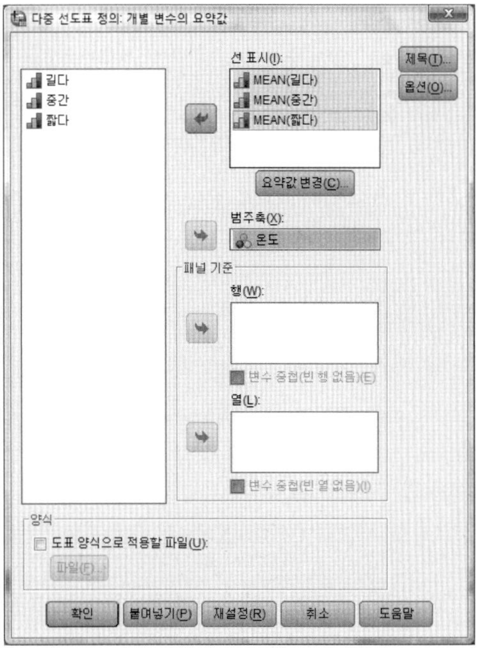

〈순서 4〉 제목의 입력

[제목]을 클릭해서 [제목]의 [첫째 줄]에 '교호작용도'라고 입력한다. [계속]을 클릭한다. 여기에서 [확인]을 클릭하면 교호작용도가 출력된다. 그래프를 일부 수정하면 다음과 같이 완성된다.

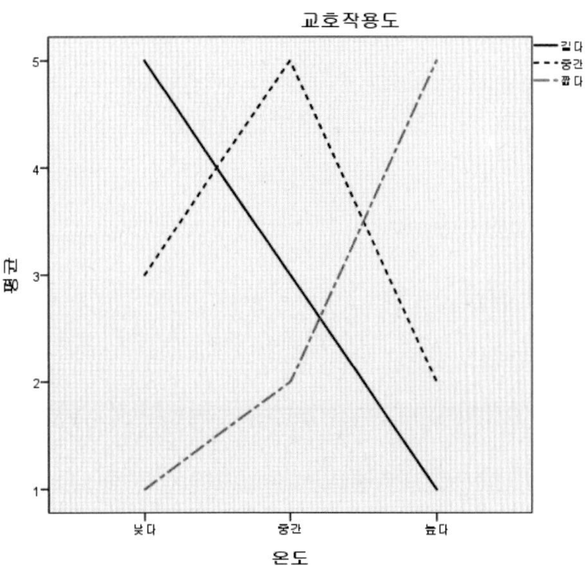

이 교호작용도에서 두 선이 교차되고 있기 때문에 굽는 시간과 온도의 두 요인 간에 교호작용이 있음을 알 수 있다.

[예제 8-3]

다음의 <표 8.4>를 사용해서 대응이 없는 요인과 대응이 없는 요인의 이원배치 분산분석과 다중비교를 실시해 보자.

<표 8.4>의 데이터는 유산균 발효율에 대해서 조사한 것이다. 발효온도과 효모량(酵母量)에 대한 12편성을 3회씩 측정하고 있다. 각 수준 간에 차이가 있다고 할 수 있을까? 또 두 요인 간에 교호작용(상호작용)은 존재하는가? 본 예제에서는 다음과 같은 세 가지의 질문이 있을 수 있다.

첫째, 두 요인 간에 교호작용은 없는가?

둘째, 발효온도에 따라 유산균 발효율에 차이가 발생하는가?

셋째, 효모량에 따라 유산균 발효율에 차이가 발생하는가?

표 8.4 유산균 발효율을 조사한 데이터

발효온도 \ 효모량			요인 B		
			수준 B_1	수준 B_2	수준 B_3
			3g	4g	5g
요인 A	수준 A_1	19℃	13.2 15.7 11.9	16.1 15.7 15.1	9.1 10.3 8.2
	수준 A_2	21℃	22.8 25.7 18.5	24.5 21.2 24.2	11.9 14.3 13.7
	수준 A_3	23℃	21.8 26.3 32.1	26.9 31.3 28.3	15.1 13.6 16.2
	수준 A_4	25℃	25.7 28.8 29.5	30.1 33.8 29.6	15.2 17.3 14.8

단, 유의수준은 5%로 한다.

■ SPSS에 의한 해법

〈순서 1〉 데이터의 입력

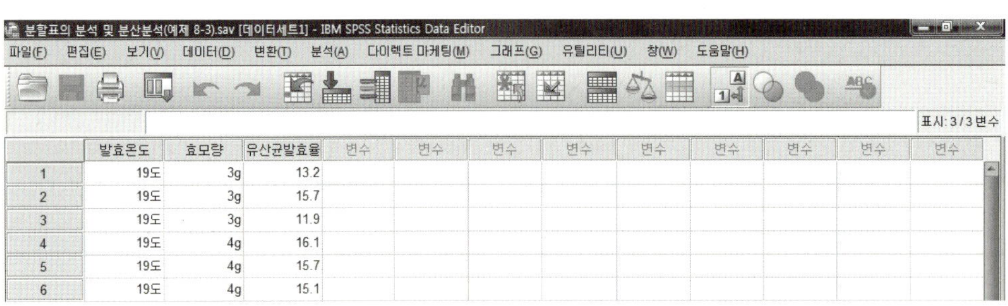

(주 1) '발효온도'라는 변수에는 1 = '19도', 2 = '21도', 3 = '23도', 4 = '25도'라고 하는 변수값 설명을 해 놓는다.

(주 2) '발효량'이라는 변수에는 1 = '3g', 2 = '4g', 3 = '5g'이라고 하는 변수값 설명을 해 놓는다.

〈순서 2〉 분석수법의 선택

메뉴의 [분석(A)]－[일반선형모형(G)]－[일변량(U)]을 선택한다.

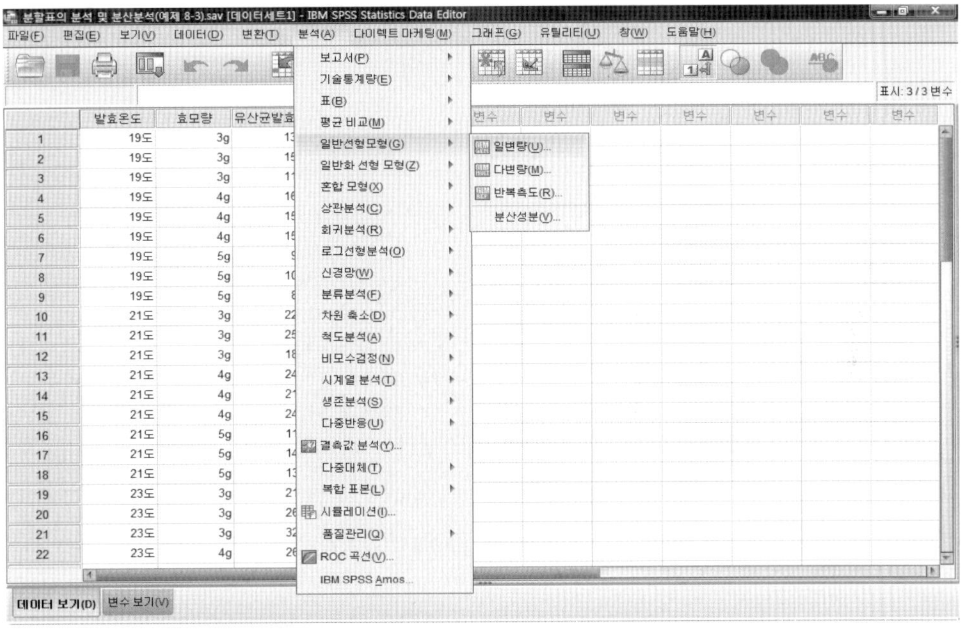

〈순서 3〉 변수의 선택

다음 화면에서 '유산균 발효율'을 [종속변수]로, '발효온도'와 '효모량'을 [고정요인]으로 이동한다.

〈순서 4〉 옵션의 선택

[옵션]을 클릭하면 다음 화면이 나타난다. [동질성 검정]과 [관측 검정력]을 체크하고 [계속]을 클릭한다.

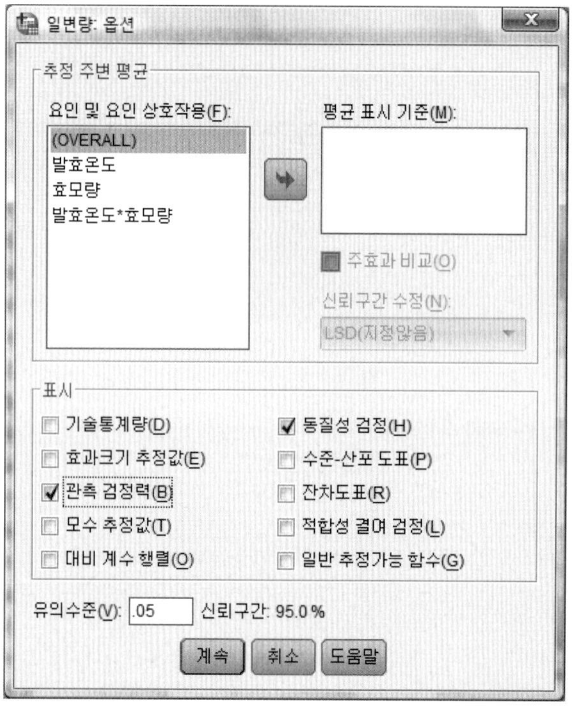

〈순서 5〉 도표의 선택

① [도표]를 클릭하면 다음 화면이 나타난다.

[수평축 변수]에 '발효온도', [선구분 변수]에 '효모량'을 이동한다.

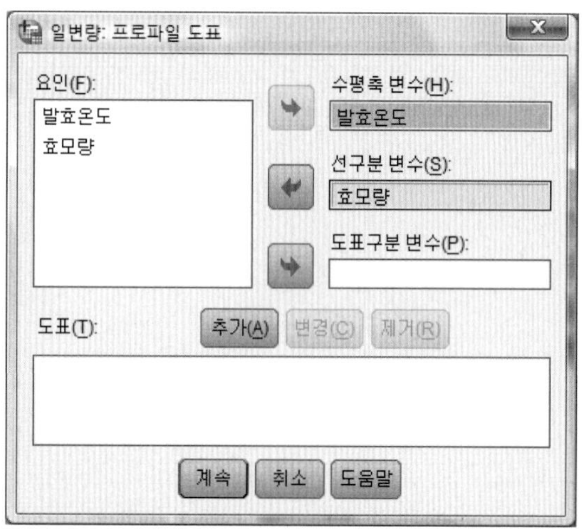

② [추가]를 클릭한다. [계속]을 클릭한다.

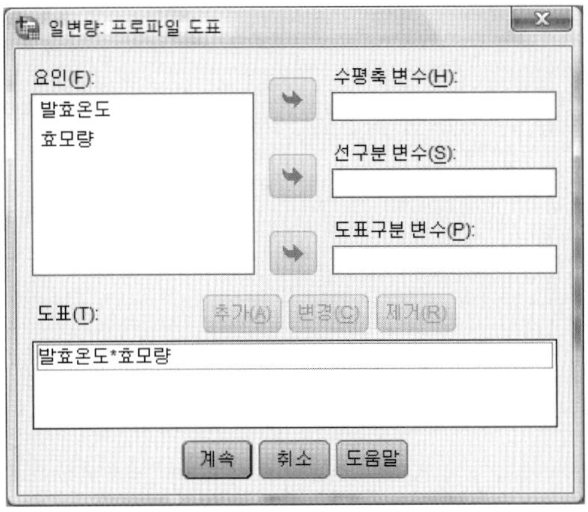

〈순서 6〉 분산분석의 실행

다음 화면으로 되돌아오면 [확인]을 클릭한다.

■ 분석결과(1)

오차 분산의 등일성에 대한 Levene의 검정[a]

종속변수: 유산균발효율

F	자유도1	자유도2	유의확률
1.760	11	24	.119

여러 집단에서 종속변수의 오차 분산이 동일한 영가설을 검정합니다.

a. Design: 절편 + 발효온도 + 효모량 + 발효온도 * 효모량

개체-간 효과 검정

종속변수: 유산균발효율

소스	제 III 유형 제곱합	자유도	평균제곱	F	유의확률	비중심 모수	관측 검정력[b]
수정된 모형	1777.616[a]	11	161.601	28.651	.000	315.165	1.000
절편	14742.007	1	14742.007	2613.702	.000	2613.702	1.000
발효온도	798.208	3	266.069	47.173	.000	141.519	1.000
효모량	889.521	2	444.760	78.854	.000	157.709	1.000
발효온도 * 효모량	89.888	6	14.981	2.656	.040	15.937	.754
오차	135.367	24	5.640				
전체	16654.990	36					
수정된 합계	1912.983	35					

a. R 제곱 = .929 (수정된 R 제곱 = .897)

b. 유의수준 = .05을(를) 사용하여 계산

위의 표는 Levene의 등분산성의 검정결과이다. 다음의 귀무가설

귀무가설 H_0 : "각 수준의 조합에 있어서 산포는 서로 같다"

를 검정하고 있다.

검정통계량 $F = 1.760$이고, 그 때의 유의확률이 0.119이다. 다시 말하면

$$\text{유의확률 } 0.119 > \text{유의수준 } 0.05$$

이므로, 귀무가설 H_0는 기각되지 않는다.

그래서 "등분산성이 성립되고 있다"라고 가정하게 된다.

[개체-간 효과검정]에서 발효온도의 귀무가설은

귀무가설 H_0 : "발효온도의 네 가지 수준 간에 차는 없다"

로 되어 있다. 출력결과를 보면

$$\text{유의확률 } 0.000 \leq \text{유의수준 } 0.05$$

이므로, 귀무가설 H_0는 기각된다.

따라서 "발효온도의 네 가지 수준 간에 차가 있다"는 것을 알 수 있다.

효모량의 귀무가설은

귀무가설 H_0 : "효모량의 세 가지 수준 간에 차는 없다"

로 되어 있다. 이 출력결과는

$$\text{유의확률 } 0.000 \leq \text{유의수준 } 0.05$$

이므로, 귀무가설 H_0는 기각된다.

따라서 "효모량의 세 가지 수준 간에 차가 있다"는 것을 알 수 있다.

교호작용의 검정에서

귀무가설 H_0 : "발효온도와 효모량의 사이에 교호작용은 존재하지 않는다"

를 조사하고 있다.

$$\text{유의확률 } 0.040 \leq \text{유의수준 } 0.05$$

이므로, 귀무가설 H_0는 기각된다. 따라서 "발효온도와 효모량의 사이에 교호작용이 존재한

다"고 생각된다. 그런데 두 개의 요인 간에 교호작용이 있을 때는 각 요인마다의 수준 간의 차이 검정은 의미가 없다.

■ 분석결과(2)

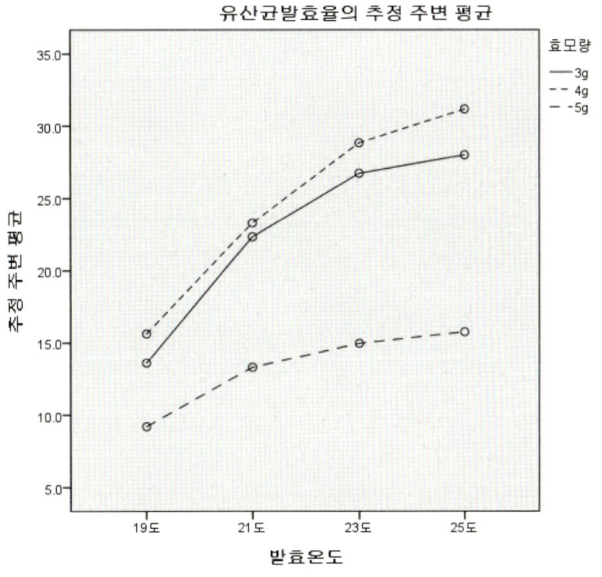

프로파일 도표를 보면,

"3g과 4g의 꺾은선은 거의 평행으로 되어 있다"

는 것을 알 수 있으므로, 이 두 가지 수준에 관해서는 발효온도와 효모량 사이에 교호작용은 없어 보인다.

그런데,

"5g의 꺾은선은 다른 두 개의 꺾은선과 평행으로 되어 있지 않다"

는 사실로부터 이곳에 발효온도와 효모량 사이에 교호작용이 숨어 있는 것 같다.

이 그래프에 의한 교호작용의 존재가 [개체-간 효과검정]의 결과와 일치하고 있는 데에 주의를 요한다.

교호작용이 존재할 때는 각 수준마다 다중비교를 한다.

8.2 | 하위검정과 다중비교 -교호작용이 존재할 때-

■ SPSS에 의한 해법

〈순서 1〉 붙여넣기의 선택

교호작용이 존재할 때의 하위검정과 다중비교는 다음 화면으로부터 시작된다. 화면 밑의 [붙여넣기]를 클릭한다.

〈순서 2〉 Syntax 편집

① 다음 Syntax 화면이 나타난다.

② 그래서 Syntax의 4행째에 다음의 1행을 추가한다.

/EMMEANS=TABLES(발효온도*효모량)COMPARE(발효온도)ADJ(BONFERRONI)

③ 다음과 같이 Syntax를 실행한다.

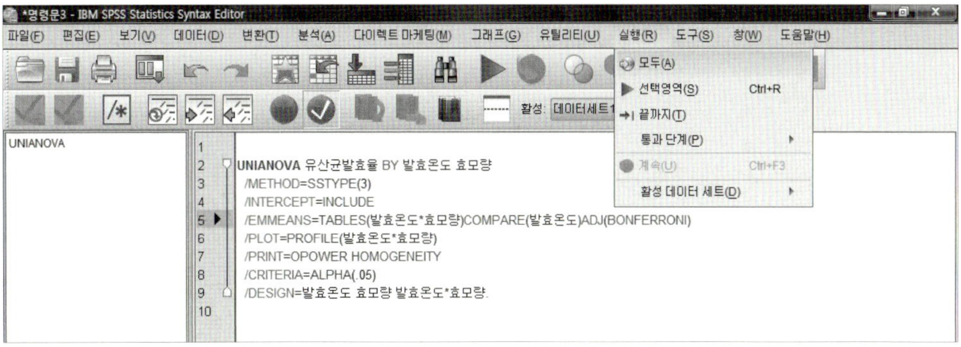

분석결과(1)

일변량 검정

종속변수: 유산균발효율

효모량		제곱합	자유도	평균제곱	F	유의확률	비중심 모수	관측 검정력[a]
3g	대비	381.893	3	127.298	22.569	.000	67.708	1.000
	오차	135.367	24	5.640				
4g	대비	429.187	3	143.062	25.364	.000	76.093	1.000
	오차	135.367	24	5.640				
5g	대비	77.016	3	25.672	4.552	.012	13.655	.826
	오차	135.367	24	5.640				

각 F-검정은 나타난 나머지 효과 간의 각 수준 조합에서 발효온도의 단순효과를 검정합니다. 이 검정은 추정되는 주변 평균 사이의 선형독립의 대응별 비교에 기초합니다.

a. 유의수준 = .05을(를) 사용하여 계산

이 세 가지의 검정이 하위검정이다. 하위검정이란 "다음에 실시하는 검정"이라고 하는 정도의 의미이다.

오차의 제곱합 135.367이 앞에서 살펴본 [개체-간 효과검정]에서의 오차의 제곱합 135.367과 일치하고 있다는 사실에 주목할 필요가 있다.

개체-간 효과 검정

종속변수: 유산균발효율

소스	제 III 유형 제곱합	자유도	평균제곱	F	유의확률	비중심 모수	관측 검정력[b]
수정된 모형	1777.616[a]	11	161.601	28.651	.000	315.165	1.000
절편	14742.007	1	14742.007	2613.702	.000	2613.702	1.000
발효온도	798.208	3	266.069	47.173	.000	141.519	1.000
효모량	889.521	2	444.760	78.854	.000	157.709	1.000
발효온도 * 효모량	89.888	6	14.981	2.656	.040	15.937	.754
오차	135.367	24	5.640				
전체	16654.990	36					
수정된 합계	1912.983	35					

a. R 제곱 = .929 (수정된 R 제곱 = .897)

b. 유의수준 = .05을(를) 사용하여 계산

3g의 경우

귀무가설 H_0 : "발효온도의 네 가지 사이에 차는 없다"

유의확률 0.000≤ 유의수준 0.05이므로, 귀무가설 H_0는 기각된다. 따라서 효모량이 3g일 때, 네 가지 발효온도의 사이에 차가 있다.

4g의 경우

귀무가설 H_0 : "발효온도의 네 가지 사이에 차는 없다"

유의확률 0.000≤ 유의수준 0.05이므로, 귀무가설 H_0는 기각된다. 따라서 효모량이 4g일 때, 네 가지 발효온도의 사이에 차가 있다.

5g의 경우

귀무가설 H_0 : "발효온도의 네 가지 사이에 차는 없다"

유의확률 0.012≤ 유의수준 0.05이므로, 귀무가설 H_0는 기각된다. 따라서 효모량이 5g일 때, 네 가지 발효온도의 사이에 차가 있다.

추정값

종속변수: 유산균발효율

발효온도	효모량	평균	표준오차	95% 신뢰구간 하한	95% 신뢰구간 상한
19도	3g	13.600	1.371	10.770	16.430
	4g	15.633	1.371	12.803	18.463
	5g	9.200	1.371	6.370	12.030
21도	3g	22.333	1.371	19.503	25.163
	4g	23.300	1.371	20.470	26.130
	5g	13.300	1.371	10.470	16.130
23도	3g	26.733	1.371	23.903	29.563
	4g	28.833	1.371	26.003	31.663
	5g	14.967	1.371	12.137	17.797
25도	3g	28.000	1.371	25.170	30.830
	4g	31.167	1.371	28.337	33.997
	5g	15.767	1.371	12.937	18.597

네 가지 수준의 발효온도와 세 가지 수준의 효모량의 각각의 조합에 대한 유산균 발효율의 95% 신뢰수준을 구하고 있다.

분석결과를 보면 발효온도 {19℃ 5g}일 때, 6.370~12.030으로 제일 낮고, {25℃ 4g}일 때, 28.337~33.997로 가장 높은 것을 알 수 있다.

힌트 : 교호작용

교호작용 또는 상호작용이란 하나의 요인의 수준 효과가 다른 요인의 수준에 의해서 변할 때, 요인 사이에는 교호작용이 있다고 하고, 변하는 정도를 교호작용효과라고 한다.

■ 분석결과(2)

대응별 비교

종속변수: 유산균발효율

효모량	(I) 발효온도	(J) 발효온도	평균차이(I-J)	표준오차	유의확률[b]	차이에 대한 95% 신뢰구간[b] 하한	상한
3g	19도	21도	-8.733*	1.939	.001	-14.308	-3.158
		23도	-13.133*	1.939	.000	-18.708	-7.558
		25도	-14.400*	1.939	.000	-19.975	-8.825
	21도	19도	8.733*	1.939	.001	3.158	14.308
		23도	-4.400	1.939	.195	-9.975	1.175
		25도	-5.667*	1.939	.045	-11.242	-.092
	23도	19도	13.133*	1.939	.000	7.558	18.708
		21도	4.400	1.939	.195	-1.175	9.975
		25도	-1.267	1.939	1.000	-6.842	4.308
	25도	19도	14.400*	1.939	.000	8.825	19.975
		21도	5.667*	1.939	.045	.092	11.242
		23도	1.267	1.939	1.000	-4.308	6.842
4g	19도	21도	-7.667*	1.939	.004	-13.242	-2.092
		23도	-13.200*	1.939	.000	-18.775	-7.625
		25도	-15.533*	1.939	.000	-21.108	-9.958
	21도	19도	7.667*	1.939	.004	2.092	13.242
		23도	-5.533	1.939	.053	-11.108	.042
		25도	-7.867*	1.939	.003	-13.442	-2.292
	23도	19도	13.200*	1.939	.000	7.625	18.775
		21도	5.533	1.939	.053	-.042	11.108
		25도	-2.333	1.939	1.000	-7.908	3.242
	25도	19도	15.533*	1.939	.000	9.958	21.108
		21도	7.867*	1.939	.003	2.292	13.442
		23도	2.333	1.939	1.000	-3.242	7.908
5g	19도	21도	-4.100	1.939	.270	-9.675	1.475
		23도	-5.767*	1.939	.040	-11.342	-.192
		25도	-6.567*	1.939	.015	-12.142	-.992
	21도	19도	4.100	1.939	.270	-1.475	9.675
		23도	-1.667	1.939	1.000	-7.242	3.908
		25도	-2.467	1.939	1.000	-8.042	3.108
	23도	19도	5.767*	1.939	.040	.192	11.342
		21도	1.667	1.939	1.000	-3.908	7.242
		25도	-.800	1.939	1.000	-6.375	4.775
	25도	19도	6.567*	1.939	.015	.992	12.142
		21도	2.467	1.939	1.000	-3.108	8.042
		23도	.800	1.939	1.000	-4.775	6.375

추정 주변 평균을 기준으로

*. 평균차이는 .05 수준에서 유의합니다.

b. 다중비교를 위한 수정: Bonferroni

Bonferroni의 방법에 의한 다중비교 결과이다.

발효온도와 효모량 사이에 교호작용이 존재하고 있으므로, 효모량의 각 수준 3g, 4g, 5g마다 발효온도의 네 가지 수준 19℃, 21℃, 23℃, 25℃의 다중비교를 하고 있다.

예를 들면,

수준 3g의 경우, 유의차가 있는 것은 다음의 네 가지 조합이다.

{19℃　21℃}
{19℃　23℃}
{19℃　25℃}
{21℃　25℃}

수준 5g의 경우, 유의차가 있는 것은 다음의 두 가지 조합이다.

{19℃　23℃}
{19℃　25℃}

8.3 | 다중비교 -교호작용이 존재하지 않을 때-

여기에서는 다음과 같이 교호작용이 존재하지 않는 데이터에 대해서 이원배치 분산분석을 실시해 보자. 이 데이터는 <표 8.4>로부터 효모량 5g을 삭제한 것이다.

표 8.5　교호작용이 존재하지 않는 데이터

발효온도 \ 효모량			요인 B	
			수준 B_1	수준 B_2
			3g	4g
요인 A	수준 A_1	19℃	13.2 15.7 11.9	16.1 15.7 15.1
	수준 A_2	21℃	22.8 25.7 18.5	24.5 21.2 24.2
	수준 A_3	23℃	21.8 26.3 32.1	26.9 31.3 28.3
	수준 A_4	25℃	25.7 28.8 29.5	30.1 33.8 29.6

앞에서 설명한 프로파일 도표에서 5g의 꺾은선을 제거하면 거의 평행선이 되어 있음을 알 수 있다.

따라서 효모량 3g과 4g 사이에는 교호작용이 존재하지 않는 것으로 보인다. 이와 같이 교호작용이 존재하지 않을 때의 다중비교에 대해서 조사해 보기로 한다.

5g의 수준을 제거하면 효모량은 수준이 2수준이기 되기 때문에, 효모량에 대해서는 다중비교가 실행되지 않는다.

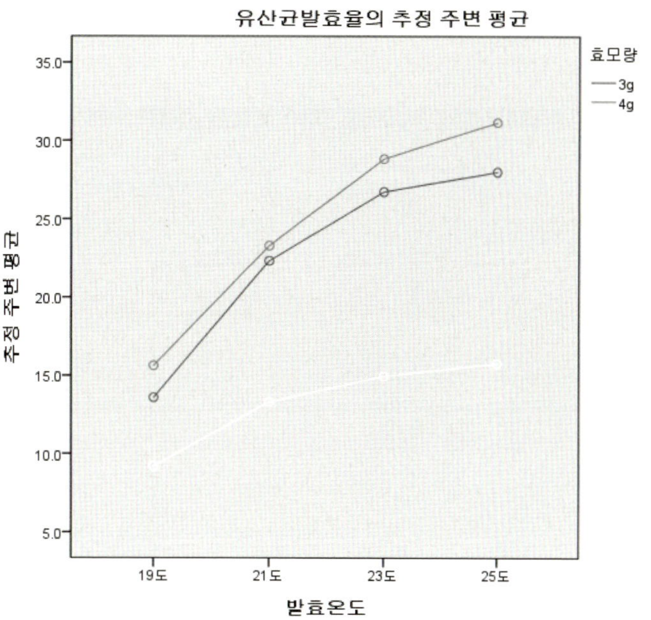

■ SPSS에 의한 해법

〈순서 1〉 데이터의 입력

다음과 같이 데이터를 입력한다.

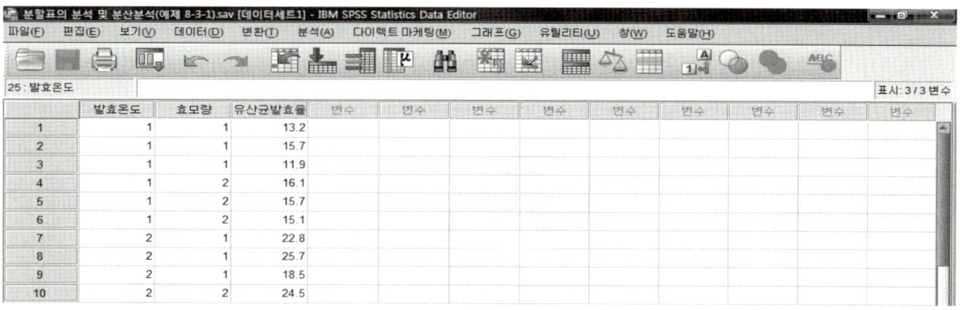

	발효온도	효모량	유산균발효율
1	1	1	13.2
2	1	1	15.7
3	1	1	11.9
4	1	2	16.1
5	1	2	15.7
6	1	2	15.1
7	2	1	22.8
8	2	1	25.7
9	2	1	18.5
10	2	2	24.5

(변수값 설명)

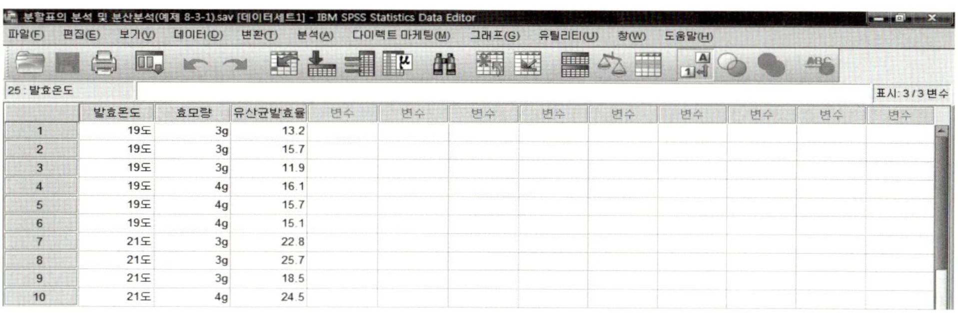

	발효온도	효모량	유산균발효율
1	19도	3g	13.2
2	19도	3g	15.7
3	19도	3g	11.9
4	19도	4g	16.1
5	19도	4g	15.7
6	19도	4g	15.1
7	21도	3g	22.8
8	21도	3g	25.7
9	21도	3g	18.5
10	21도	4g	24.5

〈순서 2〉 분석수법의 선택

메뉴에서 [분석]-[일반선형모형]-[일변량]을 선택한다.

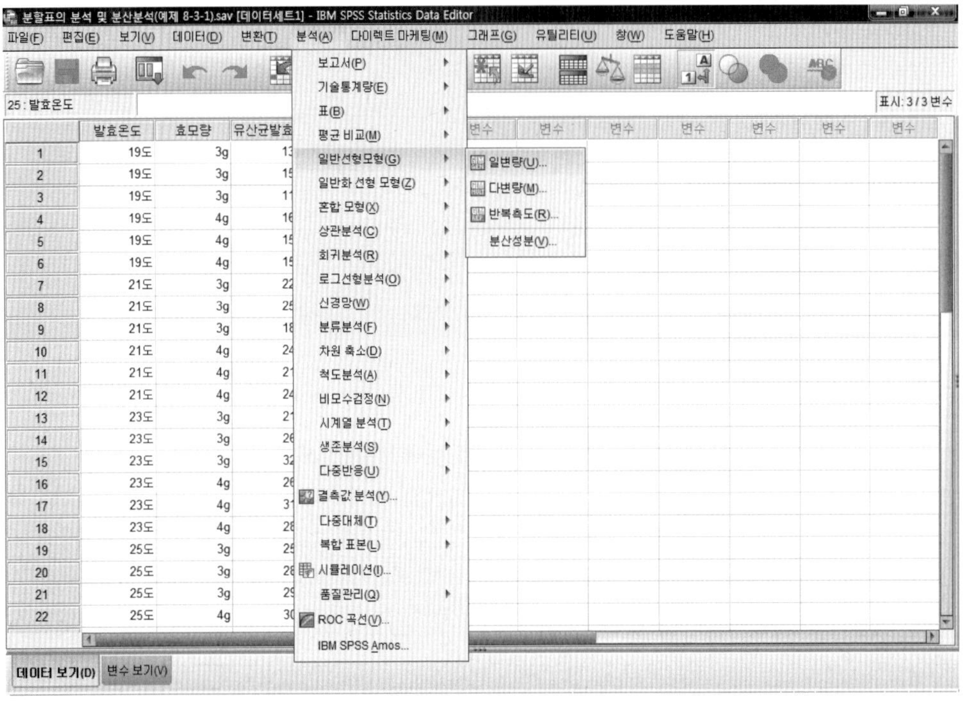

〈순서 3〉 변수의 선택

다음 화면에서 '유산균 발효율'을 [종속변수]로, '발효온도'와 '효모량'을 [고정요인]으로 이동한다.

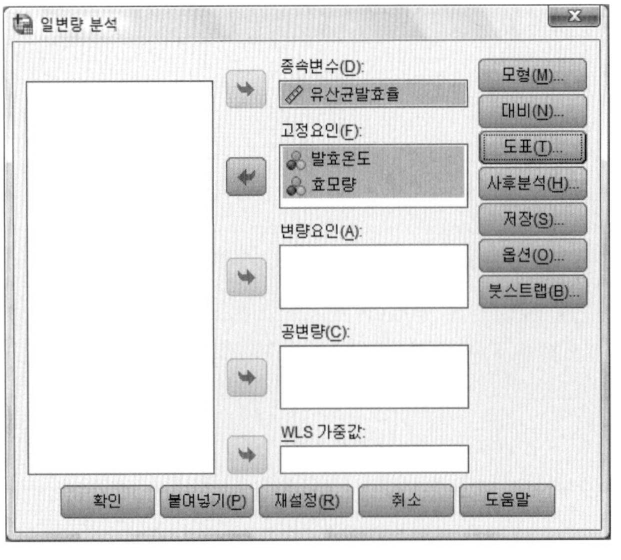

〈순서 4〉 옵션의 선택

[옵션]을 클릭하면 다음 화면이 나타난다. [동질성 검정]과 [관측 검정력]을 체크하고 [계속]을 클릭한다.

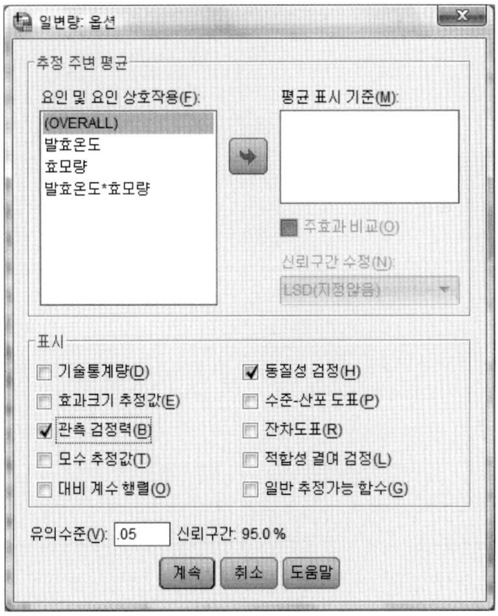

〈순서 5〉 사후분석의 선택

[사후분석]을 클릭하면 다음 화면이 나타난다. '발효온도'와 '효모량'을 [사후검정변수]로 이동한다. [Tukey 방법]을 선택한다. [계속]을 클릭한다.

〈순서 6〉 분산분석의 실행

다음 화면으로 되돌아오면 [확인]을 클릭한다.

■ 분석결과(1)

경고

집단이 둘 이하이므로 효모량에 대한 사후검정을 수행할 수 없습니다.

오차 분산의 등일성에 대한 Levene의 검정[a]

종속변수: 유산균발효율

F	자유도1	자유도2	유의확률
1.501	7	16	.236

여러 집단에서 종속변수의 오차 분산이 동일한 영가설을 검정합니다.

a. Design: 절편 + 발효온도 + 효모량 + 발효온도 * 효모량

개체-간 효과 검정

종속변수: 유산균발효율

소스	제 III 유형 제곱합	자유도	평균제곱	F	유의확률	비중심 모수	관측 검정력[b]
수정된 모형	836.707[a]	7	119.530	15.547	.000	108.828	1.000
절편	13480.560	1	13480.560	1753.379	.000	1753.379	1.000
발효온도	807.447	3	269.149	35.007	.000	105.022	1.000
효모량	25.627	1	25.627	3.333	.087	3.333	.404
발효온도 * 효모량	3.633	3	1.211	.158	.923	.473	.073
오차	123.013	16	7.688				
전체	14440.280	24					
수정된 합계	959.720	23					

a. R 제곱 = .872 (수정된 R 제곱 = .816)

b. 유의수준 = .05을(를) 사용하여 계산

위의 표는 Levene의 등분산성의 검정결과이다. 다음의 귀무가설

귀무가설 H_0 : "각 수준의 조합에 있어서 산포는 서로 같다"

를 검정하고 있다.

검정통계량 $F = 1.501$ 이고, 그 때의 유의확률이 0.236이다. 다시 말하면

유의확률 $0.236 >$ 유의수준 0.05

이므로, 귀무가설 H_0는 기각되지 않는다.

그래서 "등분산성이 성립되고 있다"라고 가정하게 된다.

[개체-간 효과검정]에서 발효온도의 귀무가설은

귀무가설 H_0 : "발효온도의 네 가지 수준 간에 차는 없다"

로 되어 있다. 출력결과를 보면

유의확률 $0.000 \leq$ 유의수준 0.05

이므로, 귀무가설 H_0는 기각된다.

따라서 "발효온도의 네 가지 수준 간에 차가 있다"는 것을 알 수 있다.

효모량의 귀무가설은

귀무가설 H_0 : "효모량의 두 가지 수준 간에 차는 없다"

로 되어 있다. 이 출력결과는

유의확률 $0.087 >$ 유의수준 0.05

이므로, 귀무가설 H_0는 기각되지 않는다.

따라서 "효모량의 두 가지 수준 간에 차가 없다"는 것을 알 수 있다.

교호작용의 검정에서

귀무가설 H_0 : "발효온도와 효모량의 사이에 교호작용은 존재하지 않는다"

를 조사하고 있다.

유의확률 $0.923 >$ 유의수준 0.05

이므로, 귀무가설 H_0는 기각되지 않는다. 따라서 "발효온도와 효모량의 사이에 교호작용이 존재하지 않는다"고 생각된다.

힌트 : Levene의 검정

등분산성의 검정의 하나이다. Hartley-Bartlett의 등분산성의 검정은 a개의 그룹에 대한 모분산을 $\sigma_1^2, \sigma_2^2, \cdots, \sigma_a^2$ 라고 했을 때,

$$\text{귀무가설 } H_0 \ : \ \sigma_1^2 = \sigma_2^2 = \cdots = \sigma_a^2$$

이 성립하는지 어떤지를 조사하고 있다.

한편, Levene의 검정은 Hartley-Bartlett의 검정에 비해서 모집단의 정규성을 별로 필요로 하지 않는다고 일컬어지고 있다.

■ 분석결과(2)

발효온도

다중비교

종속변수: 유산균발효율

Tukey HSD

(I) 발효온도	(J) 발효온도	평균차이(I-J)	표준오차	유의확률	95% 신뢰구간 하한	95% 신뢰구간 상한
19도	21도	-8.200*	1.6009	.001	-12.780	-3.620
	23도	-13.167*	1.6009	.000	-17.747	-8.587
	25도	-14.967*	1.6009	.000	-19.547	-10.387
21도	19도	8.200*	1.6009	.001	3.620	12.780
	23도	-4.967*	1.6009	.031	-9.547	-.387
	25도	-6.767*	1.6009	.003	-11.347	-2.187
23도	19도	13.167*	1.6009	.000	8.587	17.747
	21도	4.967*	1.6009	.031	.387	9.547
	25도	-1.800	1.6009	.680	-6.380	2.780
25도	19도	14.967*	1.6009	.000	10.387	19.547
	21도	6.767*	1.6009	.003	2.187	11.347
	23도	1.800	1.6009	.680	-2.780	6.380

관측평균을 기준으로 합니다.
오차항은 평균제곱(오차) = 7.688입니다.

*. 평균차이는 .05 수준에서 유의합니다.

동질적 부분집합

유산균발효율

Tukey HSD[a,b]

발효온도	N	부분집합 1	부분집합 2	부분집합 3
19도	6	14.617		
21도	6		22.817	
23도	6			27.783
25도	6			29.583
유의확률		1.000	1.000	.680

동질적 부분집합에 있는 집단에 대한 평균이 표시됩니다.
관측평균을 기준으로 합니다.
오차항은 평균제곱(오차) = 7.688입니다.

a. 조화평균 표본크기 6.000을(를) 사용합니다.

b. 유의수준 = .05.

[다중비교]는 Tukey의 방법에 의한 다중비교 결과이다.
평균 차이에 *표가 있는 조합에 유의수준 5%에서 유의차가 있다.

{19℃ 21℃}
{19℃ 23℃}
{19℃ 25℃}
{21℃ 23℃}
{21℃ 25℃}

[동질적 부분집합]은 네 개의 수준

19℃, 21℃, 23℃, 25℃

를 서로 유의차가 없는 수준의 그룹으로 나누고 있다.

부분집합1 … {19℃}
부분집합2 … {21℃}
부분집합3 … {23℃ 25℃}

CHAPTER

9

이원배치 분산분석(Ⅱ)

- 대응이 없는 요인과 대응이 있는 요인 -

CHAPTER 9

이원배치 분산분석(Ⅱ)

- 대응이 없는 요인과 대응이 있는 요인 -

9.1 | 한쪽에 대응이 있는 이원배치 분산분석

[예제 9-1]

다음 <표 9.1>의 데이터를 사용해서 이원배치(대응이 없는 요인과 대응이 있는 요인) 분산분석과 다중비교를 실시해 보자. 다음의 데이터는 두 종류의 소주A와 소주B를 마셨을 때의 심박수(심장박동수) 변화를 조사한 결과이다. 소주의 종류에 따라서 심박수의 변화 패턴에 차이가 있을까?

표 9.1 두 종류의 소주 섭취 후의 심박수

피험자	소주A에 대한 심박수의 변화			피험자	소주B에 대한 심박수의 변화		
	음주 전	1시간 후	2시간 후		음주 전	1시간 후	2시간 후
가	43	121	154	바	50	101	112
나	60	120	149	사	61	110	118
다	66	156	168	아	57	135	140
라	61	152	176	자	58	141	163
마	59	140	164	차	60	128	139

개체-간 요인 … 소주(두 개의 수준)

개체-내 요인 … 시간(세 개의 수준)

■ SPSS에 의한 해법

〈순서 1〉 데이터의 입력

변수 명명 규약에 의거하여 변수명은 문자로 시작해야 하므로, '한시간후', '두시간후'로 정의했다. 이 데이터는 '대응이 없는 요인'과 '대응이 있는 요인'이다.

대응관계가 없을 때는 데이터를 세로 방향으로 입력하고, 대응관계가 있을 때는 데이터를 가로 방향으로 입력한다.

소주의 요인은 대응이 없으므로 개체 간 요인이고, 시간의 요인은 대응이 있으므로, 개체 내 요인이다.

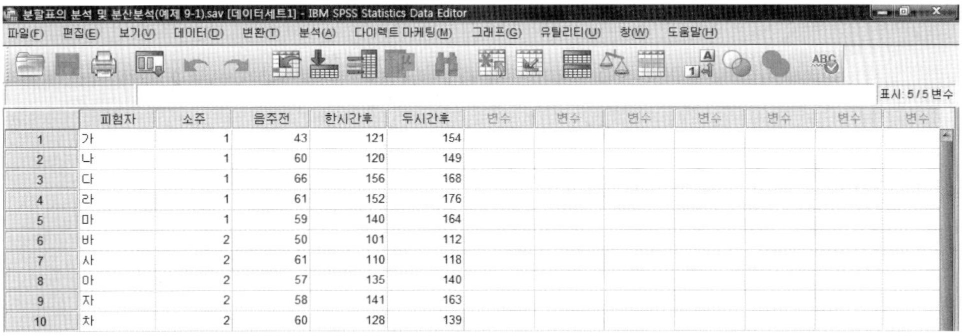

(변수값 설명)

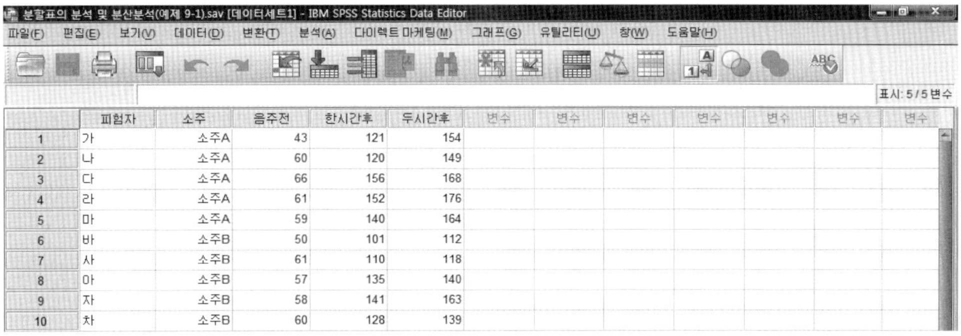

〈순서 2〉 분석수법의 선택

메뉴에서 [분석]-[일반선형모형]-[반복측도]를 선택한다.

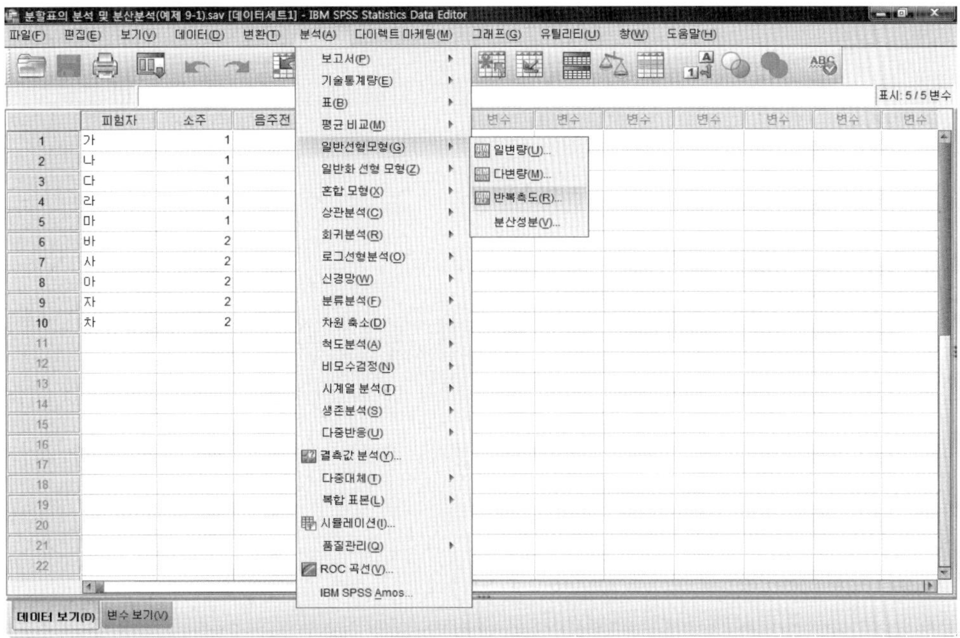

〈순서 3〉 요인의 정의

① 시간에 관해서 대응관계가 있으므로, [개체-내 요인이름]에 '시간'을 입력한다. [수준 수]에 '3'을 입력한다.

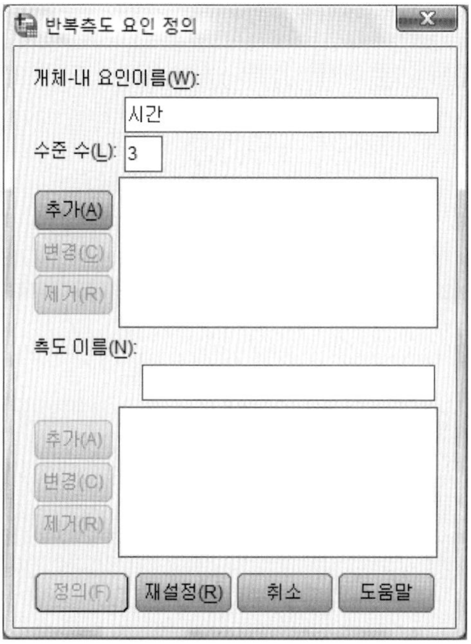

② [추가]를 클릭하면 화면이 다음과 같이 된다.

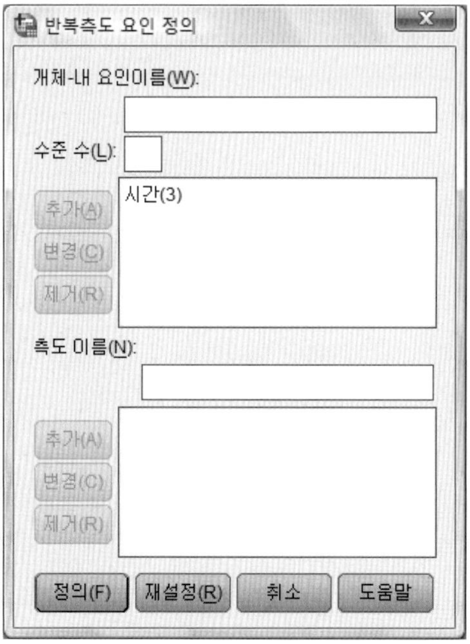

③ 여기에서 [정의]를 클릭하면 다음의 대화상자가 나타난다.

④ '음주전', '한시간후', '두시간후'를 차례로 지정하여 [개체-내 변수]로 이동한다. '소주'를 [개체-간 요인]으로 이동한다.

〈순서 4〉 프로파일 도표 작성

① [도표]를 클릭하면 다음 대화상자가 나타난다.

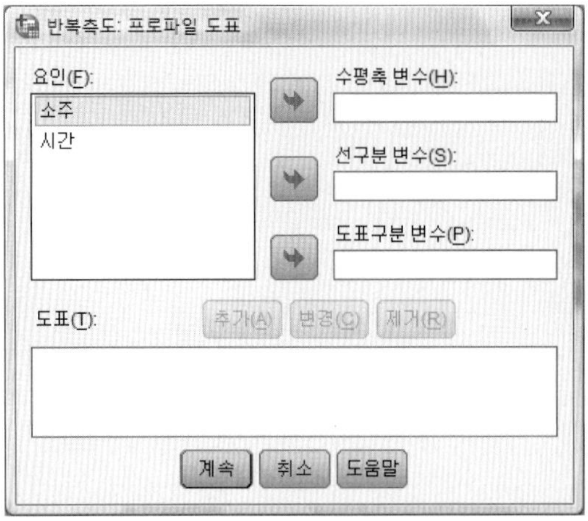

② '시간'을 [수평축 변수]로 이동하고, '소주'를 [선구분 변수]로 이동한다.

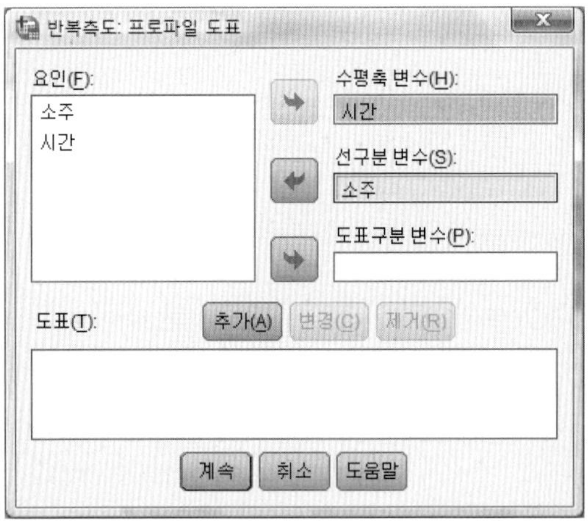

③ [추가]를 클릭하면 다음과 같이 된다.

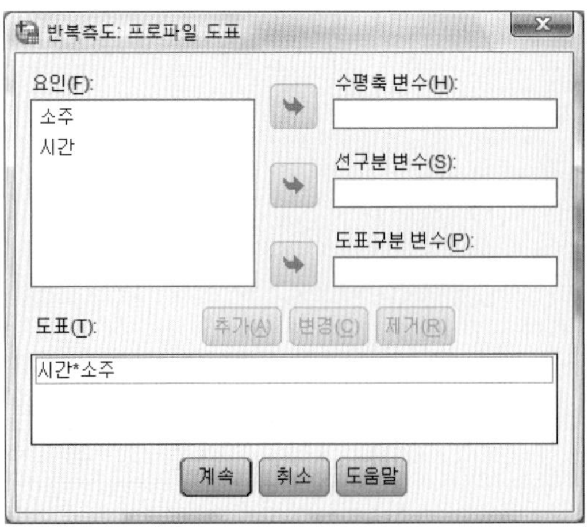

④ [계속]을 클릭하면 앞의 화면으로 복귀한다.

〈순서 5〉 옵션의 선택

다음 화면에서 [옵션]을 클릭한다. [동질성 검정]과 [잔차 SSCP 행렬]을 선택하고 [계속]을 클릭하면 앞의 화면으로 복귀한다. 여기에서 [확인]을 클릭하면 분석결과가 출력된다.

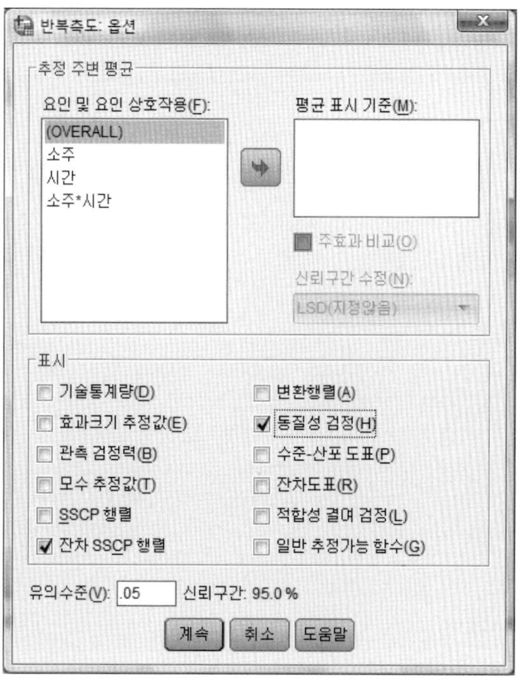

■ 분석결과(1)

개체-내 요인

측도: MEASURE_1

시간	종속변수
1	음주전
2	한시간후
3	두시간후

개체-간 요인

		값 레이블	N
소주	1	소주A	5
	2	소주B	5

다변량 검정[a]

효과		값	F	가설 자유도	오차 자유도	유의확률
시간	Pillai의 트레이스	.978	156.260[b]	2.000	7.000	.000
	Wilks의 람다	.022	156.260[b]	2.000	7.000	.000
	Hotelling의 트레이스	44.646	156.260[b]	2.000	7.000	.000
	Roy의 최대근	44.646	156.260[b]	2.000	7.000	.000
시간 * 소주	Pillai의 트레이스	.592	5.081[b]	2.000	7.000	.043
	Wilks의 람다	.408	5.081[b]	2.000	7.000	.043
	Hotelling의 트레이스	1.452	5.081[b]	2.000	7.000	.043
	Roy의 최대근	1.452	5.081[b]	2.000	7.000	.043

a. Design: 절편 + 소주
  개체-내 계획: 시간

b. 정확한 통계량

시간에 대한 다변량검정은 다음과 같은 의미에서의 개체-내 요인의 차의 검정을 하고 있다. 다시 말하면 세 변수

$$(x_1, x_2, x_3) = (\text{음주 전, 한 시간 후, 두 시간 후})$$

로 했을 때, 개체-내 요인의 차의 검정의 가설은

귀무가설 H_0 : $(x_3 - x_1, x_2 - x_1) = (0, 0)$

를 의미하고 있다. 이 귀무가설 H_0는

$$x_3 - x_1 = 0,\ x_2 - x_1 = 0$$

다시 말하면, $x_1 = x_2 = x_3$이므로

"음주 전, 한 시간 후, 두 시간 후에 대한 심박수에 차는 없다"

와 같은 의미가 된다.

출력결과를 보면

유의확률 $0.000 \le$ 유의수준 0.05

이므로, 귀무가설 H_0는 기각된다. 따라서

"음주 전, 한 시간 후, 두 시간 후에 대한 심박수에 차가 있다"

는 것을 알 수 있다.

시간×소주에 대한 다변량검정은 실은 소주를 요인으로 하는 일원배치의 다변량 분산분석이다. 다변량이란 $(x_2 - x_1, x_3 - x_1)$을 가리킨다.

그리하여 귀무가설은 다음과 같이 된다.

귀무가설 H_0 : "소주A와 소주B에 대한 심박수는 같다"

유의확률이 0.043이므로, 유의수준 0.05에 대해서 귀무가설 H_0는 기각된다. 따라서 이 다변량검정에서는 두 가지 소주 사이에 차가 있다고 할 수 있다.

■ 분석결과(2)

공분산행렬에 대한 Box의 동일성 검정[a]

Box의 M	6.972
F	.675
자유도1	6
자유도2	463.698
유의확률	.670

여러 집단에서 종속변수의 관측 공분산행렬이 동일한 영가설을 검정합니다.

a. Design: 절편 + 소주
개체-내 계획: 시간

Bartlett의 구형성 검정[a]

우도비	.000
근사 카이제곱	21.625
자유도	5
유의확률	.001

잔차 공분산행렬이 항등 행렬에 비례하는 영가설을 검정합니다.

a. Design: 절편 + 소주
개체-내 계획: 시간

Mauchly의 구형성 검정[a]

측도: MEASURE_1

개체-내 효과	Mauchly의 W	근사 카이제곱	자유도	유의확률	엡실런[b] Greenhouse-Geisser	엡실런[b] Huynh-Feldt	엡실런[b] 하한
시간	.528	4.473	2	.107	.679	.872	.500

정규화된 변형 종속변수의 오차 공분산행렬이 항등 행렬에 비례하는 영가설을 검정합니다.

a. Design: 절편 + 소주
개체-내 계획: 시간

b. 유의성 평균검정의 자유도를 조절할 때 사용할 수 있습니다. 수정된 검정은 개체내 효과검정 표에 나타납니다.

공분산행렬에 대한 Box의 동일성검정은 다음의 가설을 조사하고 있다.

귀무가설 H_0 : "소주A와 소주B의 3변수에 대한 분산공분산행렬은 같다"

출력결과를 보면,

$$\text{유의확률 } 0.670 > \text{유의수준 } 0.05$$

이므로, 귀무가설 H_0는 기각되지 않는다.

따라서

"두 가지의 소주A와 소주B에 대한 분산공분산행렬은 같다"

라고 가정해도 좋을 것 같다.

공분산행렬에 대한 Box의 동일성검정은 분산공분산행렬의 상등성의 검정이라고도 한다.

Bartlett의 구형성검정은 다음의 가설을 조사하고 있다.

귀무가설 H_0 : "3변수의 분산공분산행렬은 단위행렬의 상수배와 같다"

출력결과를 보면,

$$유의확률\ 0.001 \le 유의수준\ 0.05$$

이므로, 귀무가설 H_0는 기각된다.

따라서 공분산이 0이 아니라는 사실로부터

"3변수 사이에는 어떠한 관련이 있다"

라고 하는 것을 알 수 있다.

3변수 사이에 아무런 관련이 없으면, 1변수의 분산분석을 3회 실시하는 것과 같게 된다.

앞에서 Bartlett의 구형성검정을 하기 위해서 [잔차 SSCP 행렬]을 선택했다.

Mauchly의 구형성검정은 정규직교변환에 의해서 만들어진 2변수 z_1, z_2의 분산공분산행렬을 Σ라고 했을 때, 다음의 가설을 검정하고 있다.

$$귀무가설\ H_0\ :\ \Sigma = \sigma^2 \cdot \begin{bmatrix} 1 & 0 \\ 0 & 1 \end{bmatrix}$$

출력결과를 보면,

$$유의확률\ 0.107 > 유의수준\ 0.05$$

이므로, 귀무가설 H_0는 기각되지 않는다.

따라서 "구형성의 가정이 성립하고 있다"라고 가정하고 개체-내 효과검정으로 넘어간다.

힌트 : Bartlett의 구형성검정

Bartlett의 구형성검정(test of sphericity)은 다음의 가설이 성립하는지 어떤지의 검정을 하는 것이다.

귀무가설 H_0 : "모분산공분산행렬은 단위행렬의 상수배와 같다"

대립가설 H_0 : "모분산공분산행렬은 단위행렬의 상수배와 같지 않다"

예를 들면, 3변수일 때는 다음과 같다.

$$귀무가설\ H_0\ :\ \begin{bmatrix} \sigma_1^2 & \sigma_{12} & \sigma_{13} \\ \sigma_{12} & \sigma_2^2 & \sigma_{23} \\ \sigma_{13} & \sigma_{23} & \sigma_3^2 \end{bmatrix} = \sigma^2 \begin{bmatrix} 1 & 0 & 0 \\ 0 & 1 & 0 \\ 0 & 0 & 1 \end{bmatrix}$$

서로 독립이고, 같은 분산의 정규분포에 따르는 확률변수는 구형적(球形的) 혹은 구면적(球面的, spherical)으로 정규분포를 한다고 한다. 귀무가설 H_0가 기각되면, 변수 간에 관련이 있다.

참고로 공분산과 상관계수는 다음과 같은 관계에 있다.

$$상관계수 = \frac{공분산}{\sqrt{분산}\ \sqrt{분산}}$$

Mauchly의 구형성검정을 위한 가설이 기각되었을 때는 구형성의 가정이 성립되지 않으므로, Greenhouse-Geisser나 Huynh-Feldt의 엡실런을 사용해서 개체-내 효과검정의 유의확률을 수정하지 않으면 안 된다.

■ 분석결과(3)

개체-내 효과 검정

측도: MEASURE_1

소스		제 III 유형 제곱합	자유도	평균제곱	F	유의확률
시간	구형성 가정	46264.867	2	23132.433	289.216	.000
	Greenhouse-Geisser	46264.867	1.359	34055.400	289.216	.000
	Huynh-Feldt	46264.867	1.744	26522.449	289.216	.000
	하한	46264.867	1.000	46264.867	289.216	.000
시간 * 소주	구형성 가정	925.400	2	462.700	5.785	.013
	Greenhouse-Geisser	925.400	1.359	681.184	5.785	.028
	Huynh-Feldt	925.400	1.744	530.508	5.785	.017
	하한	925.400	1.000	925.400	5.785	.043
오차(시간)	구형성 가정	1279.733	16	79.983		
	Greenhouse-Geisser	1279.733	10.868	117.751		
	Huynh-Feldt	1279.733	13.955	91.705		
	하한	1279.733	8.000	159.967		

개체-간 효과 검정

측도: MEASURE_1

변환된 변수: 평균

소스	제 III 유형 제곱합	자유도	평균제곱	F	유의확률
절편	376768.133	1	376768.133	863.487	.000
소주	1555.200	1	1555.200	3.564	.096
오차	3490.667	8	436.333		

반복측정에 의한 분산분석에서는 교호작용의 검정은 매우 중요한데, 가설은 다음과 같이 된다.

귀무가설 H_0 : "시간과 소주 사이에 교호작용은 없다"

이 귀무가설 H_0는 다음과 같이 바꾸어 말할 수 있다.

귀무가설 H_0 : "소주A와 소주B에 대한 심박수의 변화 패턴은 같다"

출력결과를 보면

$$\text{유의확률 } 0.013 \leq \text{유의수준 } 0.05$$

이므로, 귀무가설 H_0는 기각되어 시간과 소주의 사이에 교호작용이 존재한다.

따라서,

"소주A와 소주B에 대한 심박수의 변화 패턴은 다르다"

는 것을 알 수 있다.

그런데 만일 여기에서 교호작용이 존재하지 않게 되면, 두 종류의 소주에 대한 변화 패턴은 프로파일 도표에서 평행이 되므로 다음에 개체-간 효과검정으로 넘어간다.

[개체-간 효과검정]에서의 출력은 다음의 가설

귀무가설 H_0 : "소주A와 소주B의 심박수 사이에 차는 없다"

를 검정하고 있다. 출력결과를 보면,

유의확률 0.096 > 유의수준 0.05

이므로, 귀무가설 H_0는 기각되지 않는다. 따라서 두 종류의 소주에 의한 심박수에 차는 없다.

그러나 개체-내 효과검정에서 교호작용이 존재하고 있으므로, 이 데이터의 경우 개체-간 효과검정에는 의미가 없다.

■ 분석결과(4)

프로파일 도표

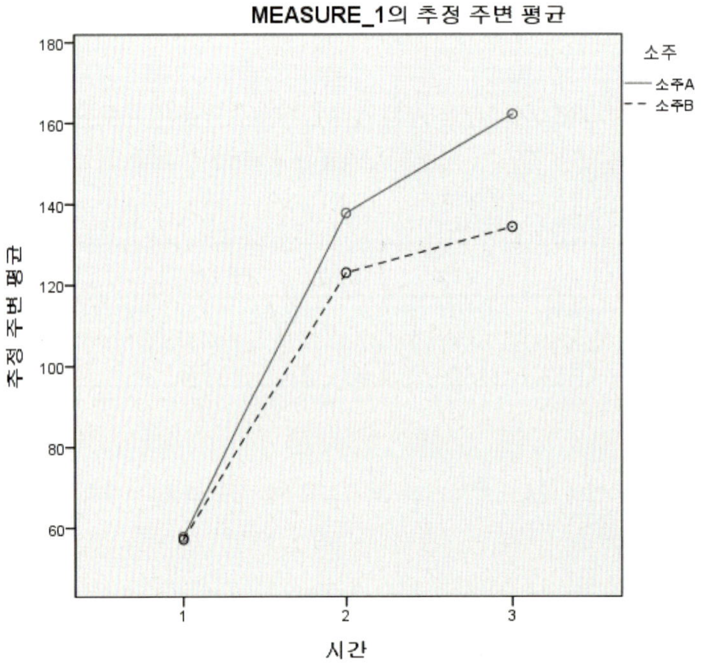

프로파일 도표는 대단히 중요하다. 이 그래프를 보면,

"두 종류의 소주 사이에서 심박수의 변화 패턴에는 차이가 있다"

라고 하는 것을 실감할 수 있다.

전술한 개체-내 효과검정에서의 교호작용 검정결과와 일치하고 있다.

이상의 검정내용을 요약하면 다음과 같다.

[분산분석 순서의 흐름도]

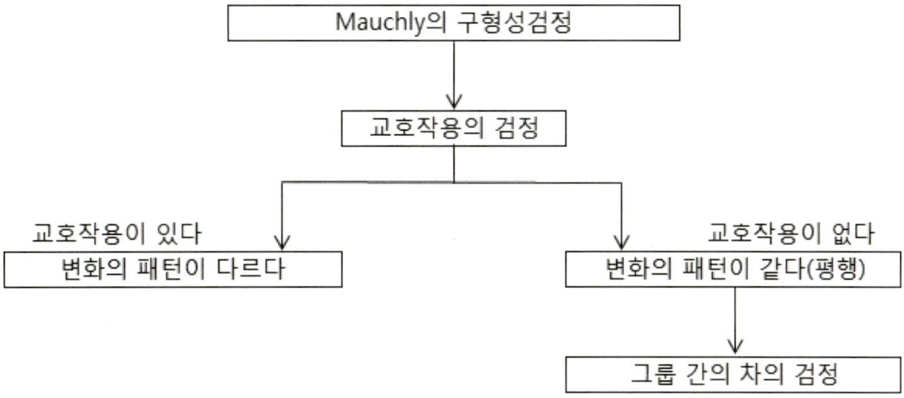

9.2 | 개체 내 요인의 다중비교(Bonferroni의 방법)

반복측정에 의한 데이터나 경시측정(經時測定) 데이터와 같은 대응이 있는 데이터의 경우에는, '음주 전→한 시간 후→두 시간 후'라고 하는 변화의 패턴을 조사하는 것이 주목적이므로, 개체 내 요인에 대해서 모든 수준의 조합에 의한 다중비교는 실시되지 않는다.

그러나,

"개체 내 요인의 모든 수준의 조합에 의한 다중비교를 실시하고 싶다"

라고 할 때는, 다음과 같이 소주A 또는 소주B의 데이터만을 문제삼아 SPSS의 [옵션]을 이용하는 방법이 있다.

■ SPSS에 의한 해법

〈순서 1〉 데이터의 입력

<표 9.1>의 데이터를 다음과 같이 입력한다.

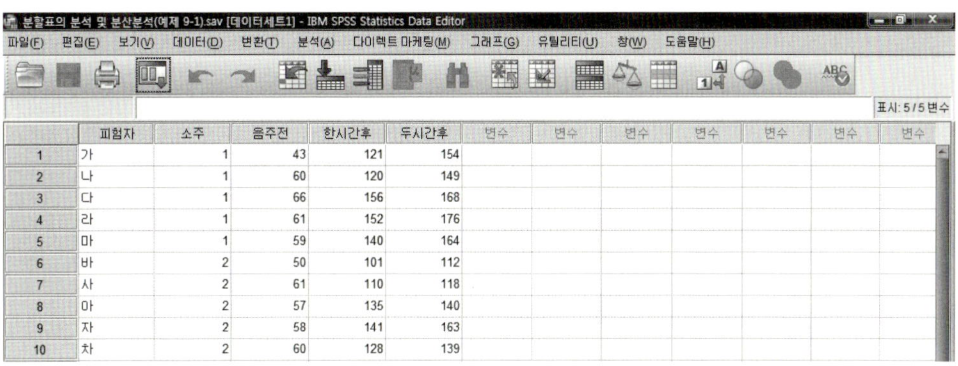

	피험자	소주	음주전	한시간후	두시간후
1	가	1	43	121	154
2	나	1	60	120	149
3	다	1	66	156	168
4	라	1	61	152	176
5	마	1	59	140	164
6	바	2	50	101	112
7	사	2	61	110	118
8	아	2	57	135	140
9	자	2	58	141	163
10	차	2	60	128	139

〈순서 2〉 케이스 선택

① 메뉴에서 [데이터]-[케이스 선택]을 선택한다.

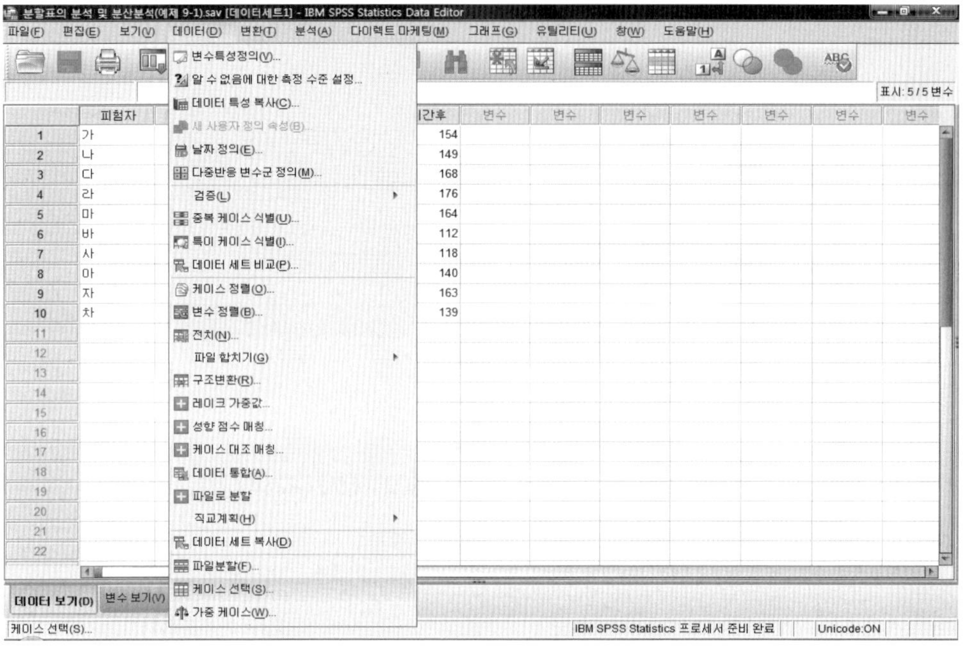

② 다음 화면에서 [시간 또는 케이스 범위를 기준으로]를 체크한다.

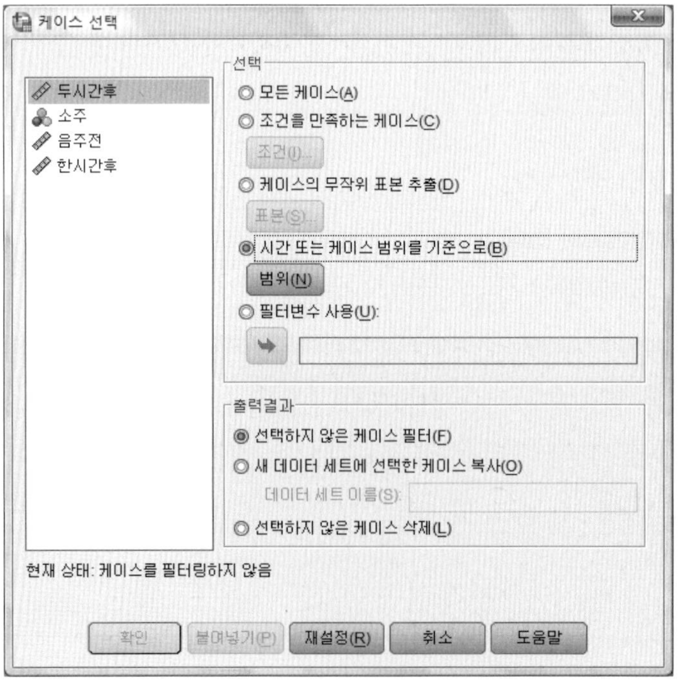

③ [범위]를 클릭한다.

다음 화면에서 [첫 번째 케이스]에 '1', [마지막 케이스]에 '5'를 입력하고 [계속]을 클릭한다. 앞의 화면에서 [확인]을 클릭한다.

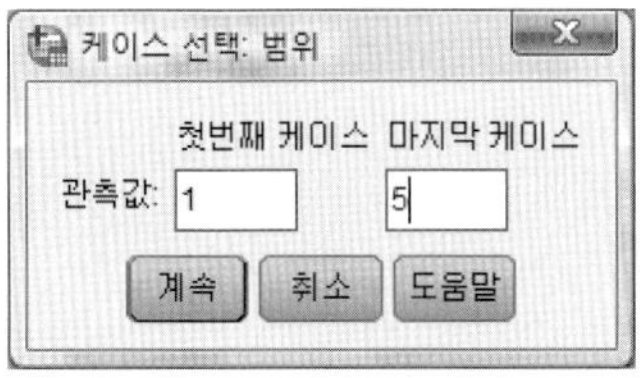

④ 결과는 다음과 같이 된다.

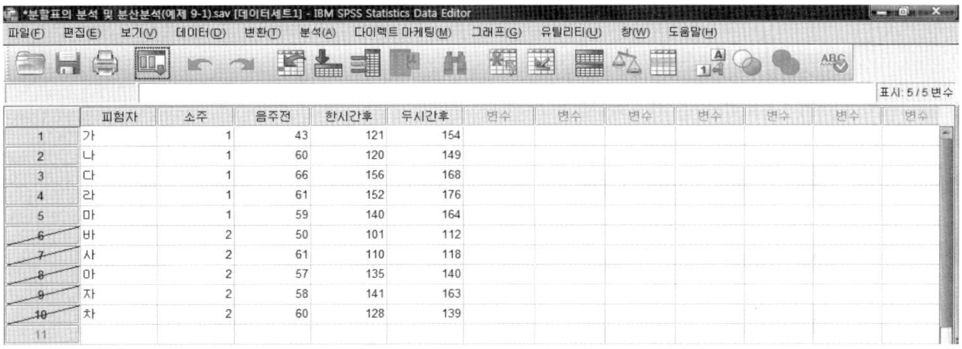

〈순서 3〉 분석수법의 선택

메뉴에서 [분석]-[일반선형모형]-[반복측도]를 선택한다.

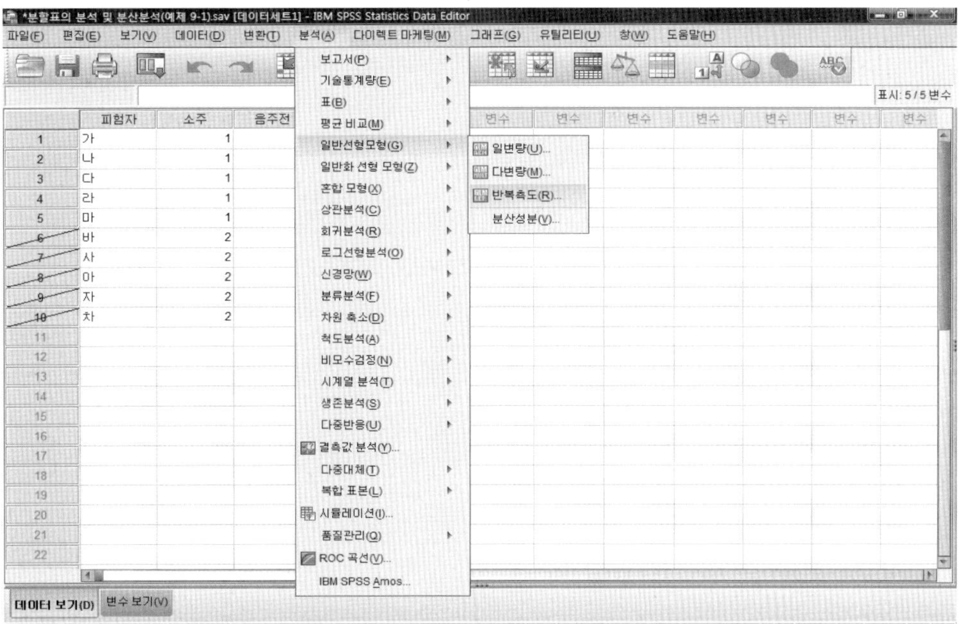

〈순서 4〉 요인의 정의

① 다음 화면에서 [개체-내 요인이름]에 '시간'을, [수준 수]에 '3'을 입력한다.

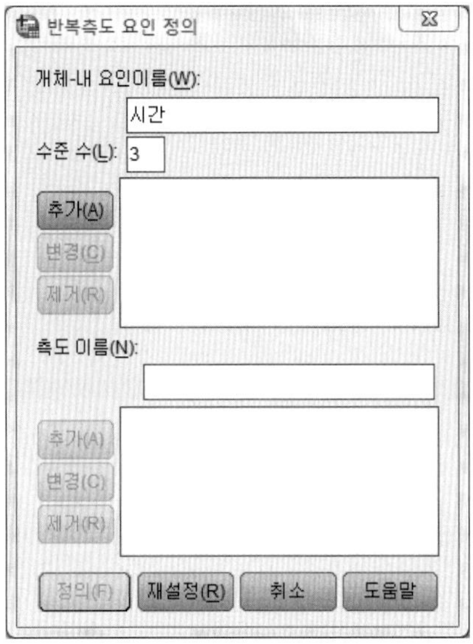

② [추가]를 클릭한다.
다음 화면에서 [정의]를 클릭한다.

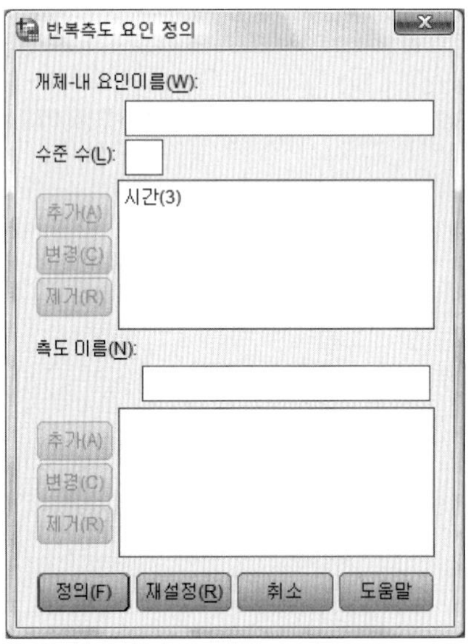

③ 다음 화면에서 '음주 전', '한 시간 후', '두 시간 후'를 차례로 [개체-내 변수]로 이동한다. '소주'를 [개체-간 요인]으로 이동한다.

〈순서 5〉 옵션의 선택

① [옵션]을 선택한다. 다음 화면에서 '시간'을 [평균 표시 기준]으로 이동하고, [주효과 비교]를 체크한다. [잔차 SSCP 행렬]을 체크한다.

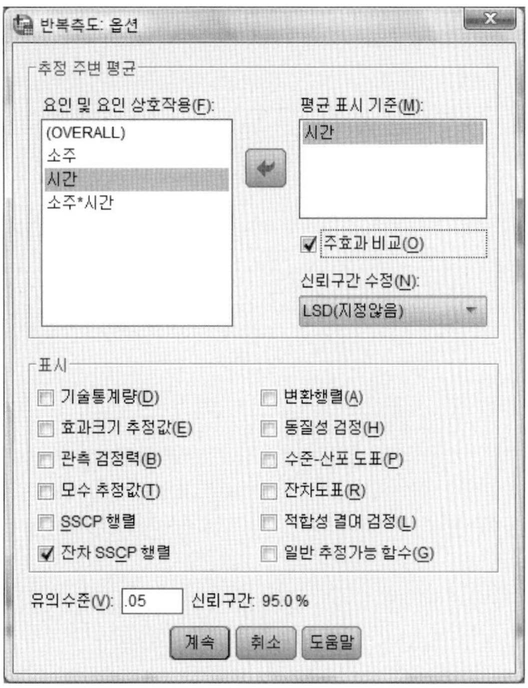

② [신뢰구간 수정]에서 [Bonferroni]를 선택한다.

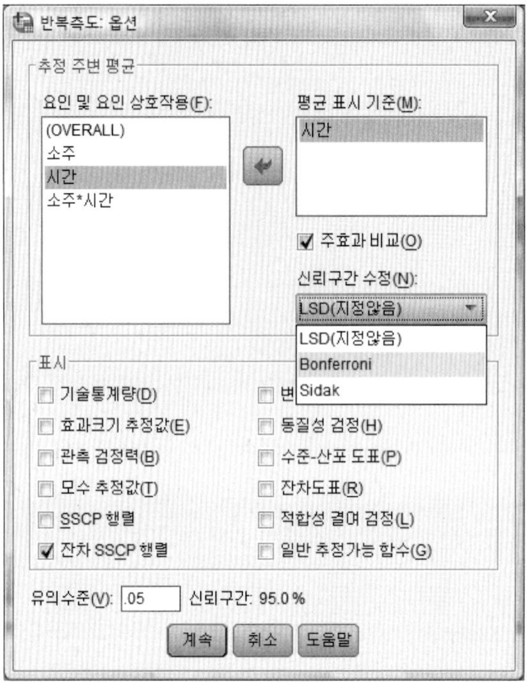

③ 다음 화면에서 [계속]을 클릭한다. 다음은 [확인]을 클릭한다.

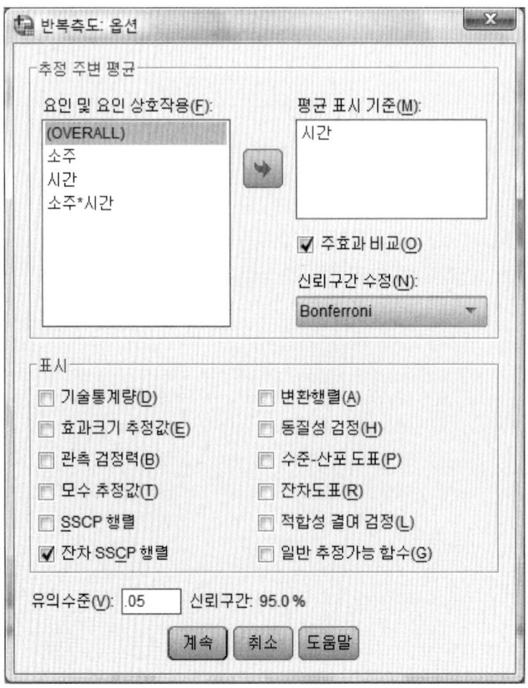

■ 분석결과

대응별 비교

측도: MEASURE_1

(I) 시간	(J) 시간	평균차이(I-J)	표준오차	유의확률[b]	차이에 대한 95% 신뢰구간[b] 하한	상한
1	2	-80.000*	5.595	.000	-102.159	-57.841
	3	-104.400*	4.468	.000	-122.095	-86.705
2	1	80.000*	5.595	.000	57.841	102.159
	3	-24.400*	3.530	.007	-38.381	-10.419
3	1	104.400*	4.468	.000	86.705	122.095
	2	24.400*	3.530	.007	10.419	38.381

추정 주변 평균을 기준으로

*. 평균차이는 .05 수준에서 유의합니다.

b. 다중비교를 위한 수정: Bonferroni

Bonferroni의 방법에 의한 대응별 비교 결과이다.
평균 차이에 *표가 있는 조합에 유의수준 5%에서 유의차가 있다.

{음주전 한시간후}
{음주전 두시간후}
{한시간후 두시간후}

9.3 | 개체 내 요인의 다중비교(Dunnett의 방법)

반복측정에 의한 데이터나 경시측정(經時測定) 데이터와 같은 대응이 있는 데이터의 경우에는, '음주 전→한 시간 후→두 시간 후'라고 하는 변화의 패턴을 조사하는 것이 주목적이므로, 개체 내 요인에 대해서 모든 수준의 조합에 의한 다중비교는 실시되지 않는다.

그러나,

"음주 전의 심박수와 차가 있는 것은 몇 분 후인가?"

라고 하는 것에 흥미가 있는 경우는, 다음과 같은 방법이 있다.

예를 들면, 소주A의 데이터만을 문제삼아,

"음주 전을 대조군으로 해서 Dunnett의 방법에 의한 다중비교"

를 실시한다.

표 9.2 소주A를 섭취한 후의 심박수

피험자	소주A에 대한 심박수의 변화 음주 전	1시간 후	2시간 후
가	43	121	154
나	60	120	149
다	66	156	168
라	61	152	176
마	59	140	164

SPSS에 의한 해법

〈순서 1〉 데이터의 입력

<표 9.2>의 데이터를 다음과 같이 입력한다.

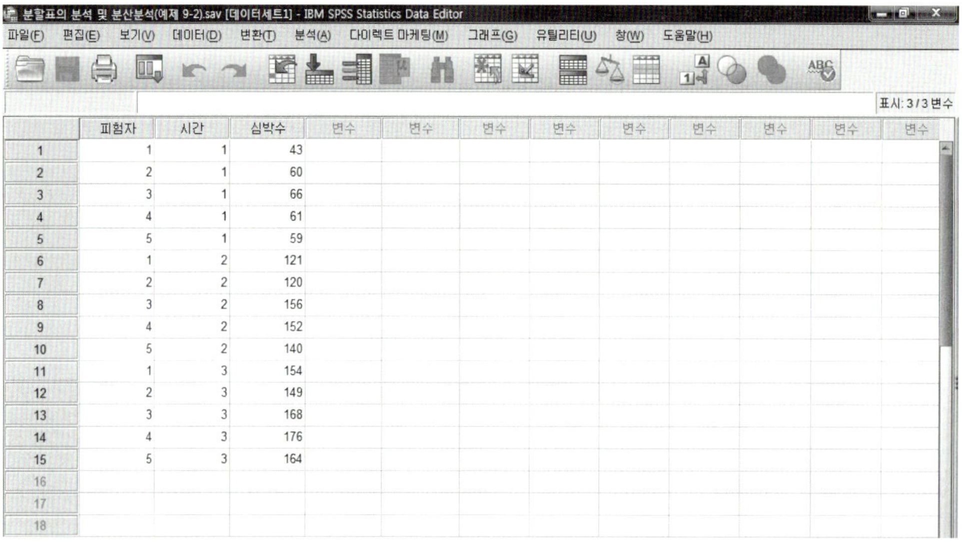

	피험자	시간	심박수
1	1	1	43
2	2	1	60
3	3	1	66
4	4	1	61
5	5	1	59
6	1	2	121
7	2	2	120
8	3	2	156
9	4	2	152
10	5	2	140
11	1	3	154
12	2	3	149
13	3	3	168
14	4	3	176
15	5	3	164

(변수값 설명)

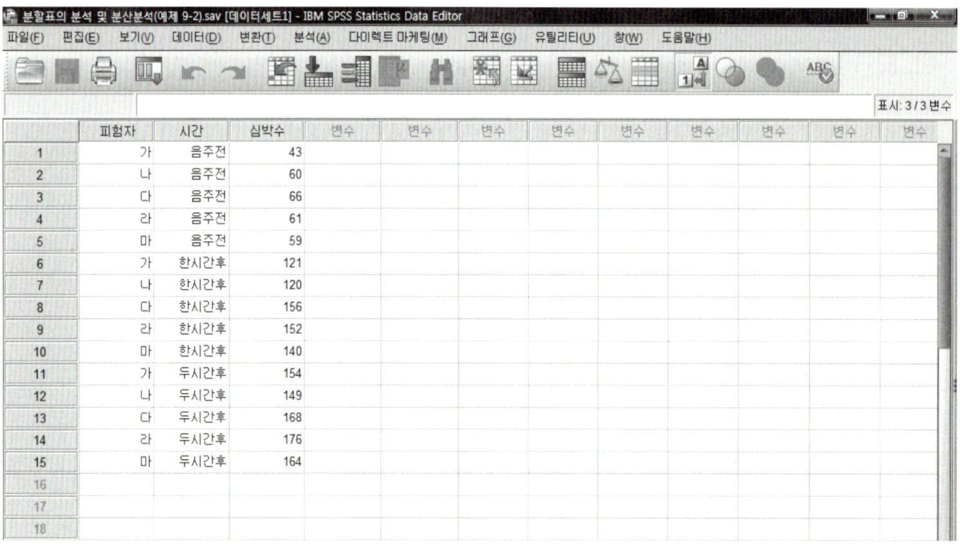

	피험자	시간	심박수
1	가	음주전	43
2	나	음주전	60
3	다	음주전	66
4	라	음주전	61
5	마	음주전	59
6	가	한시간후	121
7	나	한시간후	120
8	다	한시간후	156
9	라	한시간후	152
10	마	한시간후	140
11	가	두시간후	154
12	나	두시간후	149
13	다	두시간후	168
14	라	두시간후	176
15	마	두시간후	164

〈순서 2〉 분석수법의 선택

메뉴에서 [분석]-[일반선형모형]-[일변량]을 선택한다.

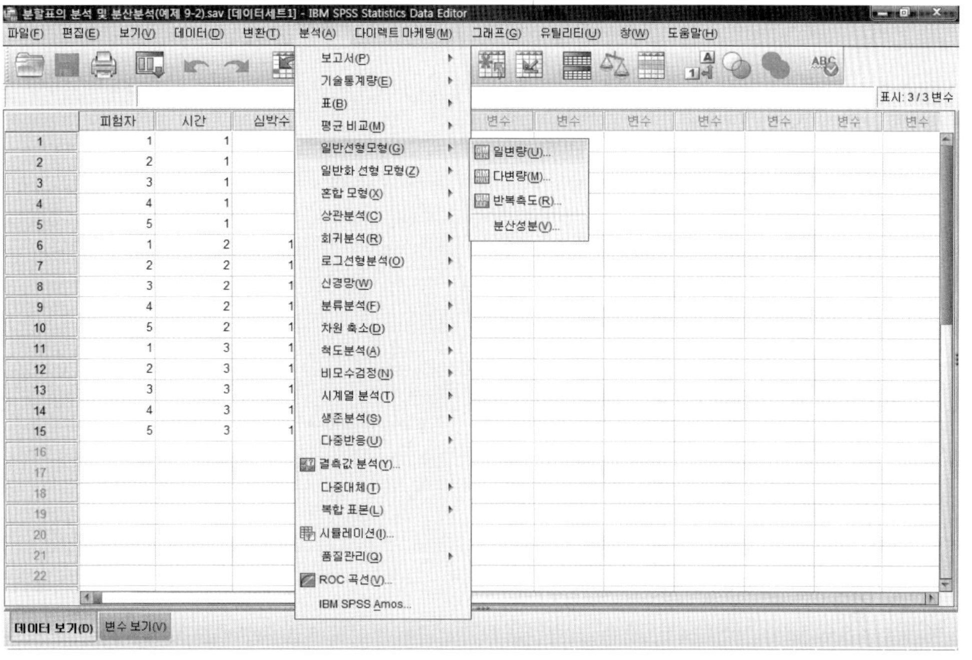

〈순서 3〉 변수의 선택

'심박수'를 [종속변수]로, '시간'과 '피험자'를 [고정요인]으로 이동한다.

〈순서 4〉 사후분석의 선택

① [사후분석]을 클릭하면 다음 화면이 나타난다.
'시간'을 [사후검정변수]로 이동한다.

다중비교 방법으로 [등분산을 가정함]에서 [Dunnett]를 선택한다.

② [마지막]을 [첫 번째]로 바꾸어 놓는다.

[계속]을 클릭하면 앞의 화면으로 복귀한다.

〈순서 5〉 모형의 선택

[모형]을 클릭하면 다음 화면이 된다.

[사용자 정의]를 클릭한다.

'시간'과 '피험자'를 [모형]에 이동한다. [계속]을 클릭한다.

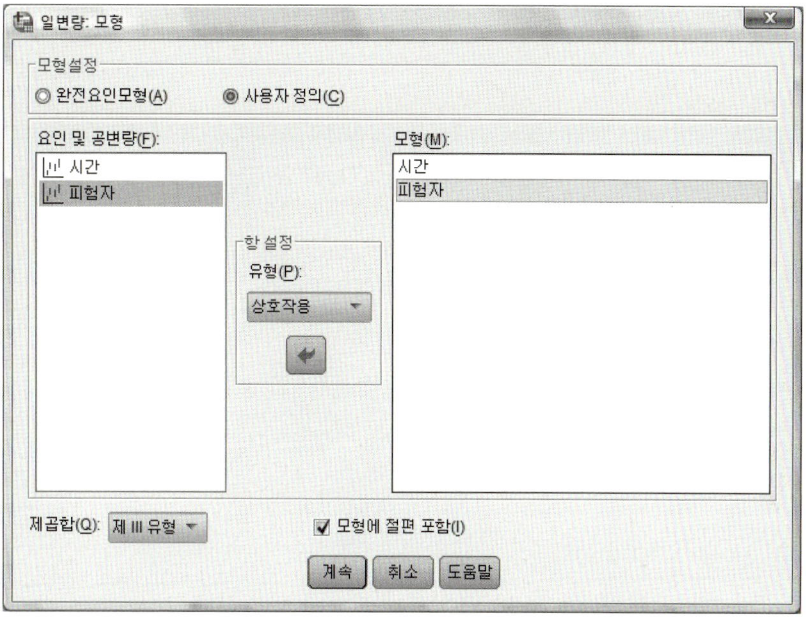

앞의 화면에서 [확인]을 클릭한다.

■ 분석결과

다중비교

종속변수: 심박수

Dunnett t (양측)[a]

(I) 시간	(J) 시간	평균차이(I-J)	표준오차	유의확률	95% 신뢰구간 하한	95% 신뢰구간 상한
한시간후	음주전	80.00*	4.609	.000	67.68	92.32
두시간후	음주전	104.40*	4.609	.000	92.08	116.72

관측평균을 기준으로 합니다.
오차항은 평균제곱(오차) = 53.100입니다.

*. 평균차이는 0.05 수준에서 유의합니다.

a. Dunnett t-검정은 한 집단을 대조군으로 간주하고 다른 모든 집단을 이 집단과 비교합니다.

Dunnett의 방법에 의한 다중비교 결과이다.

평균 차이 중에 *표가 붙어 있는 수준의 조합에, 유의수준 5%에서 유의차가 있다. 따라서 다음의 조합

{한시간후 음주전} {두시간후 음주전}

에서 각각 심박수에 차가 있다는 것을 알 수 있다.

9.4 | 개체 간 요인의 다중비교

■ SPSS에 의한 해법

〈순서 1〉 데이터의 입력

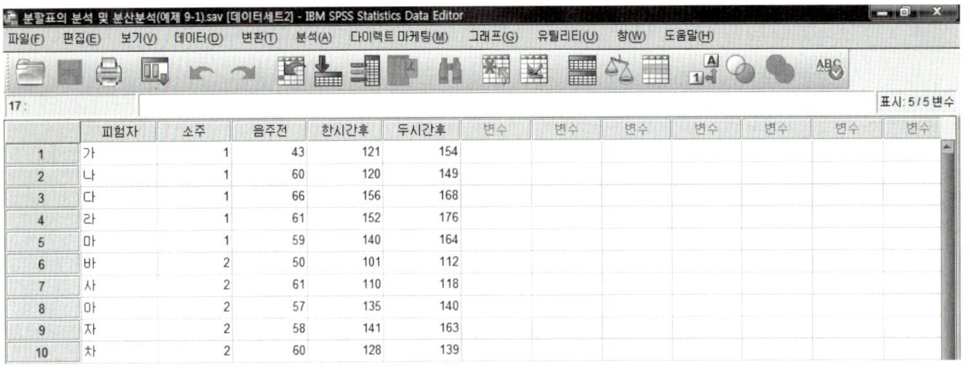

	피험자	소주	음주전	한시간후	두시간후
1	가	1	43	121	154
2	나	1	60	120	149
3	다	1	66	156	168
4	라	1	61	152	176
5	마	1	59	140	164
6	바	2	50	101	112
7	사	2	61	110	118
8	아	2	57	135	140
9	자	2	58	141	163
10	차	2	60	128	139

〈순서 2〉 분석수법의 선택

메뉴에서 [분석]-[일반선형모형]-[반복측도]를 선택한다.

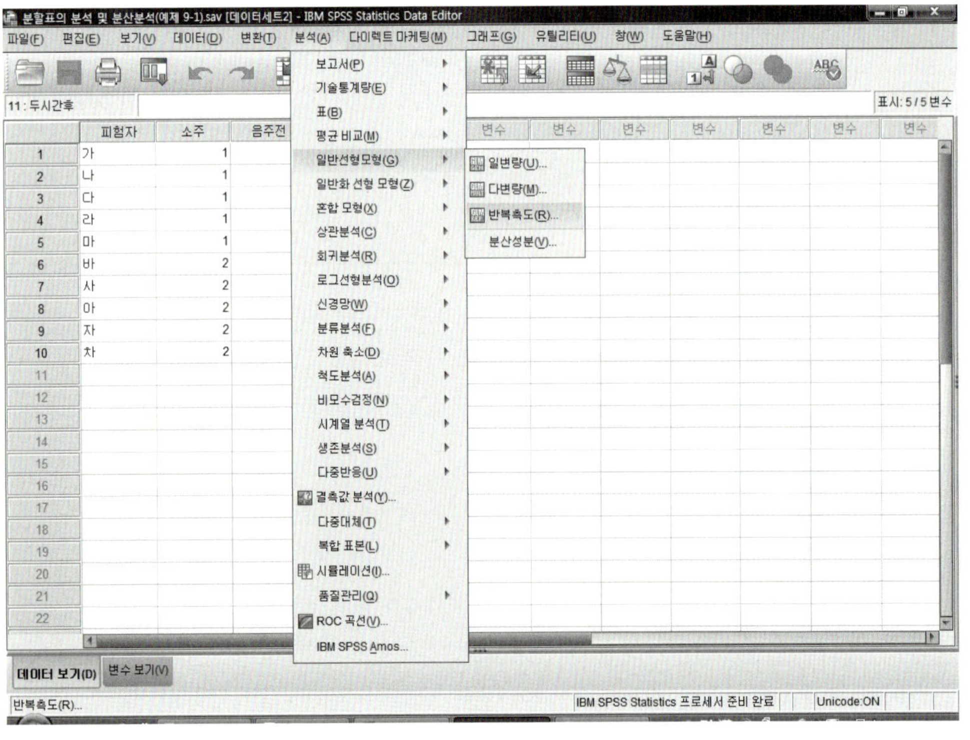

〈순서 3〉 요인의 정의

① [개체 내 요인이름]에 '시간', [수준 수]에 '3'을 입력한다.

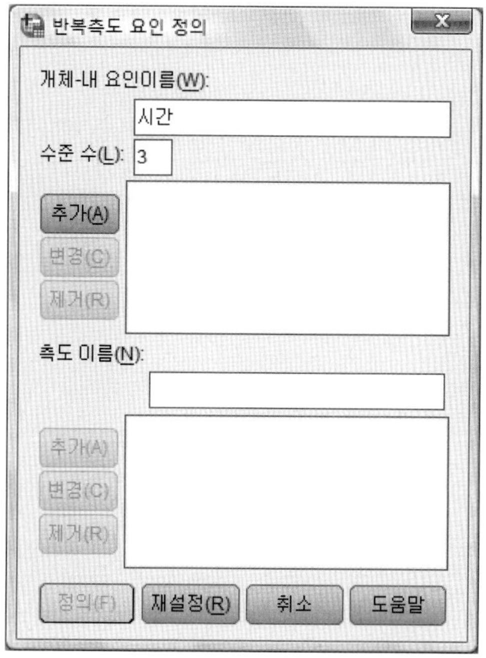

② [추가]를 클릭하면 다음 화면이 된다.

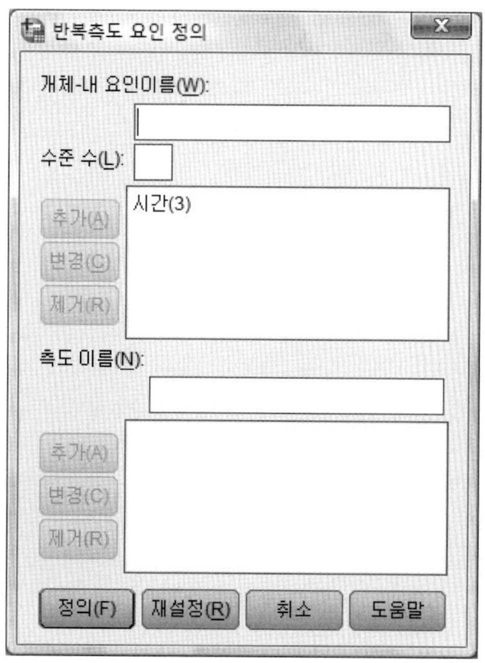

③ [정의]를 클릭한다.

다음의 대화상자에서 '음주전', '한시간후', '두시간후'를 차례로 [개체 내 변수로]로 이동한다. '소주'를 [개체 간 요인]으로 이동한다.

〈순서 4〉 옵션의 선택

[옵션]을 클릭하면 다음 화면이 나타난다.

[동질성검정]과 [잔차 SSCP 행렬]을 선택하고 [계속]을 클릭한다.

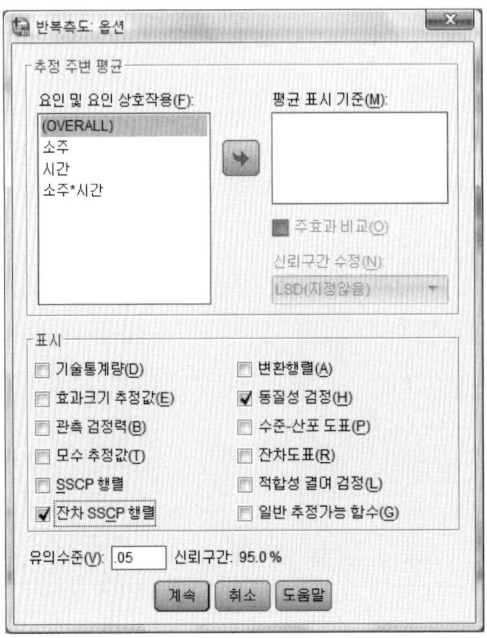

〈순서 5〉 사후분석의 선택

① 앞의 화면에서 [사후분석]을 클릭하면 다음 화면이 나타난다.

② 다음 화면에서 '소주'를 [사후검정변수]로 이동하고, [Tukey 방법]을 선택한다. [계속]을 클릭한다.

앞의 화면으로 복귀하면 [확인]을 클릭한다.

■ 분석결과

경고

집단이 둘 이하이므로 소주에 대한 사후검정을 수행할 수 없습니다.

이것은 개체 간 요인의 다중비교인데 수준이 두 개인 경우에는 다중비교와 분산분석은 같은 결과가 된다.

그런데 그룹이 세 개 이상 있을 때는 다음과 같이 출력이 된다.

다중비교

종속변수: 심박수

Tukey HSD

(I) 시간	(J) 시간	평균차이(I-J)	표준오차	유의확률	95% 신뢰구간 하한	95% 신뢰구간 상한
음주전	한시간후	-80.00*	4.609	.000	-93.17	-66.83
	두시간후	-104.40*	4.609	.000	-117.57	-91.23
한시간후	음주전	80.00*	4.609	.000	66.83	93.17
	두시간후	-24.40*	4.609	.002	-37.57	-11.23
두시간후	음주전	104.40*	4.609	.000	91.23	117.57
	한시간후	24.40*	4.609	.002	11.23	37.57

관측평균을 기준으로 합니다.
오차항은 평균제곱(오차) = 53.100입니다.

*. 평균차이는 0.05 수준에서 유의합니다.

음주전 · 한시간후 · 두시간후의 개체 내 요인에 대한 다중비교를 하고 싶을 때는, 개체 간 요인의 수준마다

1. 소주A에 대해서 Dunnett 방법에 의한 다중비교
2. 소주B에 대해서 Dunnett 방법에 의한 다중비교

를 하게 된다.

CHAPTER

10

이원배치 분산분석(Ⅲ)

- 대응이 있는 요인과 대응이 있는 요인 -

CHAPTER 10 이원배치 분산분석(Ⅲ)

- 대응이 있는 요인과 대응이 있는 요인 -

10.1 ㅣ 양쪽에 대응이 있는 이원배치 분산분석

[예제 10-1]

다음의 데이터는 두 종류의 소주A와 소주B를 마셨을 때의 심박수(심장박동수) 변화를 조사한 결과이다. 소주A에 대해서 측정한 후, 일정한 기간을 두고,

"같은 피험자에게 같은 음주라고 하는 조건"

하에서 소주B에 대해서도 측정하고 있다.

소주의 종류에 따라서 심박수의 변화 패턴에 차이가 있을까?

표 10.1 두 종류의 소주 섭취 후의 심박수

피험자	소주A에 대한 심박수의 변화			소주B에 대한 심박수의 변화		
	음주 전	1시간 후	2시간 후	음주 전	1시간 후	2시간 후
가	43	121	154	50	101	112
나	60	120	149	61	110	118
다	66	156	168	57	135	140
라	61	152	176	58	141	163
마	59	140	164	60	128	139

개체-간 요인 1 … 소주(두 개의 수준)

개체-내 요인 2 … 시간(세 개의 수준)

■ SPSS에 의한 해법

〈순서 1〉 데이터의 입력

*분할표의 분석 및 분산분석(예제 10-1).sav [데이터세트4] - IBM SPSS Statistics Data Editor

파일(F) 편집(E) 보기(V) 데이터(D) 변환(T) 분석(A) 다이렉트 마케팅(M) 그래프(G) 유틸리티(U) 창(W) 도움말(H)

표시: 7 / 7 변수

	피험자	A음주전	A한시간후	A두시간후	B음주전	B한시간후	B두시간후	변수	변수	변수	변수	변
1	가	43	121	154	50	101	112					
2	나	60	120	149	61	110	118					
3	다	66	156	168	57	135	140					
4	라	61	152	176	58	141	163					
5	마	59	140	164	60	128	139					

이 데이터는 '대응이 있는 요인'과 '대응이 있는 요인'에 해당된다. 즉, 시간의 요인에 대해서도 대응이 있고, 소주의 요인에 대해서도 대응이 있다.

대응관계가 있을 때는 위와 같이 데이터를 가로 방향으로 입력한다.

여기에서 알고 싶은 것은 수준의 변화 패턴에 대해서이다.

〈순서 2〉 분석수법의 선택

메뉴에서 [분석]-[일반선형모형]-[반복측도]를 선택한다.

〈순서 3〉 요인의 정의

① 다음 화면에서 [개체-내 요인이름]에 '소주'를, [수준 수]에 '2'를 입력하고, [추가]를 클릭한다.

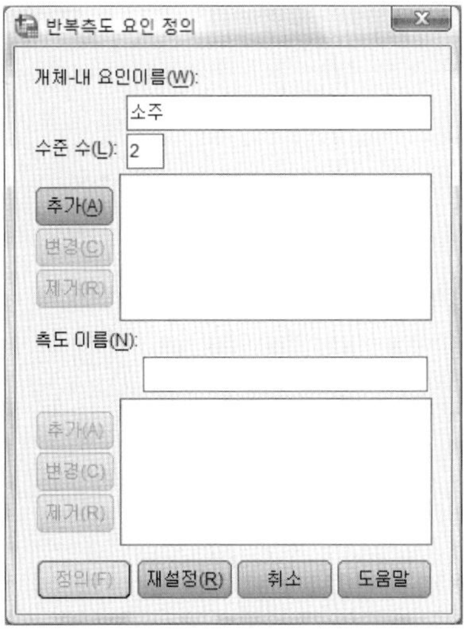

② 다시 한 번 [개체-내 요인이름]에 '시간'을, [수준 수]에 '3'을 입력하고, [추가]를 클릭한다.

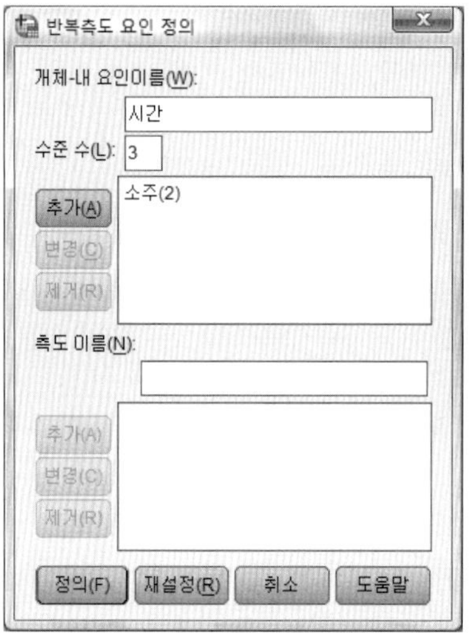

③ '소주', '시간' 모두 대응이 있으므로, 개체 내 요인이다. 여기에서 [정의]를 클릭한다.

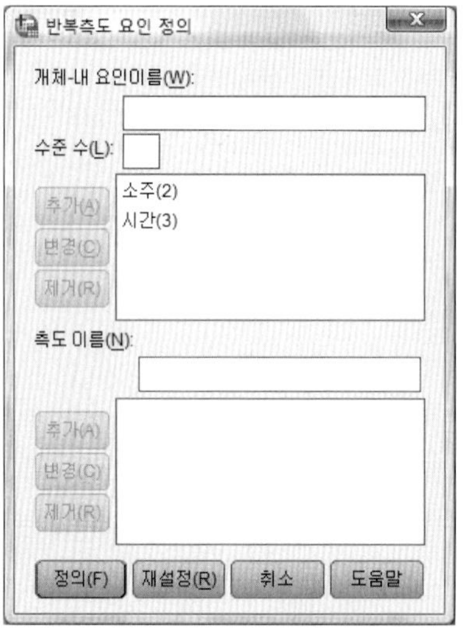

이로써 요인의 정의가 끝났다.

'소주', '시간' 모두 대응이 있으므로, 대응이 있는 요인과 대응이 있는 요인의 이원배치 분산분석이 되는 것이다.

그래서 우리가 알고 싶은 것은 수준의 변화 패턴에 대해서이다. 시간의 세 개 수준에 대한 소주의 두 개 수준의 변화 패턴을 보고 싶은 것이다.

④ 다음 화면이 나타난다.

⑤ 'A음주전', 'A한시간후', 'A두시간후'를 차례로 [개체-내 변수]로 이동하고, 이어서 'B음주전', 'B한시간후', 'B두시간후'를 차례로 [개체-내 변수]로 이동한다. 여섯 개의 변수를 이동하면 화면은 다음과 같이 된다.

여기에서 [도표]를 클릭한다.

〈순서 4〉 도표의 작성

① '시간'을 [수평축 변수]로, '소주'를 [선구분 변수]로 이동한다.

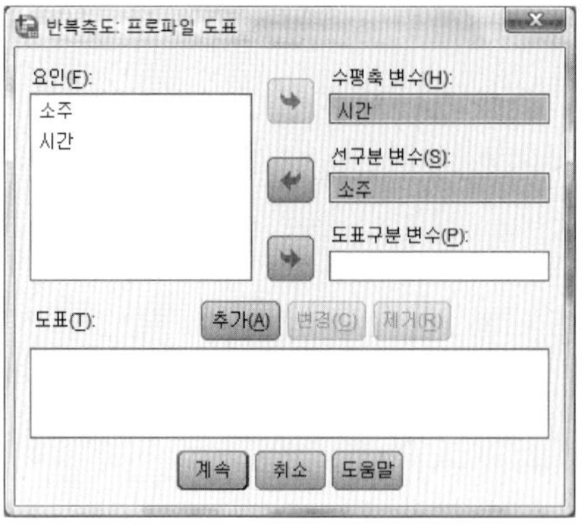

② [추가]를 클릭하면 다음과 같이 된다. [계속]을 클릭한다.

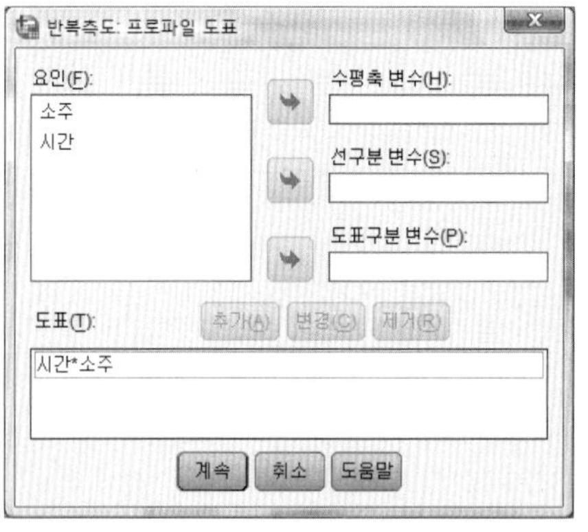

〈순서 5〉 이어서 앞의 화면으로 복귀하면 [확인]을 클릭한다.

■ 분석결과(1)

개체-내 요인

측도: MEASURE_1

소주	시간	종속변수
1	1	A음주전
	2	A한시간후
	3	A두시간후
2	1	B음주전
	2	B한시간후
	3	B두시간후

Mauchly의 구형성 검정[a]

측도: MEASURE_1

					엡실런[b]		
개체-내 효과	Mauchly의 W	근사 카이제곱	자유도	유의확률	Greenhouse-Geisser	Huynh-Feldt	하한
소주	1.000	.000	0	.	1.000	1.000	1.000
시간	.438	2.474	2	.290	.640	.810	.500
소주 * 시간	.231	4.397	2	.111	.565	.636	.500

정규화된 변형 종속변수의 오차 공분산행렬이 항등 행렬에 비례하는 영가설을 검정합니다.

a. Design: 절편
개체-내 계획: 소주 + 시간 + 소주 * 시간

b. 유의성 평균검정의 자유도를 조절할 때 사용할 수 있습니다. 수정된 검정은 개체내 효과검정 표에 나타납니다.

Mauchly의 구형성검정은 '구형성검정'에 대한 검정이다.

Σ를 '정규직교변환에 의해서 만들어진 분산공분산행렬'이라 하면, 다음의 가설

$$\text{귀무가설 } H_0 \ : \ \Sigma = \sigma^2 \cdot \mathrm{I}$$

를 검정하고 있다.

이 가설이 기각되지 않을 때는,

"구형성의 가정이 성립되고 있다"

라고 가정한다.

이 가설이 기각되었을 때는,

"구형성의 가정이 성립되고 있지 않다"

라고 가정하기 때문에, [개체-내 효과검정]을 할 때에,

"Greenhouse-Geisser나 Huynh-Feldt에 의한 수정"

을 이용한다.

출력결과를 보면,

시간의 유의확률 0.290 > 유의수준 0.05

소주×시간의 유의확률 0.111 > 유의수준 0.05

이므로, 귀무가설 H_0는 기각되지 않는다.

따라서 "구형성의 가정이 성립한다"라고 가정해도 좋을 것 같다.

■ 분석결과(2)

개체-내 효과 검정

측도: MEASURE_1

소스		제 III 유형 제곱합	자유도	평균제곱	F	유의확률
소주	구형성 가정	1555.200	1	1555.200	54.664	.002
	Greenhouse-Geisser	1555.200	1.000	1555.200	54.664	.002
	Huynh-Feldt	1555.200	1.000	1555.200	54.664	.002
	하한	1555.200	1.000	1555.200	54.664	.002
오차(소주)	구형성 가정	113.800	4	28.450		
	Greenhouse-Geisser	113.800	4.000	28.450		
	Huynh-Feldt	113.800	4.000	28.450		
	하한	113.800	4.000	28.450		
시간	구형성 가정	46264.867	2	23132.433	176.393	.000
	Greenhouse-Geisser	46264.867	1.281	36125.600	176.393	.000
	Huynh-Feldt	46264.867	1.619	28571.426	176.393	.000
	하한	46264.867	1.000	46264.867	176.393	.000
오차(시간)	구형성 가정	1049.133	8	131.142		
	Greenhouse-Geisser	1049.133	5.123	204.802		
	Huynh-Feldt	1049.133	6.477	161.976		
	하한	1049.133	4.000	262.283		
소주 * 시간	구형성 가정	925.400	2	462.700	16.052	.002
	Greenhouse-Geisser	925.400	1.131	818.559	16.052	.012
	Huynh-Feldt	925.400	1.273	726.989	16.052	.008
	하한	925.400	1.000	925.400	16.052	.016
오차(소주*시간)	구형성 가정	230.600	8	28.825		
	Greenhouse-Geisser	230.600	4.522	50.994		
	Huynh-Feldt	230.600	5.092	45.290		
	하한	230.600	4.000	57.650		

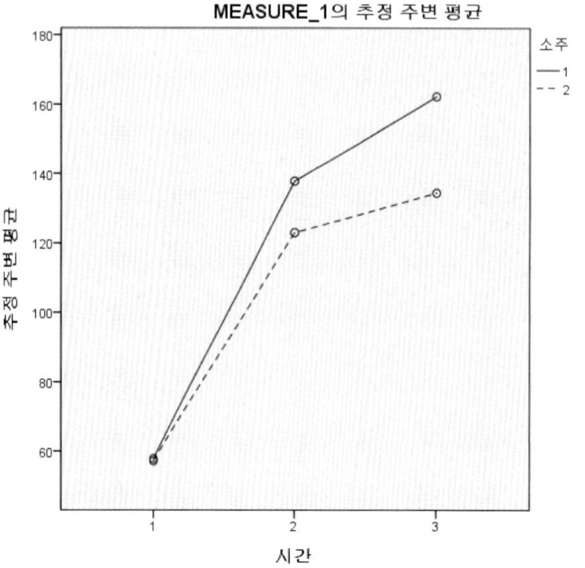

앞에서 구형성의 가정이 성립할 때는 [개체-내 효과검정]에서 소주×시간의 구형성 가정을 본다. 유의확률이 0.002이므로,

귀무가설 H_0 : "소주와 시간 사이에 교호작용은 없다"

를 기각할 수 있다.

다시 말하면, 소주와 시간 사이에 교호작용이 존재하게 된다.

이 사실은,

"소주에 따라서 심박수의 변화 패턴이 다르다"

는 것을 보이고 있다.

구형성의 가정이 성립되지 않을 때는, Greenhouse-Geisser나 Huynh-Feldt에 의한 수정 부분의 결과를 보고, 심박수의 변화 패턴에 차가 있는지 어떤지를 조사한다.

참고로 시간에 대한 Greenhouse-Geisser의 자유도는 1.281=2×0.640이고, Huynh-Feldt의 자유도는 1.619=2×0.810이다.

프로파일 도표를 보면 소주와 시간 사이에 교호작용이 존재하는 것을 확인할 수 있다.

10.2 | 다중비교

<표 10.1>의 데이터는 개체 내 요인으로부터 성립하고 있으므로, 개체 내 요인을 위한 다중비교를 실시하지 않는 것이 일반적이다.

그렇지만 아무래도 다중비교를 하고 싶을 때에는 다음과 같은 두 가지 방법을 생각할 수 있다.

[방법 1] 각 소주마다 시간에 대한 다중비교를 실시한다.
예를 들면, 소주A에 대해서 Bonferroni의 다중비교를 한다. 또는 음주전을 대조 카테고리로 해서 Dunnett의 다중비교를 실시한다.

표 10.2 소주A를 섭취한 후의 심박수

피험자	소주A에 대한 심박수의 변화		
	음주 전	1시간 후	2시간 후
가	43	121	154
나	60	120	149
다	66	156	168
라	61	152	176
마	59	140	164

■ 분석결과(1)

Bonferroni의 방법에 의한 다중비교 결과는 다음과 같다.

모든 조합에 대해서 분석결과가 출력된다.

다중비교

종속변수: 심박수
Bonferroni

(I) 시간	(J) 시간	평균차이(I-J)	표준오차	유의확률	95% 신뢰구간	
					하한	상한
음주전	한시간후	-80.00*	4.609	.000	-93.90	-66.10
	두시간후	-104.40*	4.609	.000	-118.30	-90.50
한시간후	음주전	80.00*	4.609	.000	66.10	93.90
	두시간후	-24.40*	4.609	.002	-38.30	-10.50
두시간후	음주전	104.40*	4.609	.000	90.50	118.30
	한시간후	24.40*	4.609	.002	10.50	38.30

관측평균을 기준으로 합니다.
오차항은 평균제곱(오차) = 53.100입니다.

*. 평균차이는 0.05 수준에서 유의합니다.

■ 분석결과(2)

Dunnett의 방법에 의한 다중비교 결과는 다음과 같다.

음주전이 대조 카테고리이다.

다중비교

종속변수: 심박수
Dunnett t (양측)[a]

(I) 시간	(J) 시간	평균차이(I-J)	표준오차	유의확률	95% 신뢰구간	
					하한	상한
한시간후	음주전	80.00*	4.609	.000	67.68	92.32
두시간후	음주전	104.40*	4.609	.000	92.08	116.72

관측평균을 기준으로 합니다.
오차항은 평균제곱(오차) = 53.100입니다.

*. 평균차이는 0.05 수준에서 유의합니다.

a. Dunnett t-검정은 한 집단을 대조군으로 간주하고 다른 모든 집단을 이 집단과 비교합니다.

[방법 2] 각 시간마다 네 종류의 소주 A, B, C, D에 대한 다중비교를 실시한다. 예를 들면, 네 종류의 소주 A, B, C, D의 '한 시간 후'에 주목해 보자.

<표 10.1>에는 소주C, 소주D의 '한 시간 후' 데이터는 들어 있지 않은데, 소주A와 소주B의 2수준만의 '한 시간 후' 데이터로는 다중비교가 되지 않으므로, 소주C와 소주D의 '한 시간 후' 데이터를 추가했다.

표 10.3 소주 A, B, C, D의 '한 시간 후' 데이터

피험자	소주A	소주B	소주C	소주D
가	121	101	124	111
나	120	110	124	120
다	156	135	137	135
라	152	141	151	153
마	140	128	138	139

〈순서 1〉 데이터의 입력

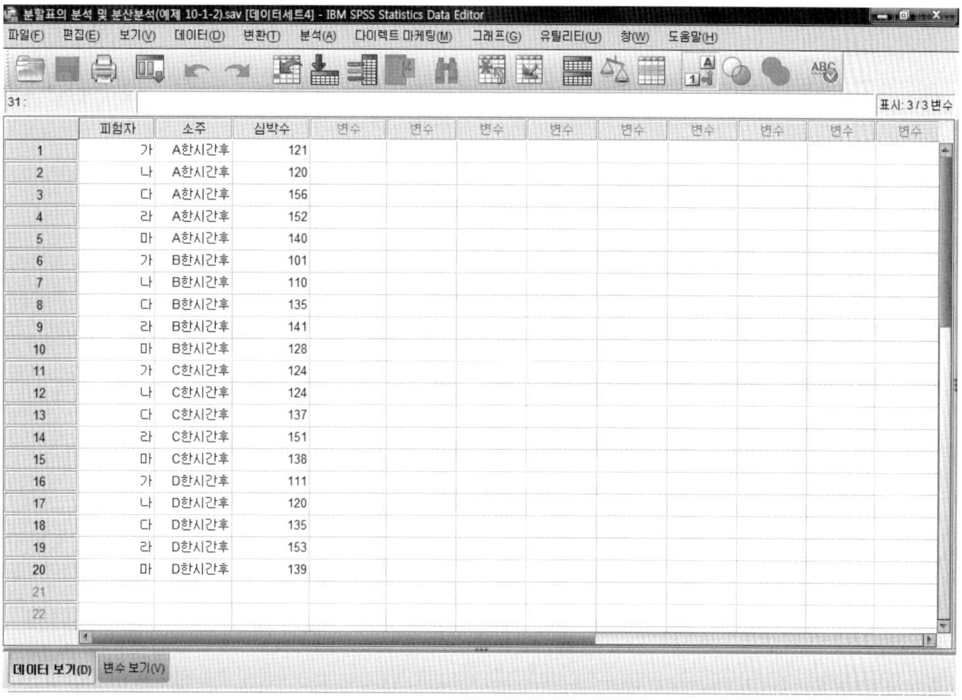

〈순서 2〉 다중비교의 실시

'소주'를 [사후검정변수]로 이동하고, [Bonferroni]와 [Tukey 방법]을 선택한다.

■ 분석결과(3)

다음이 'A한시간후', 'B한시간후', 'C한시간후', 'D한시간후'의 다중비교이다.

다중비교

종속변수: 심박수

	(I) 소주	(J) 소주	평균차이(I-J)	표준오차	유의확률	95% 신뢰구간	
						하한	상한
Tukey HSD	A한시간후	B한시간후	14.80*	3.264	.003	5.11	24.49
		C한시간후	3.00	3.264	.795	-6.69	12.69
		D한시간후	6.20	3.264	.279	-3.49	15.89
	B한시간후	A한시간후	-14.80*	3.264	.003	-24.49	-5.11
		C한시간후	-11.80*	3.264	.016	-21.49	-2.11
		D한시간후	-8.60	3.264	.088	-18.29	1.09
	C한시간후	A한시간후	-3.00	3.264	.795	-12.69	6.69
		B한시간후	11.80*	3.264	.016	2.11	21.49
		D한시간후	3.20	3.264	.763	-6.49	12.89
	D한시간후	A한시간후	-6.20	3.264	.279	-15.89	3.49
		B한시간후	8.60	3.264	.088	-1.09	18.29
		C한시간후	-3.20	3.264	.763	-12.89	6.49
Bonferroni	A한시간후	B한시간후	14.80*	3.264	.004	4.51	25.09
		C한시간후	3.00	3.264	1.000	-7.29	13.29
		D한시간후	6.20	3.264	.491	-4.09	16.49
	B한시간후	A한시간후	-14.80*	3.264	.004	-25.09	-4.51
		C한시간후	-11.80*	3.264	.021	-22.09	-1.51
		D한시간후	-8.60	3.264	.131	-18.89	1.69
	C한시간후	A한시간후	-3.00	3.264	1.000	-13.29	7.29
		B한시간후	11.80*	3.264	.021	1.51	22.09
		D한시간후	3.20	3.264	1.000	-7.09	13.49
	D한시간후	A한시간후	-6.20	3.264	.491	-16.49	4.09
		B한시간후	8.60	3.264	.131	-1.69	18.89
		C한시간후	-3.20	3.264	1.000	-13.49	7.09

관측평균을 기준으로 합니다.
오차항은 평균제곱(오차) = 26.633입니다.

*. 평균차이는 0.05 수준에서 유의합니다.

CHAPTER

11

3원배치 분산분석과 다중비교

CHAPTER 11 **3원배치 분산분석과 다중비교**

11.1 | 3원배치 분산분석

[예제 11-1]

다음의 <표 11.1>를 사용해서 3원배치 분산분석과 다중비교를 실시해 보자.

<표 11.1>의 데이터는 유산균 발효율에 대해서 조사한 것이다. 발효온도, 효모량(酵母量), 효모의 종류 등 세 개의 요인에 대해서 유산균 발효율을 측정하고 있다.

표 11.1 효모의 종류 A와 B의 유산균 발효율

발효온도 \ 효모량 \ 종류	A		B	
	3g	5g	3g	5g
21℃	22.2	22.4	12.5	14.7
	20.5	25.1	16.4	16.1
	14.6	21.3	15.8	18.3
23℃	20.8	22.2	23.3	21.0
	19.5	22.8	18.2	19.6
	26.3	25.5	20.0	19.3
25℃	26.4	26.5	29.3	24.0
	32.6	27.7	26.3	23.8
	31.3	28.3	22.4	22.5

이 데이터는 세 개의 요인

- 종류 …… A, B (두 개의 수준)
- 효모량 …… 3g, 5g (두 개의 수준)
- 발효온도 …… 21℃, 23℃, 25℃ (세 개의 수준)

에 대해서 유산균 발효율을 측정한 결과이다.

■ SPSS에 의한 해법

〈순서 1〉 데이터의 입력

이 데이터는 '대응이 없는 요인'이므로, 다음과 같이 세로 방향으로 입력한다.

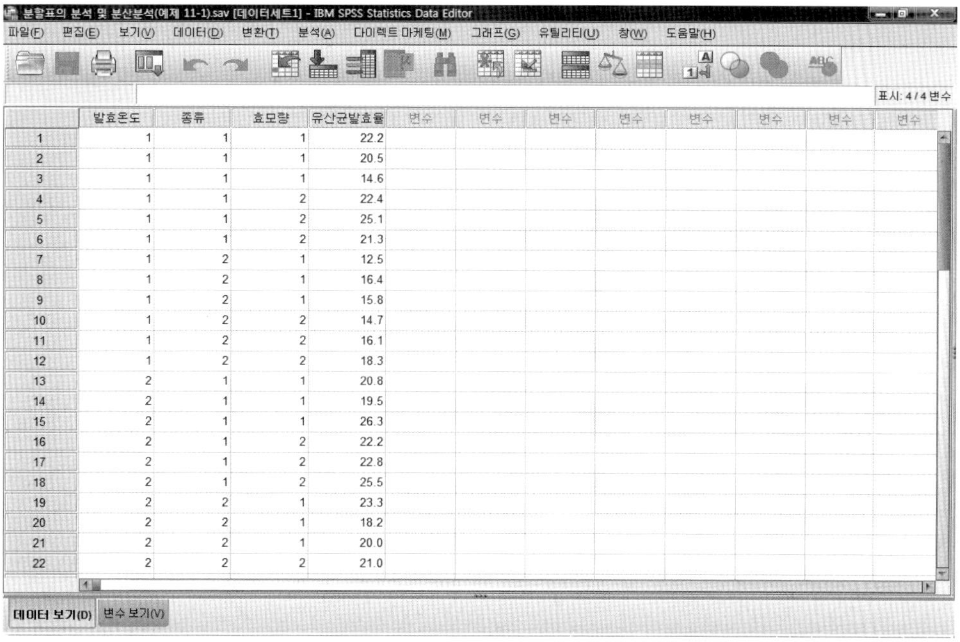

	발효온도	종류	효모량	유산균발효율
1	1	1	1	22.2
2	1	1	1	20.5
3	1	1	1	14.6
4	1	1	2	22.4
5	1	1	2	25.1
6	1	1	2	21.3
7	1	2	1	12.5
8	1	2	1	16.4
9	1	2	1	15.8
10	1	2	2	14.7
11	1	2	2	16.1
12	1	2	2	18.3
13	2	1	1	20.8
14	2	1	1	19.5
15	2	1	1	26.3
16	2	1	2	22.2
17	2	1	2	22.8
18	2	1	2	25.5
19	2	2	1	23.3
20	2	2	1	18.2
21	2	2	1	20.0
22	2	2	2	21.0

(변수값 설명)

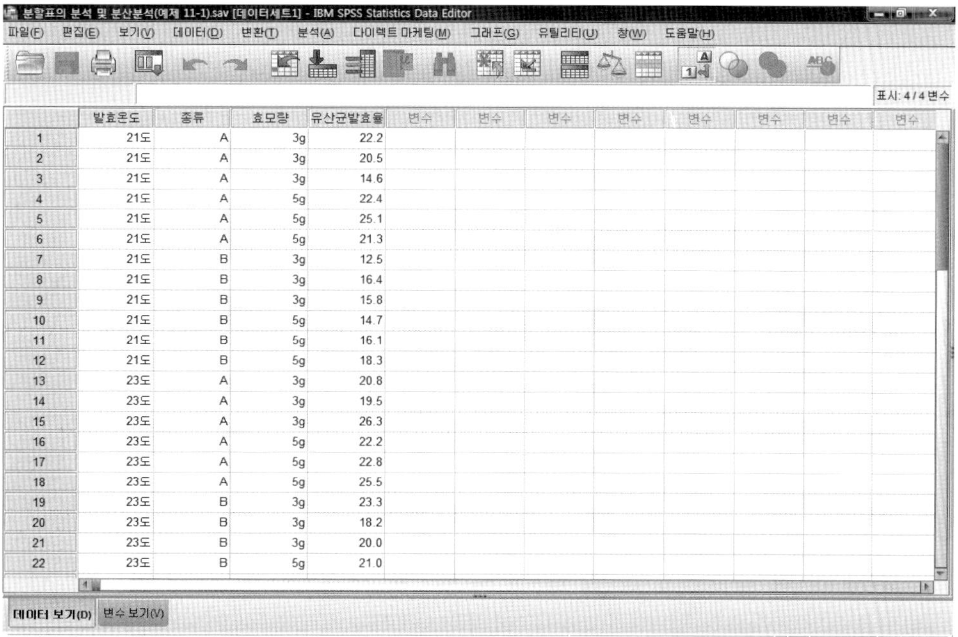

	발효온도	종류	효모량	유산균발효율
1	21도	A	3g	22.2
2	21도	A	3g	20.5
3	21도	A	3g	14.6
4	21도	A	5g	22.4
5	21도	A	5g	25.1
6	21도	A	5g	21.3
7	21도	B	3g	12.5
8	21도	B	3g	16.4
9	21도	B	3g	15.8
10	21도	B	5g	14.7
11	21도	B	5g	16.1
12	21도	B	5g	18.3
13	23도	A	3g	20.8
14	23도	A	3g	19.5
15	23도	A	3g	26.3
16	23도	A	5g	22.2
17	23도	A	5g	22.8
18	23도	A	5g	25.5
19	23도	B	3g	23.3
20	23도	B	3g	18.2
21	23도	B	3g	20.0
22	23도	B	5g	21.0

〈순서 2〉 분석수법의 선택

메뉴에서 [분석]-[일반선형모형]-[일변량]을 선택한다.

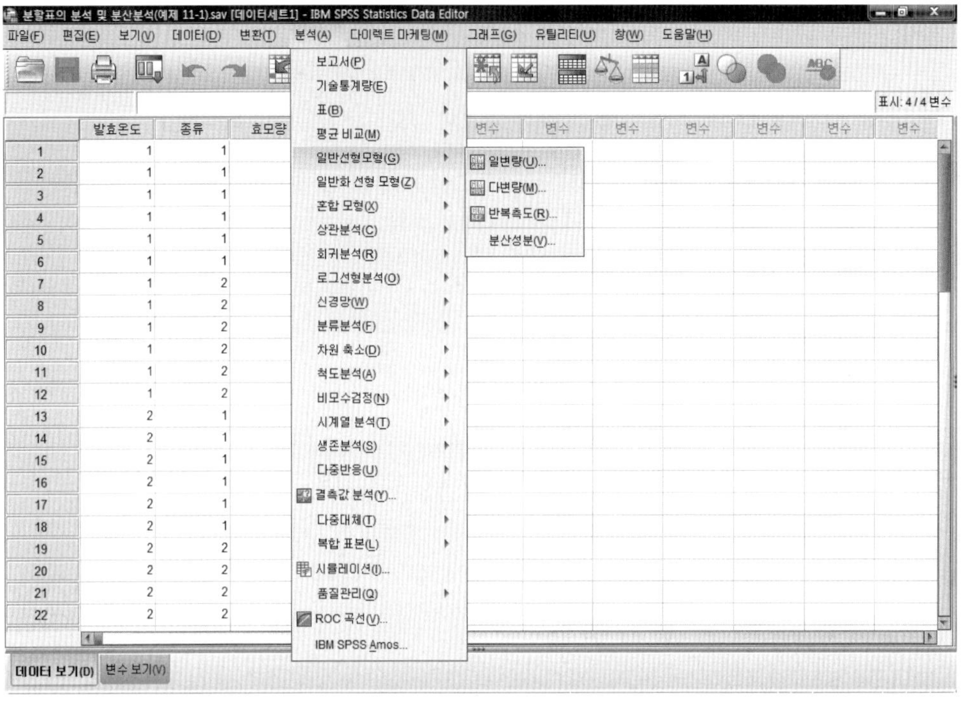

〈순서 3〉 변수의 선택

다음 화면에서 '유산균발효율'을 [종속변수]로, '발효온도', '종류', '효모량'을 [고정요인]으로 이동한다.

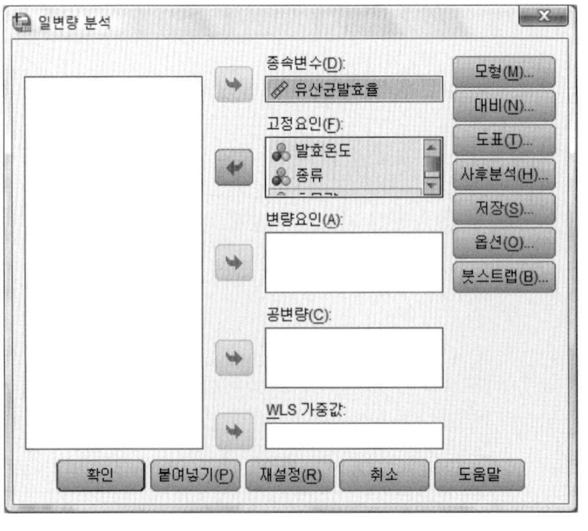

〈순서 4〉 모형의 선택

① [모형]을 클릭하면 다음 화면이 나타난다.

② [사용자 정의]를 클릭한다. 먼저 '발효온도', '종류', '효모량'을 각각 [모형]으로 이동한다. 다음에 Ctrl 키를 누르면서 '발효온도'와 '종류'를 선택해서 [모형]으로 이동한다. 다시 Ctrl 키를 누르면서 '발효온도'와 '효모량'을 선택해서 [모형]으로 이동한다.

[계속]을 클릭한다.

〈순서 5〉 3원배치 분산분석의 실행

다음 화면에서 [확인]을 클릭한다.

■ 분석결과

개체-간 요인

		값 레이블	N
발효온도	1	21도	12
	2	23도	12
	3	25도	12
종류	1	A	18
	2	B	18
효모량	1	3g	18
	2	5g	18

개체-간 효과 검정

종속변수: 유산균발효율

소스	제 III 유형 제곱합	자유도	평균제곱	F	유의확률
수정된 모형	633.758[a]	8	79.220	13.607	.000
절편	17755.563	1	17755.563	3049.830	.000
발효온도	434.727	2	217.363	37.336	.000
종류	146.007	1	146.007	25.079	.000
효모량	.202	1	.202	.035	.853
발효온도 * 종류	11.496	2	5.748	.987	.386
발효온도 * 효모량	41.327	2	20.663	3.549	.043
오차	157.189	27	5.822		
전체	18546.510	36			
수정된 합계	790.947	35			

a. R 제곱 = .801 (수정된 R 제곱 = .742)

[개체-간 효과검정]에서 발효온도의 요인에 대한 차의 검정을 보자.

귀무가설 H_0 : "21℃, 23℃, 25℃ 사이에 차는 없다"

를 검정하고 있다. 유의확률 0.000 ≤ 유의수준 0.05이므로, 귀무가설 H_0는 기각된다. 따라서 "21℃, 23℃, 25℃ 사이에 차가 있다"는 것을 알 수 있다.

종류의 요인에 대한 차의 검정은

귀무가설 H_0 : "A, B 사이에 차는 없다"

를 검정하고 있다. 유의확률 0.000 ≤ 유의수준 0.05이므로, 귀무가설 H_0는 기각된다. 따라서 "A, B 사이에 차가 있다"는 것을 알 수 있다.

효모량의 요인에 대한 차의 검정은

귀무가설 H_0 : "3g, 5g 사이에 차는 없다"

를 검정하고 있다. 유의확률 0.853 > 유의수준 0.05이므로, 귀무가설 H_0는 기각되지 않는다. 따라서 3g, 5g 사이에 차가 있다고는 할 수 없다.

두 개의 요인 발효온도와 종류에 대한 검정은

귀무가설 H_0 : "발효온도와 종류 사이에 교호작용은 없다"

를 검정하고 있다. 유의확률 0.386 > 유의수준 0.05이므로, 귀무가설 H_0는 기각되지 않는다. 따라서 발효온도와 종류 사이에 교호작용이 존재한다고는 할 수 없다.

두 개의 요인 발효온도와 효모량에 대한 검정은

귀무가설 H_0 : "발효온도와 효모량 사이에 교호작용은 없다"

를 검정하고 있다. 유의확률 0.043 ≤ 유의수준 0.05이므로, 귀무가설 H_0는 기각된다. 따라서 발효온도와 효모량 사이에 교호작용이 존재한다고 할 수 있다.

교호작용이 존재할 때에는 발효온도에 관한 차의 검정이나 효모량에 관한 차의 검정은 별로 의미가 없다.

11.2 | 다중비교

<표 11.1>의 데이터에 대해서 다중비교를 실시해 보자. 다중비교는 예제 11-1의 분산분석에서 <순서 3>부터 시작한다.

■ SPSS에 의한 해법

〈순서 1〉 변수의 선택

'유산균발효율'을 [종속변수]로, '발효온도', '종류', '효모량'을 [고정요인]으로 지정한다.

〈순서 2〉 사후분석의 선택

① [사후분석]을 클릭하면 다음 화면이 나타난다.

② 다중비교를 실시하고 싶은 요인을 지정하여 [사후검정변수]로 이동한다. '발효온도'와 '종류'의 두 요인에 대해서 다중비교를 실시해 보자. 그리고 다중비교 방법은 [Tukey 방법]을 선택한다. [계속]을 클릭한다.

(주) 다중비교를 할 때에는 그 요인이 다른 요인과 교호작용이 없다는 것을 조사해 둘 필요가 있다. 이 데이터에서는 발효온도와 효모량 사이에 교호작용이 있으므로, 발효온도나 효모량에 관한 다중비교는 별로 의미가 없다.

〈순서 3〉 다중비교의 실행

다음 화면에서 [확인]을 클릭한다.

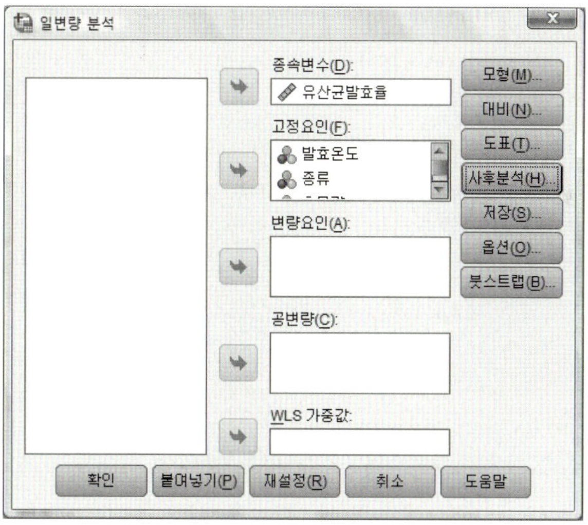

■ 분석결과

경고

집단이 둘 이하이므로 종류에 대한 사후검정을 수행할 수 없습니다.

다중비교를 하고 싶은 수준이 두 개인 경우에는, SPSS에서는 다중비교를 실행하지 못한다. 다중비교를 못하더라도 전술한 [개체-간 효과검정]에서 종류에 대한 유의차 검정으로 충분하다.

사후검정

발효온도

다중비교

종속변수: 유산균발효율
Tukey HSD

(I) 발효온도	(J) 발효온도	평균차이(I-J)	표준오차	유의확률	95% 신뢰구간 하한	95% 신뢰구간 상한
21도	23도	-3.217*	.9850	.008	-5.659	-.774
	25도	-8.433*	.9850	.000	-10.876	-5.991
23도	21도	3.217*	.9850	.008	.774	5.659
	25도	-5.217*	.9850	.000	-7.659	-2.774
25도	21도	8.433*	.9850	.000	5.991	10.876
	23도	5.217*	.9850	.000	2.774	7.659

관측평균을 기준으로 합니다.
오차항은 평균제곱(오차) = 5.822입니다.

*. 평균차이는 0.05 수준에서 유의합니다.

동질적 부분집합

유산균발효율

Tukey HSD[a,b]

발효온도	N	부분집합 1	부분집합 2	부분집합 3
21도	12	18.325		
23도	12		21.542	
25도	12			26.758
유의확률		1.000	1.000	1.000

동질적 부분집합에 있는 집단에 대한 평균이 표시됩니다.
관측평균을 기준으로 합니다.
오차항은 평균제곱(오차) = 5.822입니다.

a. 조화평균 표본크기 12.000을(를) 사용합니다.

b. 유의수준 = 0.05.

발효온도의 요인에 관한 Tukey 방법에 의한 다중비교 결과이다.

평균 차이에 *표가 있는 조합에 유의수준 5%에서 유의차가 있다. 이 경우에 출력결과를 보면, 모든 조합에 대해서 유의차가 있다는 것을 알 수 있다.

그런데 발효온도와 효모량 사이에 교호작용이 있으므로, 이와 같은 발효온도의 요인에 관한 다중비교는 별로 의미가 없다.

동질적 부분집합은 유의차가 없는 수준을 한데 모은 것이다.

동질적 부분집합1 …… {21도}

동질적 부분집합2 …… {23도}

동질적 부분집합3 …… {25도}

다시 말하면, 발효온도의 요인은 서로 유의차가 없는 수준은 없다고 하는 것이다.

힌트 : 다중비교

다중비교란 그룹 간의 차에 대한 검정의 일종이다. 일원배치 분산분석의 결과 "귀무가설 H_0 : 그룹 간에 차는 없다"가 기각된 후에 실시되고 있는 수법인데, 반드시 먼저 분산분석을 해 둘 필요는 없다.

그런데 분산분석의 결과 "귀무가설 H_0 : 세 종류의 마취약의 지속시간에 차는 없다"가 기각되면, 세 종류의 마취약의 지속시간에 차가 있다는 것을 알 수 있다. 그러나 이대로는 어느 마취약과 어느 마취약 사이에 차가 있는지까지는 알 수 없다.

그래서 구체적으로 어느 마취약과 어느 마취약 사이의 평균 지속시간에 차가 있는지를 조사해 주는 것이 다중비교이다. 주의하지 않으면 안 되는 것은 t검정의 반복이 아니라고 하는 사실이다.

힌트 : 다중비교의 종류

다중비교를 위해서 실로 여러 가지 수법이 개발되어 있다. 이들 수법은 등분산을 가정하는 경우와 등분산을 가정하지 않는 경우로 나누어진다.

여러 가지 분산분석을 실시한 후, 그것에 적합한 다중비교 방법을 찾지 못할 때에는 Bonferroni의 부등식을 이용해서 Bonferroni의 검정을 실시하는 게 좋다.

CHAPTER

12

공분산분석과 다중비교

CHAPTER 12 공분산분석과 다중비교

12.1 | 공분산분석의 평행성검정

■ 공분산분석이란

실제로 실험을 실시하는 과정에서 어떤 문제 삼은 요인 이외의 요인이 측정변수(결과)에 영향을 미치는 경우가 있다. 이 사실을 사전에 알고 있더라도 그 요인을 제어할 수 없는 경우가 있다. 예를 들면, 동물을 이용해서 약의 효과를 조사하는 실험을 생각했을 때, 동물의 체중이 약의 효과에 영향을 미치는 것을 예상할 수 있다고 한다. 체중이 비슷한 것을 모으더라도 완전히 갖춘다고 하는 것은 불가능하다. 이와 같은 경우에는 체중의 영향을 제외하고 실험에 문제 삼은 요인의 효과를 검증하는 수법이 필요한데, 이를 위한 수법이 **공분산분석**(共分散分析, analysis of covariance)이다.

실험의 장에서 계획할 수는 있더라도 제어할 수 없는 요인을 **보조요인** 또는 **공변량**이라고 한다. 공분산분석은 보조요인을 문제 삼은 실험의 데이터를 분석하기 위한 수법이다. 보조요인을 문제 삼음으로써 보조요인에 의거한 변동을 오차변동으로부터 분리하는 것이 가능하게 되어, 실험에서 문제 삼은 요인의 효과를 정밀하게 검토할 수 있게 된다. 이러한 사실로부터 보조요인을 고려하기 전에는 유의하지 않았던 요인이, 고려한 후에는 유의하게 된다고 하는 사실이 일어나는 경우가 있다. 역으로 보조요인을 고려하지 않으면 유의했던 요인이 고려하면 유의하게 되지 않는다고 하는 경우도 있다. 이것은 요인의 효과라고 생각되고 있던 것이, 실은 보조요인의 변화에 의한 것이었다고 하는 경우이다.

보조요인은 측정변수에 영향을 미치는 것이 아니면 문제 삼을 의미는 없다. 한편, 실험에서 문제 삼는 요인의 영향을 받지 않는 것이 아니면 안 된다. 그리고 보조요인은 실험에 앞서 계획해 놓을 필요가 있다.

공분산분석은 분산분석과 회귀분석을 합친 수법으로, 질적 변수(더미 변수)를 포함한 회귀분석과 동등한 수법이다. 실험 데이터의 분석뿐만 아니라, 앙케트 조사의 데이터 분석에도 빈번하게 적용되고 있다.

[예제 12-1]

외국으로부터 한국에 오는 유학생에 대해서, 정보처리기술에 관한 교육을 두 가지 방법(A1과 A2)으로 실시하여 교육효과를 비교하는 실험을 행했다. 교육효과는 정보처리능력을 나타내는 점수 Y로 판단하기로 했다. 이 점수 Y에는 한국어의 독해력이 영향을 미칠 가능성이 있다. 그래서 교육 전에 한국어 독해력을 나타내는 점수 X를 측정해 놓았다. 실험에는 20명의 유학생이 참가했으므로, 20명을 10명씩 무작위로 나누어 한쪽의 10명에게는 A1의 교육을 실시하고, 나머지 10명에게는 A2의 교육을 실시했다. 다음의 <표 12.1>의 데이터표가 실험의 결과이다. 교육방법에 의해서 점수 Y에 차가 있는지 어떤지 분석하라.

표 12.1 데이터표

	X	Y		X	Y
A1	35	53	A2	53	66
	49	58		48	63
	46	56		48	59
	38	52		53	65
	58	66		57	69
	42	55		70	74
	56	64		27	56
	71	69		48	66
	65	69		37	60
	60	65		42	61

■ 산점도와 회귀직선

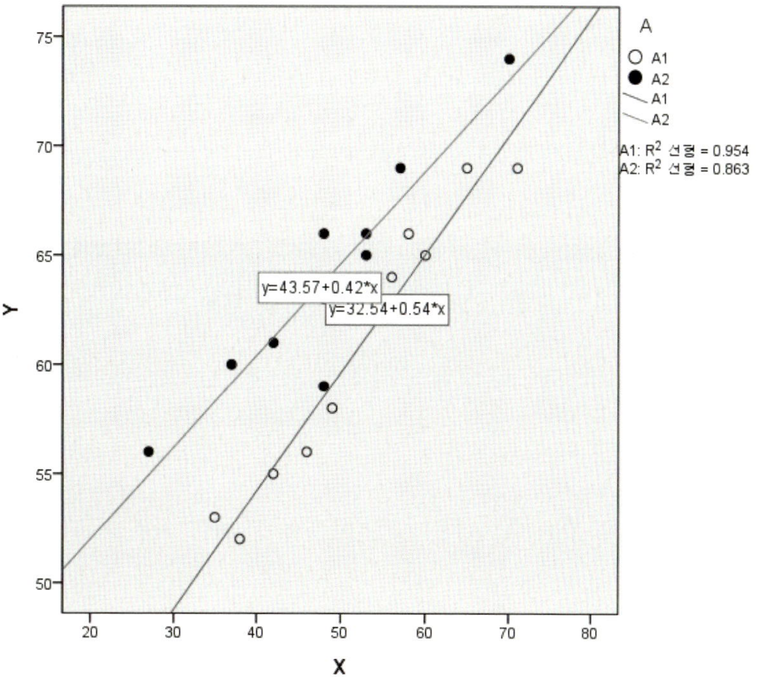

가로축에 한국어 독해력 X, 세로축에 정보처리능력 Y를 취해서 산점도를 작성하면 위와 같다.

한국어 독해력 X와 정보처리능력 Y 사이에 상관이 인정된다. 요인 A의 수준마다 회귀직선을 그어 회귀식을 구하면 다음과 같다.

A1일 때 Y=32.54+0.54X

A2일 때 Y=43.57+0.42X

회귀직선의 기울기는 A1일 때는 0.54, A2일 때는 0.42로 되어 있다.

■ SPSS에 의한 해법

〈순서 1〉 데이터의 입력

이 데이터는 '대응이 없는 요인'이므로, 다음과 같이 세로 방향으로 입력한다.

한국어 독해력 X와 정보처리능력 Y는 대응하고 있으므로, 가로로 늘어놓는다.

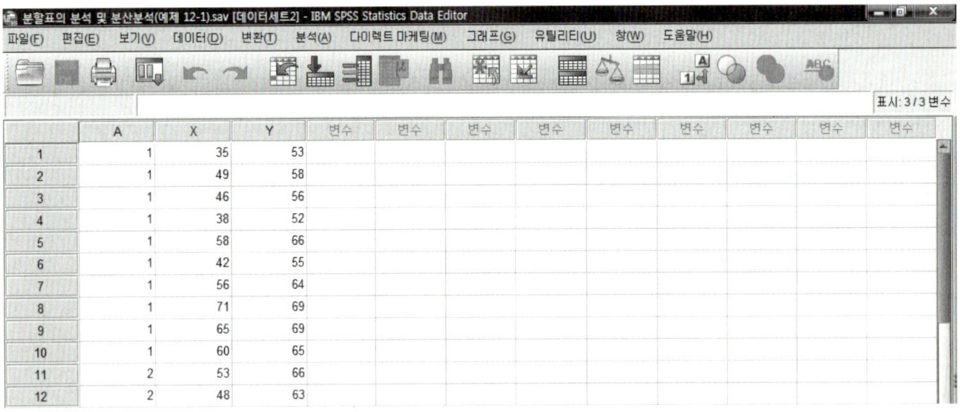

	A	X	Y
1	1	35	53
2	1	49	58
3	1	46	56
4	1	38	52
5	1	58	66
6	1	42	55
7	1	56	64
8	1	71	69
9	1	65	69
10	1	60	65
11	2	53	66
12	2	48	63

(변수값 설명)

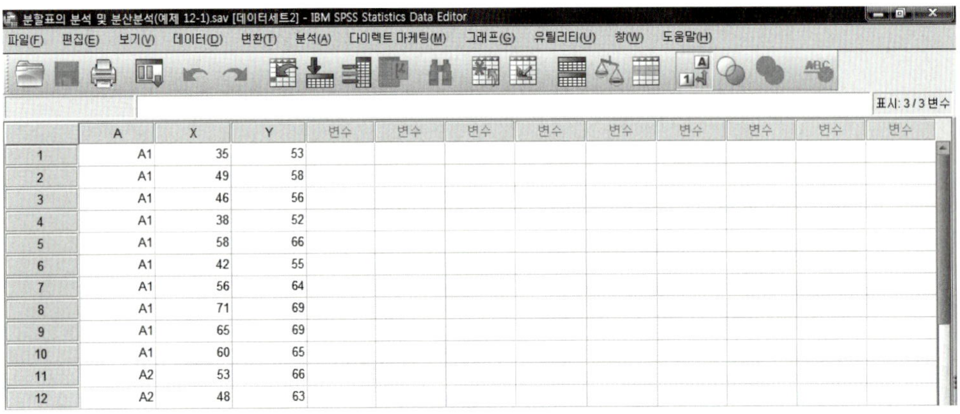

	A	X	Y
1	A1	35	53
2	A1	49	58
3	A1	46	56
4	A1	38	52
5	A1	58	66
6	A1	42	55
7	A1	56	64
8	A1	71	69
9	A1	65	69
10	A1	60	65
11	A2	53	66
12	A2	48	63

〈순서 2〉 분석수법의 선택

메뉴에서 [분석]-[일반선형모형]-[일변량]을 선택한다.

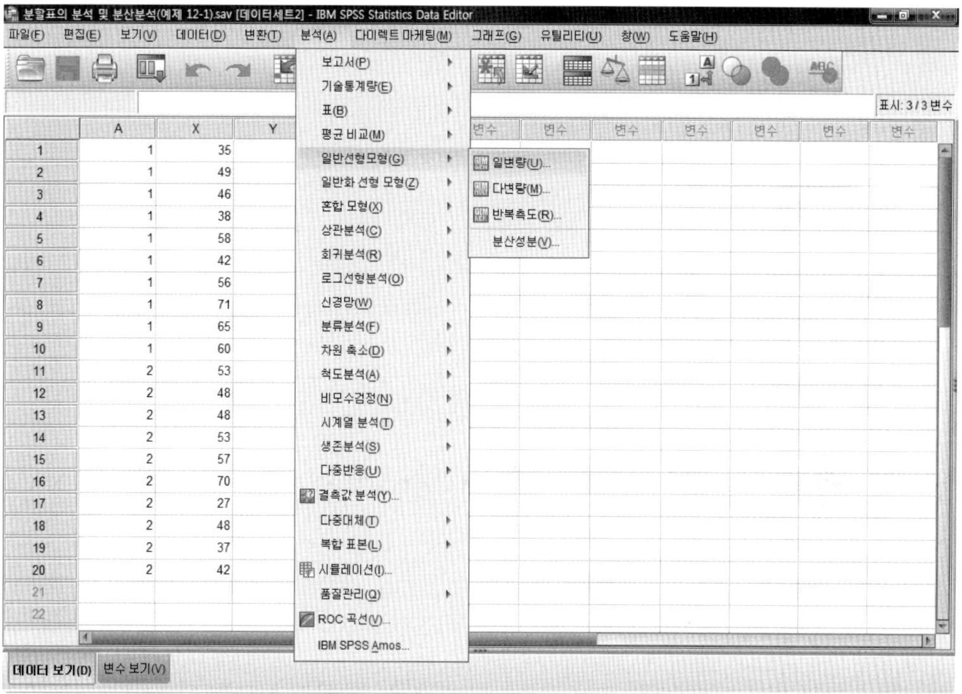

〈순서 3〉 변수의 선택

다음 화면에서 'Y'를 [종속변수]로, 'A'를 [고정요인]으로, 'X'를 [공변량]으로 이동한다.

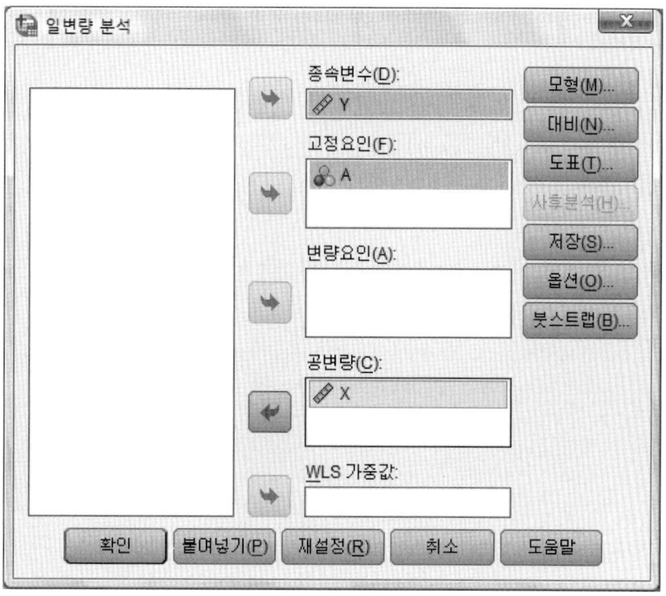

〈순서 4〉 모형의 선택

평행성의 검정을 하기 위해서 [모형]을 클릭한다.

[사용자 정의]를 클릭한다.

'A'와 'X'를 [모형]에 이동한다. 이어서 Ctrl 키를 누르면서 'A'와 'X'를 함께 [모형]으로 이동한다. [계속]을 클릭한다.

〈순서 5〉 옵션의 선택

앞의 화면에 [옵션]을 클릭하면 다음 화면이 나타난다.

[모수 추정값]을 선택하고 [계속]을 클릭한다.

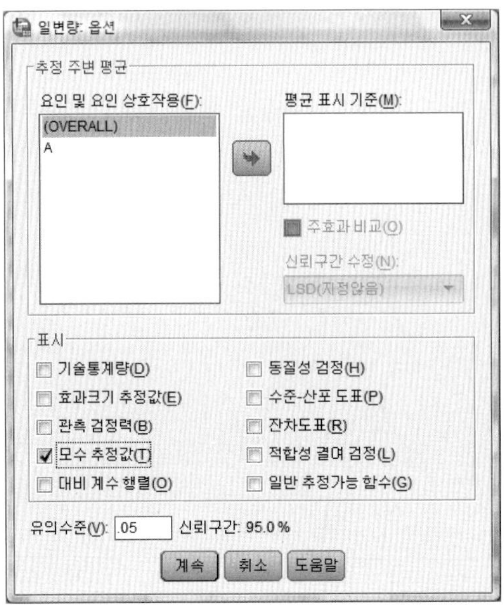

〈순서 6〉 공분산분석의 실행

다음 화면에서 [확인]을 클릭한다.

■ 분석결과(1)

개체-간 요인

		값 레이블	N
A	1	A1	10
	2	A2	10

개체-간 효과 검정

종속변수: Y

소스	제 III 유형 제곱합	자유도	평균제곱	F	유의확률
수정된 모형	640.240[a]	3	213.413	65.716	.000
절편	1364.832	1	1364.832	420.273	.000
A	28.644	1	28.644	8.820	.009
X	575.917	1	575.917	177.342	.000
A*X	9.031	1	9.031	2.781	.115
오차	51.960	16	3.247		
전체	78318.000	20			
수정된 합계	692.200	19			

a. R 제곱 = .925 (수정된 R 제곱 = .911)

공분산분석에서의 제1단계는 A×X에 관한 검정이다. 여기에서는 다음의 가설

귀무가설 H_0 : "교육방법(=고정요인) A와 한국어 독해력 점수(=공변량) X 사이에 교호작용은 없다"

를 검정하고 있다. 이 사실은

요인과 공변량 사이에 교호작용이 없다 ⟺ 요인의 각 수준에 대한 기울기는 서로 같다

를 의미하고 있다. 이것이 평행성이다.

출력결과를 보면

$$\text{유의확률 } 0.115 > \text{유의수준 } 0.05$$

이므로, 귀무가설 H_0는 기각되지 않는다.

따라서 "교육방법(=고정요인) A와 한국어 독해력 점수(=공변량) X 사이에 교호작용은 없다"는 것을 알 수 있다. 다시 말하면, 평행성을 가정해도 좋다는 것을 알 수 있다.

12.2 | 공분산분석과 다중비교

■ SPSS에 의한 해법

〈순서 1〉 모형의 선택

① 다음 화면부터 시작된다. 먼저 [모형]을 클릭한다.

② 화면을 보면 모형의 지정이 다음과 같이 [사용자 정의]로 되어 있으므로, [완전요인 모형]을 클릭한다.

③ 그러면 화면의 문자가 다음과 같이 변한다. [계속]을 클릭한다.

〈순서 2〉 옵션의 선택

① [옵션]을 클릭하면 다음 화면이 나타난다.
여기에서 회귀의 유의성 검정을 하지 않으면 안 된다.

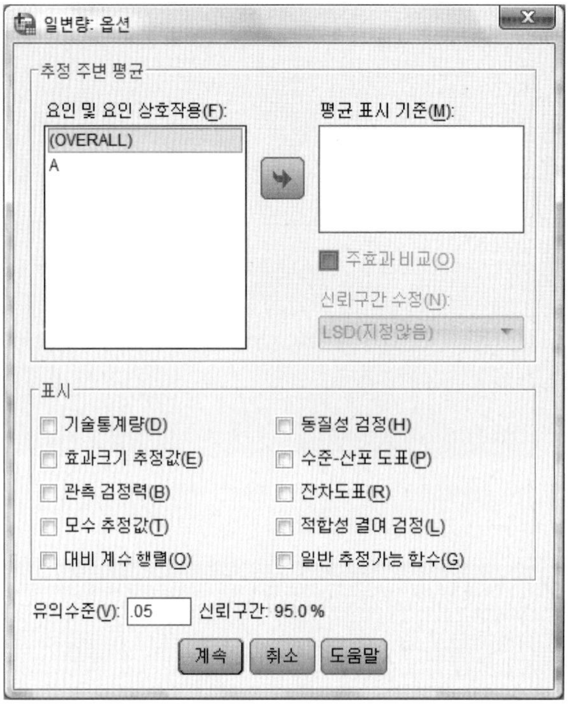

② 조정된 평균에 대한 다중비교를 하고 싶을 때는 'A'를 [평균 표시 기준]으로 이동한다. [주효과 비교]에 체크한다. [관측 검정력]과 [모수 추정값]을 선택한다.

③ [신뢰구간 수정]에서 [Bonferroni]를 선택하고 [계속]을 클릭한다.

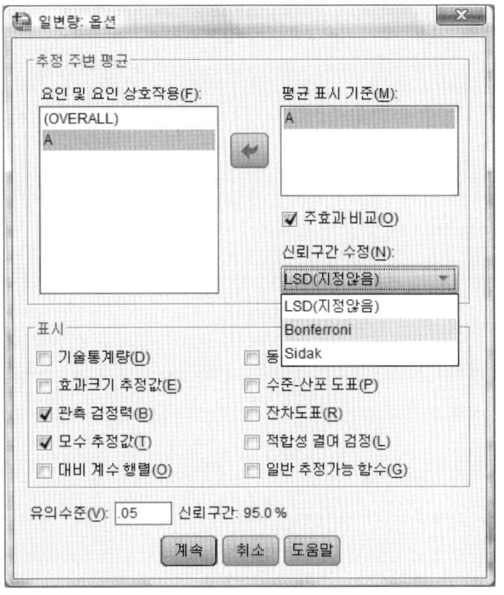

〈순서 3〉 다중비교의 실행

다음 화면에서 [확인]을 클릭한다.

■ 분석결과(1)

개체-간 요인

		값 레이블	N
A	1	A1	10
	2	A2	10

개체-간 효과 검정

종속변수: Y

소스	제 III 유형 제곱합	자유도	평균제곱	F	유의확률	비중심 모수	관측 검정력[b]
수정된 모형	631.210[a]	2	315.605	87.969	.000	175.938	1.000
절편	1367.427	1	1367.427	381.146	.000	381.146	1.000
X	580.010	1	580.010	161.667	.000	161.667	1.000
A	120.994	1	120.994	33.725	.000	33.725	1.000
오차	60.990	17	3.588				
전체	78318.000	20					
수정된 합계	692.200	19					

a. R 제곱 = .912 (수정된 R 제곱 = .902)

b. 유의수준 = .05을(를) 사용하여 계산

[개체-간 효과검정]에서 분산분석의 결과로부터 요인 A의 유의확률은 0.000이다. 즉, 교육방법 A1과 A2에는 정보처리능력 Y에 차가 있다고 하는 결론이 얻어진다. 또한 보조요인 X의 유의확률도 0.000으로 유의하며, X는 Y에 영향을 미치고 있다고 하는 것을 알 수 있다.

여기에서 보조요인 X를 고려하지 않고 분산분석을 실시해 보면 아래와 같은 결과가 얻어진다.

개체-간 효과 검정

종속변수: Y

소스	제 III 유형 제곱합	자유도	평균제곱	F	유의확률	비중심 모수	관측 검정력[b]
수정된 모형	51.200[a]	1	51.200	1.438	.246	1.438	.206
절편	77625.800	1	77625.800	2179.820	.000	2179.820	1.000
A	51.200	1	51.200	1.438	.246	1.438	.206
오차	641.000	18	35.611				
전체	78318.000	20					
수정된 합계	692.200	19					

a. R 제곱 = .074 (수정된 R 제곱 = .023)

b. 유의수준 = .05을(를) 사용하여 계산

요인 A의 유의확률은 0.246으로 되어 있다. 따라서 보조요인을 고려하지 않으면, A는 유의하게는 되지 않는다고 하는 것을 알 수 있다.

모수 추정값

종속변수: Y

모수	B	표준오차	t	유의확률	95% 신뢰구간 하한	95% 신뢰구간 상한	비중심 모수	관측 검정력[b]
절편	40.580	1.929	21.032	.000	36.509	44.651	21.032	1.000
X	.483	.038	12.715	.000	.403	.563	12.715	1.000
[A=1]	-4.986	.859	-5.807	.000	-6.798	-3.175	5.807	1.000
[A=2]	0[a]	.	.	.	.	.	.	.

a. 현재 모수는 중복되므로 0으로 설정됩니다.

b. 유의수준 = .05을(를) 사용하여 계산

공분산분석을 실시하면, Y와 요인 A 및 보조요인 X의 관계를 회귀식으로 표현할 수 있다. [모수 추정값]의 [B]의 열에서,

$$Y = 40.580 + \begin{pmatrix} -4.986 \\ 0 \end{pmatrix} + 0.483X \qquad \begin{pmatrix} A1 \\ A2 \end{pmatrix}$$

라고 하는 회귀식이 얻어지고 있다. 이것은

A1일 때 $Y = 35.594 + 0.483X$

A2일 때 $Y = 40.580 + 0.483X$

라고 하는 두 개의 회귀식이 얻어지고 있는 것과 같은 사실을 나타내고 있다.

분석결과(2)

추정값

종속변수: Y

A	평균	표준오차	95% 신뢰구간 하한	95% 신뢰구간 상한
A1	59.807[a]	.603	58.534	61.079
A2	64.793[a]	.603	63.521	66.066

a. 모형에 나타나는 공변량은 다음 값에 대해 계산됩니다.: X = 50.15.

대응별 비교

종속변수: Y

(I) A	(J) A	평균차이(I-J)	표준오차	유의확률[b]	차이에 대한 95% 신뢰구간[b] 하한	차이에 대한 95% 신뢰구간[b] 상한
A1	A2	-4.986*	.859	.000	-6.798	-3.175
A2	A1	4.986*	.859	.000	3.175	6.798

추정 주변 평균을 기준으로

*. 평균차이는 .05 수준에서 유의합니다.

b. 다중비교를 위한 수정: Bonferroni

[추정값]에서 조정된 평균이 출력되고 있다.

[대응별 비교]에서 Bonferroni의 방법에 의한 다중비교를 하고 있다.

각 수준에 대한 조정된 평균의 차를 구하여, 유의수준 5%에서 차가 있는 곳에 *표가 붙어 있다.

따라서 Bonferroni의 수정에 의한 다중비교에서 유의차가 있는 조합은 다음과 같다.

{A1 A2}

CHAPTER

13

다변량 분산분석

CHAPTER 13

다변량 분산분석

13.1 | 다변량 분산분석의 개요

■ 사고방식과 적용수법

다변량 분산분석(multivariate analysis of variance : MANOVA)은 단일변량 분산분석과 달리 종속변수의 수가 두 개 이상인 경우에 여러 모집단의 평균 벡터를 동시에 비교하는 분석 기법이다. 예를 들면, 어떤 동물의 암컷과 수컷에서 몸무게, 길이, 가슴너비를 각각 측정한 후에 두 모집단의 크기에 차이가 있는지를 검토한다거나 세 종류의 산업에 속한 여러 회사들의 경영실태를 분석하기 위하여 유동성비율, 부채비율, 자본수익률 등을 자료로 하여 비교할 때 다변량 분산분석을 이용할 수 있다. 또한 다변량 분산분석에서는 종속변수의 조합에 대한 효과의 동시검정을 중요시한다. 그 이유는 대부분의 경우에 종속변수들은 서로 독립적이 아니고, 또한 이 변수들은 동일한 개체에서 채택되어 상관관계가 있기 때문이다.

ANOVA와 MANOVA의 차이점은 실험개체를 대상으로 놓고 변수가 단수인가 혹은 복수인가에 달려 있다. MANOVA 설계의 특징은 종속변수가 벡터 변수라는 데에 있다. 이 종속변수는 각 모집단에 대하여 같은 공분산행렬을 가지며 다변량 정규분포를 이루고 있다고 가정한다. 공분산행렬이 같다는 것은 ANOVA에서 분산이 같다는 가정을 MANOVA로 연장시킨 것이다. MANOVA에 대한 연구의 초점은 모집단의 중심, 즉 평균 벡터 사이에 차이가 있는지의 여부에 대한 것이다. 즉, 모집단들의 종속변수(벡터)에 의해 구성된 공간에서 중심(평균)이 같은지의 여부를 조사하고자 한다.

다변량 분산분석은 요인의 수에 따라 단일변량의 경우와 마찬가지로 **일원배치 다변량 분산분석(one-way MANOVA), 이원배치 다변량 분산분석(two-way MANOVA)** 등으로 나누고 있다.

> 일원배치 분산분석이나 이원배치 분산분석에서는 1변량에 대한 데이터를 취급하고 있다. 이에 비해서 데이터가 벡터 (x, y, z)로 주어져 있을 때, 다변량 분산분석이라고 한다.

■ 분석절차

다변량 분산분석에서의 귀무가설은 여러 모집단의 평균 벡터가 같다는 것을 기술한다. 이것의 분석절차는 일반적으로 다음과 같다.

① 먼저 종속변수 사이에서 상관관계가 있는지의 여부를 조사한다. 만일에 상관관계가 없다면 변수들을 개별적으로 ANOVA검정을 실시한다. 반대로 상관관계가 있으면 MANOVA검정을 하게 된다.
② 변수들의 기본 가정인 다변량 정규분포성과 등공분산성 등을 조사한다.
③ 모든 요인수준의 평균 벡터들이 같은지를 검정한다.
④ 만일에 모든 평균 벡터들이 같다는 귀무가설이 채택되면 검정은 거기서 끝난다. 그러나 귀무가설이 기각되어 모든 평균 벡터들이 반드시 같지 않다면, 변수들을 개별적으로 조사하여 어떤 변수가 얼마나 다른가를 조사하며 그리고 그 차이가 의미하는 것은 무엇인가를 규명한다.

[예제 13-1]

K기업의 마케팅 담당자는 신제품의 전국적인 판매촉진활동을 계획하고 있다. 그는 가격과 판매점에 따른 신제품 판매량의 차이를 측정하고자 한다. 판매점마다 가격을 서로 다르게 하여 2주일 동안 판매량을 조사한 결과 다음과 같은 <표 13.1>의 데이터를 수집했다. 유의수준 5%로 검정하라.

표 13.1 데이터

구분		판매점			
		1	2	3	4
가격	1(상)	(30, 34) (34, 31)	(40, 40) (40, 45)	(27, 26) (26, 28)	(25, 27) (23, 25)
	2(중)	(36, 37) (34, 34)	(46, 44) (48, 47)	(27, 26) (26, 29)	(29, 27) (26, 26)
	3(하)	(39, 36) (39, 40)	(46, 48) (47, 53)	(32, 34) (32, 31)	(30, 31) (33, 31)

(주) 괄호 안의 첫 번째 숫자는 판매촉진 1주일 전의 판매량이고, 두 번째 숫자는 판매촉 진 1주일 후의 판매량을 가리킨다.

■ SPSS에 의한 해법

〈순서 1〉 데이터의 입력

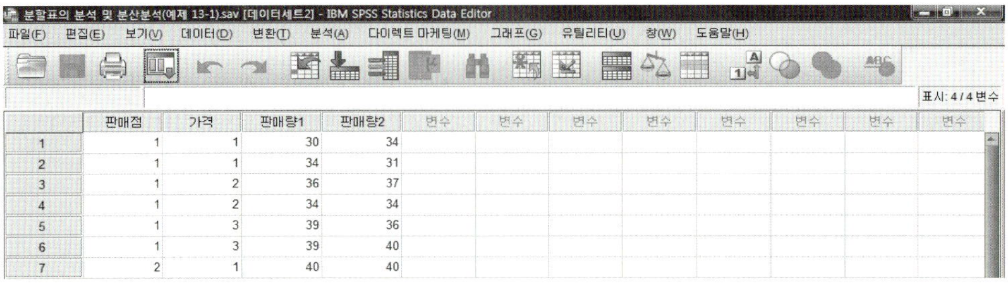

(주 1) '판매점'이라는 변수에는 1 = '판매점 1', 2 = '판매점 2', 3 = '판매점 3', 4 = '판매점 4'라고 하는 변수값 설명을 해 놓는다.

(주 2) '가격'이라는 변수에는 1 = '상', 2 = '중', 3 = '하'라고 하는 변수값 설명을 해 놓는다.

〈순서 2〉 일반선형모형－다변량의 선택

메뉴에서 [분석(A)]－[일반선형모형(G)]－[다변량(M)]을 선택한다.

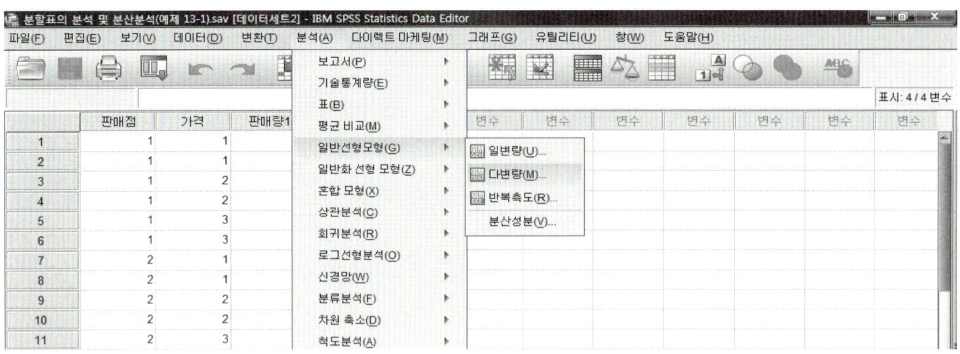

〈순서 3〉 변수의 선택

[다변량 분석] 대화상자가 나타나면, [종속변수(D)]로서 '판매량 1'과 '판매량 2'를 선택한다. [모수요인(F)]으로서 '판매점'과 '가격'을 선택한다.

[다변량 분석] 대화상자에서 [공변량(C)] 난은 통제변수를 선택하는 곳이다. [WLS 가중값(W)] 난은 가중된 최소제곱분석에 대한 가중값이 있는 숫자변수를 나열한다. 여기에서 가중값이 0, 음수, 결측값이 있을 때는 분석에서 사례가 제외된다.

〈순서 4〉 옵션(O)의 선택

[옵션(O)] 버튼을 클릭하면 [다변량 : 옵션] 대화상자가 나타난다.

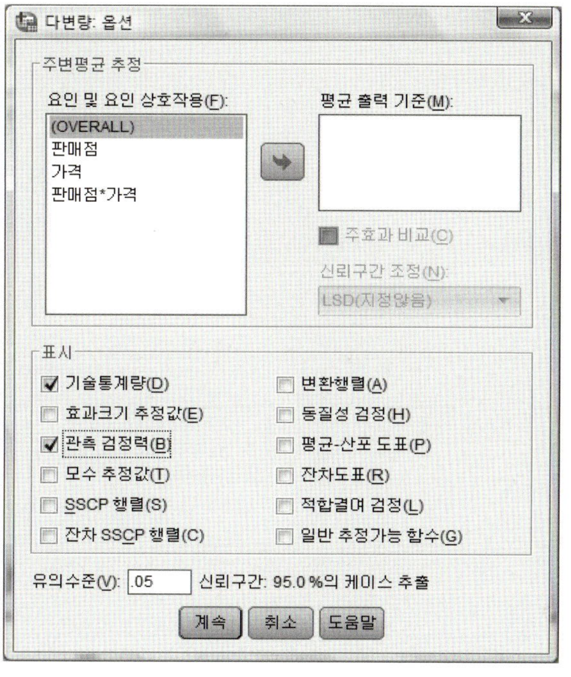

여기에서 원하는 출력으로서 [기술통계량(D)]과 [관측 검정력(B)]을 선택하고 [계속] 버튼을 클릭한다. 그 전의 화면으로 되돌아가면 [확인] 버튼을 클릭한다.
다음과 같은 분석결과를 얻게 된다.

■ 분석결과

분석결과로서는,

1. 개체-간 요인
2. 기술통계량
3. 다변량 검정
4. 개체-간 효과검정

등이 출력된다.

개체-간 요인

		변수값 설명	N
판매점	1	판매점1	6
	2	판매점2	6
	3	판매점3	6
	4	판매점4	6
가격	1	상	8
	2	중	8
	3	하	8

기술통계량

	판매점	가격	평균	표준 오차 편차	N
판매량1	판매점1	상	32.00	2.828	2
		중	35.00	1.414	2
		하	39.00	.000	2
		합계	35.33	3.445	6
	판매점2	상	40.00	.000	2
		중	47.00	1.414	2
		하	46.50	.707	2
		합계	44.50	3.564	6
	판매점3	상	26.50	.707	2
		중	26.50	.707	2
		하	32.00	.000	2
		합계	28.33	2.875	6
	판매점4	상	24.00	1.414	2
		중	27.50	2.121	2
		하	31.50	2.121	2
		합계	27.67	3.670	6
	합계	상	30.63	6.675	8
		중	34.00	8.832	8
		하	37.25	6.585	8
		합계	33.96	7.624	24
판매량2	판매점1	상	32.50	2.121	2
		중	35.50	2.121	2
		하	38.00	2.828	2
		합계	35.33	3.077	6
	판매점2	상	42.50	3.536	2
		중	45.50	2.121	2
		하	50.50	3.536	2
		합계	46.17	4.355	6
	판매점3	상	27.00	1.414	2
		중	27.50	2.121	2
		하	32.50	2.121	2
		합계	29.00	3.098	6
	판매점4	상	26.00	1.414	2
		중	26.50	.707	2
		하	31.00	.000	2
		합계	27.83	2.563	6
	합계	상	32.00	7.211	8
		중	33.75	8.276	8
		하	38.00	8.418	8
		합계	34.58	8.054	24

다변량 검정[a]

효과		값	F	가설 자유도	오차 자유도	유의확률	비중심 모수	관측 검정력[d]
절편	Pillai의 트레이스	.999	8174.133[b]	2.000	11.000	.000	16348.265	1.000
	Wilks의 람다	.001	8174.133[b]	2.000	11.000	.000	16348.265	1.000
	Hotelling의 트레이스	1486.206	8174.133[b]	2.000	11.000	.000	16348.265	1.000
	Roy의 최대근	1486.206	8174.133[b]	2.000	11.000	.000	16348.265	1.000
판매점	Pillai의 트레이스	1.040	4.336	6.000	24.000	.004	26.015	.942
	Wilks의 람다	.015	26.076[b]	6.000	22.000	.000	156.456	1.000
	Hotelling의 트레이스	61.149	101.914	6.000	20.000	.000	611.486	1.000
	Roy의 최대근	61.089	244.355[c]	3.000	12.000	.000	733.066	1.000
가격	Pillai의 트레이스	1.009	6.105	4.000	24.000	.002	24.420	.964
	Wilks의 람다	.090	12.842[b]	4.000	22.000	.000	51.370	1.000
	Hotelling의 트레이스	9.026	22.564	4.000	20.000	.000	90.256	1.000
	Roy의 최대근	8.902	53.415[c]	2.000	12.000	.000	106.829	1.000
판매점 * 가격	Pillai의 트레이스	.709	1.099	12.000	24.000	.404	13.193	.457
	Wilks의 람다	.373	1.167[b]	12.000	22.000	.363	14.001	.471
	Hotelling의 트레이스	1.456	1.213	12.000	20.000	.339	14.560	.473
	Roy의 최대근	1.283	2.566[c]	6.000	12.000	.078	15.396	.620

a. Design: 절편 + 판매점 + 가격 + 판매점 * 가격

b. 정확한 통계량

c. 해당 유의수준에서 하한값을 발생하는 통계량은 F에서 상한값입니다.

d. 유의수준 = .05을(를) 사용하여 계산

개체-간 효과 검정

소스	종속 변수	제 III 유형 제곱합	자유도	평균 제곱	F	유의확률	비중심 모수	관측 검정력[c]
수정 모형	판매량1	1312.458[a]	11	119.314	58.440	.000	642.837	1.000
	판매량2	1431.833[b]	11	130.167	26.033	.000	286.367	1.000
절편	판매량1	27676.042	1	27676.042	13555.612	.000	13555.612	1.000
	판매량2	28704.167	1	28704.167	5740.833	.000	5740.833	1.000
판매점	판매량1	1105.458	3	368.486	180.483	.000	541.449	1.000
	판매량2	1268.833	3	422.944	84.589	.000	253.767	1.000
가격	판매량1	175.583	2	87.792	43.000	.000	86.000	1.000
	판매량2	152.333	2	76.167	15.233	.001	30.467	.994
판매점 * 가격	판매량1	31.417	6	5.236	2.565	.078	15.388	.620
	판매량2	10.667	6	1.778	.356	.893	2.133	.112
오차	판매량1	24.500	12	2.042				
	판매량2	60.000	12	5.000				
합계	판매량1	29013.000	24					
	판매량2	30196.000	24					
수정 합계	판매량1	1336.958	23					
	판매량2	1491.833	23					

a. R 제곱 = .982 (수정된 R 제곱 = .965)

b. R 제곱 = .960 (수정된 R 제곱 = .923)

c. 유의수준 = .05을(를) 사용하여 계산

결과의 해석방법

(1) 개체-간 요인

판매점과 가격에서 신제품 판매량의 차이를 측정한 케이스가 나타나 있다.

(2) 기술통계량

판매점 및 가격에 따른 판매촉진 1주일 전의 판매량과 판매촉진 1주일 후의 판매량이 나타나 있다.

(3) 다변량 검정

다변량 분산분석에서는 연구목적에 따라서 Pillai의 트레이스, Wilks의 람다, Hotelling의 트레이스, Roy의 최대근 등을 사용한다. 여기에서 Intercept는 상수를 의미하며, 종속변수를 독립변수에 의한 함수관계로 나타낼 때 필요하다. 여기에서는 Wilks 통계량값을 사용한다. Wilks의 람다는 다음과 같이 계산된다.

$$\Lambda = \frac{\text{그룹 내 분산}}{\text{총분산}}$$

만일, 람다값이 작으면 귀무가설을 기각시킨다. 위의 결과에서 판매점의 람다값은 0.015이며, 이것을 F값으로 환산하면 26.076이 된다. 이때 유의확률은 0.000이므로 평균 벡터가 같다는 귀무가설을 기각시킨다. 그러므로 판매점에 따라 신제품 판매량은 차이가 있으며($p = 0.000 < 0.05$), 또한 가격에 따라서도 차이가 있음을 알 수 있다($p = 0.000 < 0.05$). 교호작용 효과를 검정하기 위하여 Wilks 람다값의 유의 확률을 살펴보면, Sig. of $F = 0.363 > 0.05$이므로 판매점 및 가격의 교호작용(상호작용) 효과는 없다고 볼 수 있다.

(4) 개체-간 효과검정

개체-간 효과검정에서 수정모형은 판매점, 가격에 답변한 케이스가 적은 경우 이를 수정하게 되는 것을 말한다. 판매촉진 1주일 전의 판매량과 1주일 후의 판매량 각각에 대해서 일원배치 분산분석을 실시하고 있다.

다변량검정에서의 통계량 계산

다변량검정에서는 다음 네 가지의 통계량이 언제나 등장한다.

Pillai의 트레이스

Wilks의 람다

Hotelling의 트레이스

Roy의 최대근

이 네 가지의 통계량은

H = 가설평방합적합행렬(假說平方合積合行列),

E = 오차평방합적합행렬(誤差平方合積合行列)

이라고 했을 때, HE^{-1}의 고유치(eigenvalue)

$$\lambda_1 \geqq \lambda_2 \geqq \cdots \geqq \lambda_s$$

를 다음 식에 대입하면 구해진다.

Pillai의 트레이스 $\cdots \; V = \sum_{i=1}^{s} \frac{\lambda_i}{1+\lambda_i}$

Wilks의 람다 $\cdots \; \Lambda = \prod_{i=1}^{s} \frac{1}{1+\lambda_i}$

Hotelling의 트레이스 $\cdots \; T = \sum_{i=0}^{s} \lambda_i$

Roy의 최대근 $\cdots \; R = \lambda_{\max} = \lambda_1$

그러나 그러기 위해서는 고유치를 계산하지 않으면 안 되는데, 도저히 전자식 탁상 계산기로는 구해지지 않는다. 그래서 SPSS Syntax 명령문을 이용한다.

13.2 | 다변량 분산분석의 실제

1. 다변량 분산분석에 의한 실험의 해석

■ 다변량 분산분석의 실험

지금 어떤 제품을 네 가지 방법(A1, A2, A3, A4)으로 제조해서, 그 제품의 무게를 측정하는 일원배치 실험을 실시했다고 하자. 반복 수를 5로 하고, 다음 <표 13.2>와 같은 실험 데이터가 얻어진 것으로 한다.

표 13.2 무게의 실험 데이터

A1	A2	A3	A4
111	121	130	119
114	117	137	118
109	122	129	117
109	118	128	118
107	120	123	123

이 데이터의 분석에는 일원배치 분산분석이 적용되게 된다. 여기에서 제조방법을 바꾼 것은 무게와 강도에 차이가 있는지 어떤지를 조사하는 것이 목적이었다고 하면, 무게만이 아니라 강도도 측정하게 되어 다음 <표 13.3>과 같은 데이터표가 된다. 앞의 예에서는 관심이 있는 측정치(특성치)가 무게뿐이었던 데 비해서 이번에는 무게와 강도의 두 가지가 있게 된다.

표 13.3 무게와 강도의 실험 데이터

A1		A2		A3		A4	
무게	강도	무게	강도	무게	강도	무게	강도
111	2.14	121	2.23	130	2.36	119	2.19
114	2.15	117	2.24	137	2.39	118	2.22
109	2.11	122	2.26	129	2.34	117	2.18
109	2.11	118	2.19	128	2.36	118	2.23
107	2.09	120	2.28	123	2.32	123	2.29

이와 같은 실험 데이터가 얻어졌을 때는 무게에 대해서 분산분석, 강도에 대해서 분산분석이라고 하는 것처럼 특성치마다 일원배치 분산분석을 실시한다고 하는 방법을 생각할 수 있다. 그러나 그 방법은 다음과 같은 두 가지의 문제를 포함하고 있다.

1. 검정을 반복해서 실시한다(검정의 다중성).
2. 특성치 간의 상관관계를 무시하고 있다.

이 문제를 해결하는 수법이 다변량 분산분석이다. 다변량 분산분석은 실험에서 관심이 있는 측정치(특성치), 즉 종속변수가 두 개 이상 있을 때에 이용되는 분산분석의 방법이다.

[예제 13-2]

세 가지의 된장(A, A2, A3)을 준비하고 냄새와 맛을 평가하는 실험을 실시했다. 냄새와 맛, 각각 10점 만점으로 관능평가한 결과가 다음 <표 13.4>와 같다.

표 13.4 향과 맛의 관능평가 데이터

A1		A2		A3	
냄새	맛	냄새	맛	냄새	맛
4	7	6	8	7	8
5	8	5	7	7	7
7	9	6	7	6	6
6	9	4	6	5	5
3	7	3	5	4	5

평가자는 15명 추천됐다. 이 15명을 무작위로 5명씩 세 개의 그룹으로 나누어서, 각 그룹에 하나의 된장을 할당했다. 따라서 A1, A2, A3 각각의 된장은 다른 5명씩의 사람에게 평가받게 된다.

이 데이터에 다변량 분산분석을 적용한다.

■ 산점도

<표 13.4>의 데이터를 아래와 같이 입력해서 산점도를 그리면 층별산점도가 작성된다.

냄새	A1	A2	A3
4	7		
5	8		
7	9		
6	9		
3	7		
6		8	
5		7	
6		7	
4		6	
3		5	
7			8
7			7
6			6
5			5
4			5

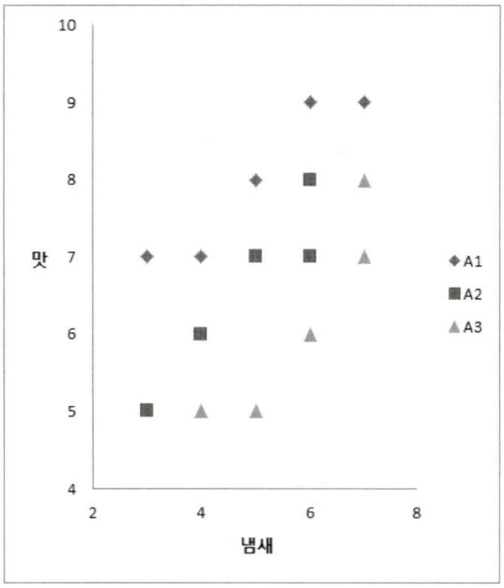

가로축에 냄새, 세로축에 맛을 취해서 그래프화한다. 냄새와 맛의 사이에는 양의 상관이 있는 것을 알 수 있다.

SPSS에 의한 해법

〈순서 1〉 데이터의 입력

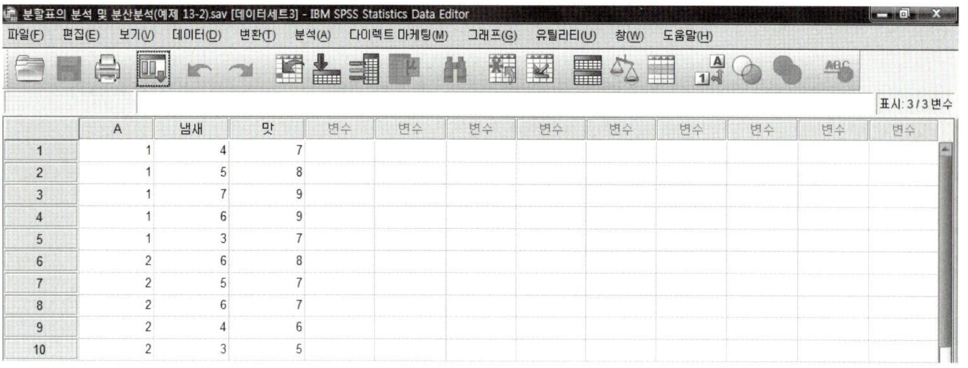

(주) 'A'라는 변수에는 1 = 'A1', 2 = 'A2', 3 = 'A3', 4 = 'A4'라고 하는 변수값 설명을 해 놓는다.

〈순서 2〉 일반선형모형-다변량의 선택

메뉴에서 [분석(A)]-[일반선형모형(G)]-[다변량(M)]을 선택한다.

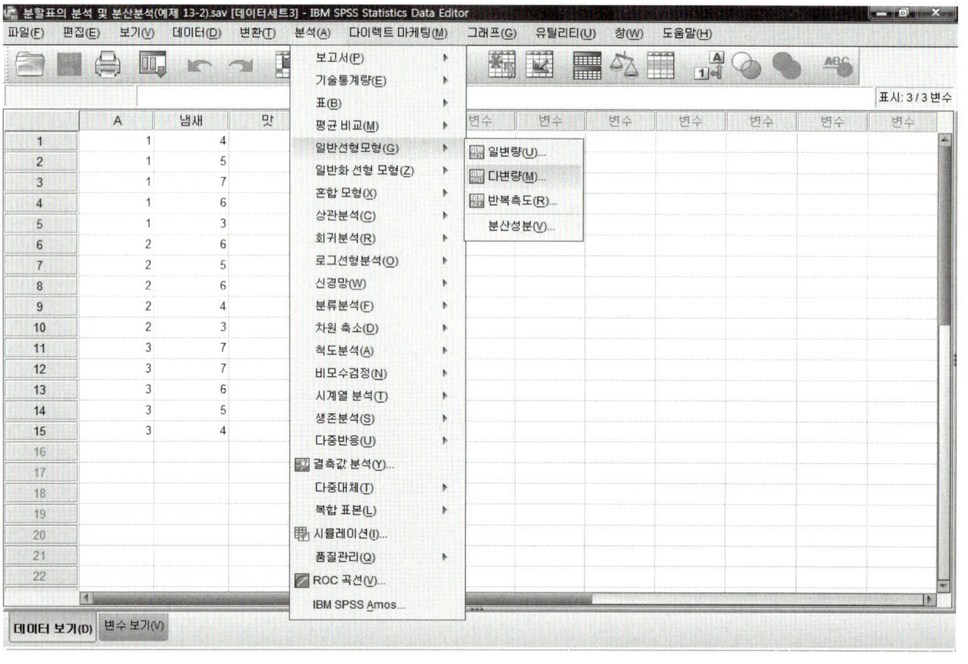

〈순서 3〉 변수의 선택

[다변량 분석] 대화상자가 나타나면, [종속변수(D)]로서 '냄새'와 '맛'을 선택한다. [모수요인(F)]으로서 'A'를 선택한다.

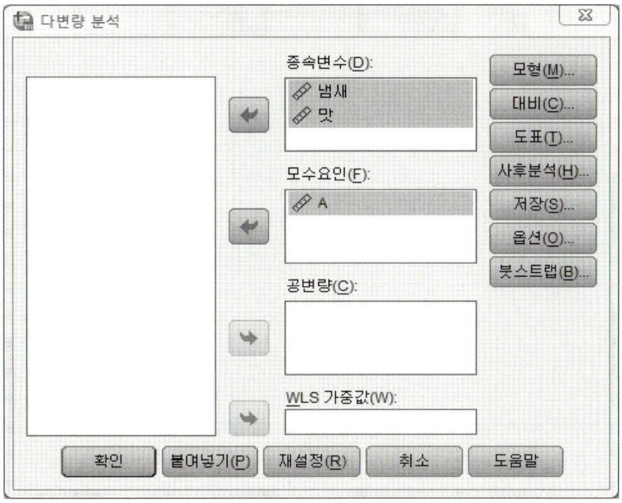

〈순서 4〉 옵션(O)의 선택

[옵션(O)] 버튼을 클릭하면 [다변량 : 옵션] 대화상자가 나타난다.

여기에서 원하는 출력으로서 [SSCP 행렬(S)]을 선택하고 [계속] 버튼을 클릭한다. 그 전의 화면으로 되돌아가면 [확인] 버튼을 클릭한다. 다음과 같은 분석결과를 얻게 된다.

■ 다변량 분산분석의 결과

다변량 분산분석에서는 Pillai의 트레이스, Wilks의 람다, Hotelling의 트레이스, Roy의 최대근이라고 하는 네 개의 검정통계량이 준비되어 있다. 어느 통계량도 검정의 목적은 같고, 각 수준의 평균 벡터(냄새의 평균과 맛의 평균)에 차이가 있는지 어떤지를 검정하는 것이다. 어떤 통계량에 주목하더라도 유의확률은 0.05 이하로 되어 있어 유의하다. 즉, A1, A2, A3에는 차이가 있다고 할 수 있다.

다변량 검정[a]

효과		값	F	가설 자유도	오차 자유도	유의확률
절편	Pillai의 트레이스	.986	385.099[b]	2.000	11.000	.000
	Wilks의 람다	.014	385.099[b]	2.000	11.000	.000
	Hotelling의 트레이스	70.018	385.099[b]	2.000	11.000	.000
	Roy의 최대근	70.018	385.099[b]	2.000	11.000	.000
A	Pillai의 트레이스	.900	4.914	4.000	24.000	.005
	Wilks의 람다	.142	9.084[b]	4.000	22.000	.000
	Hotelling의 트레이스	5.731	14.326	4.000	20.000	.000
	Roy의 최대근	5.678	34.066[c]	2.000	12.000	.000

a. Design: 절편 + A

b. 정확한 통계량

c. 해당 유의수준에서 하한값을 발생하는 통계량은 F에서 상한값입니다.

일변량 분산분석의 결과

개체-간 효과 검정

소스	종속 변수	제 III 유형 제곱합	자유도	평균 제곱	F	유의확률
수정 모형	냄새	2.800[a]	2	1.400	.712	.510
	맛	8.933[b]	2	4.467	3.350	.070
절편	냄새	405.600	1	405.600	206.237	.000
	맛	721.067	1	721.067	540.800	.000
A	냄새	2.800	2	1.400	.712	.510
	맛	8.933	2	4.467	3.350	.070
오차	냄새	23.600	12	1.967		
	맛	16.000	12	1.333		
합계	냄새	432.000	15			
	맛	746.000	15			
수정 합계	냄새	26.400	14			
	맛	24.933	14			

a. R 제곱 = .106 (수정된 R 제곱 = -.043)

b. R 제곱 = .358 (수정된 R 제곱 = .251)

종속변수(냄새와 맛)마다 분산분석을 실시한 결과, 일변량마다 보면 냄새나 맛 모두 유의는 아니다.

냄새의 유의확률 = 0.510 > 0.05

맛의 유의확률 = 0.070 > 0.05

개체-간 SSCP 행렬

개체-간 SSCP 행렬

			냄새	맛
가설	절편	냄새	405.600	540.800
		맛	540.800	721.067
	A	냄새	2.800	-2.600
		맛	-2.600	8.933
오차		냄새	23.600	17.800
		맛	17.800	16.000

제 III 유형 제곱합을 기준으로

다변량 분산분석에서는 종속변수마다의 '편차제곱합'(sum of squares)이 변수의 수만큼 구해진다. 또한 종속변수 간의 관계도 '곱의 합'(cross product)이라고 하는 통계량으로 기술하는 것이 가능해진다. 이 때문에 이들 통계량을 행렬의 형태로 표기하고 있다. 그것이 SSCP 행렬이라고 불리는 것이다.

검정통계량

다변량 분산분석에서는 SSCP 행렬의 수치를 근거로 네 가지 검정통계량이 제안되고 있다. 먼저 SSCP 행렬의 요인(된장)의 부분과 오차 부분의 수치를 두 개의 행렬로 표현한다.

$$H = \begin{bmatrix} 2.800 & -2.600 \\ -2.600 & 8.933 \end{bmatrix} \qquad E = \begin{bmatrix} 23.600 & 17.800 \\ 17.800 & 16.000 \end{bmatrix}$$

이들 행렬로부터

$$HE^{-1} = \begin{bmatrix} 1.499 & -1.830 \\ -3.302 & 4.232 \end{bmatrix}$$

행렬 HE^{-1}의 고유치는 $\lambda_1 = 5.678,\ \lambda_2 = 0.053$ 이 된다.

이 수치를 사용해서 다음의 네 가지 검정통계량이 구해지고 있다.

① Pillai의 트레이스 $V = \sum_{i=1}^{s} \frac{\lambda_i}{1+\lambda_i}$ (s는 0이 아닌 고유치의 수)

② Wilks의 람다 $\Lambda = \prod_{i=1}^{s} \frac{1}{1+\lambda_i}$

③ Hotelling의 트레이스 $T = \sum_{i=0}^{s} \lambda_i$

④ Roy의 최대근 $R = \lambda_{\max} = \lambda_1$

이들 네 가지 검정통계량은 2군(요인의 수준 수가 2)일 때, 혹은 1변량(종속변수의 수가 1)일 때는, 모두 같은 F값이 된다. 네 가지 검정통계량의 어느 것을 이용할 것인지는 일률적으로 말할 수 없지만, 일반론으로서 검출력이 높은 순으로 ①, ②, ③, ④의 순서로 된다. 또한 Pillai의 트레이스 *V*(①)는 정규성이나 등분산성이라고 하는 검정에 대한 전제조건에 대해서 가장 완건성(頑健性)이 있다고 일컬어지고 있다. Wilks의 람다(②)는 판별분석과 밀접한 관계가 있다.

2. 판별분석과의 병용

■ 판별분석이란

요인이 계수 요인인 경우의 일원배치 다변량 분산분석은 판별분석과 병용(倂用)하면 새로운 식견이 얻어지는 경우가 있다. 판별분석은 수치 변수에 의거해서 소속 그룹을 판별하기 위한 수법이다. 다변량 분산분석에 있어서의 종속변수나 요인과 역할이 역전(逆轉)한다. 즉, 다변량 분산분석에 있어서의 모수요인이 판별분석에서는 종속변수가 되고, 다변량 분산분석에 있어서의 종속변수가 판별분석에서는 독립변수가 된다.

앞의 예제에 판별분석을 적용해 보자.

■ SPSS에 의한 해법

〈순서 1〉 데이터의 입력

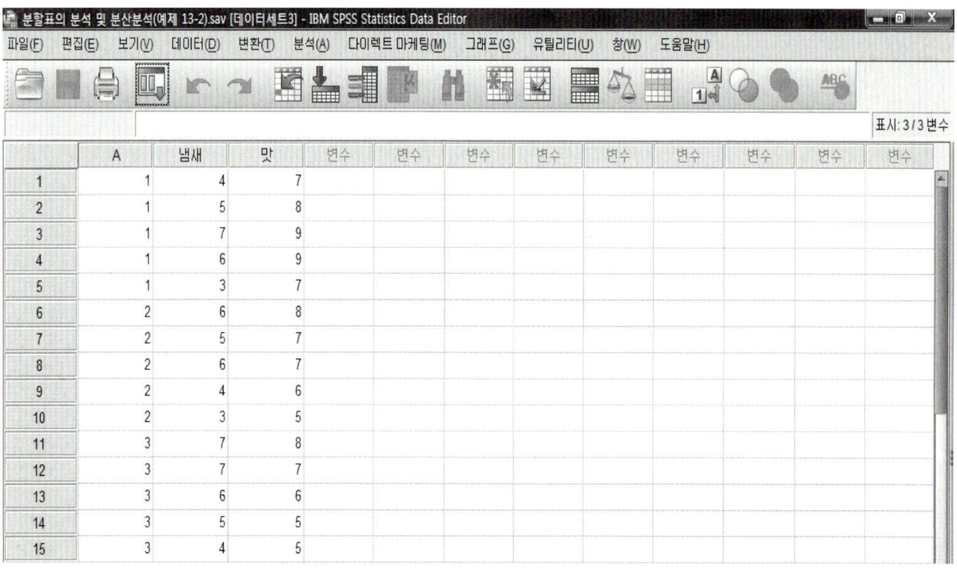

	A	냄새	맛
1	1	4	7
2	1	5	8
3	1	7	9
4	1	6	9
5	1	3	7
6	2	6	8
7	2	5	7
8	2	6	7
9	2	4	6
10	2	3	5
11	3	7	8
12	3	7	7
13	3	6	6
14	3	5	5
15	3	4	5

(주) 'A'라는 변수에는 1 = 'A1', 2 = 'A2', 3 = 'A3', 4 = 'A4'라고 하는 변수값 설명을 해 놓는다.

〈순서 2〉 판별분석의 선택

메뉴에서 [분석(A)]-[분류분석(F)]-[판별분석(D)]을 선택한다.

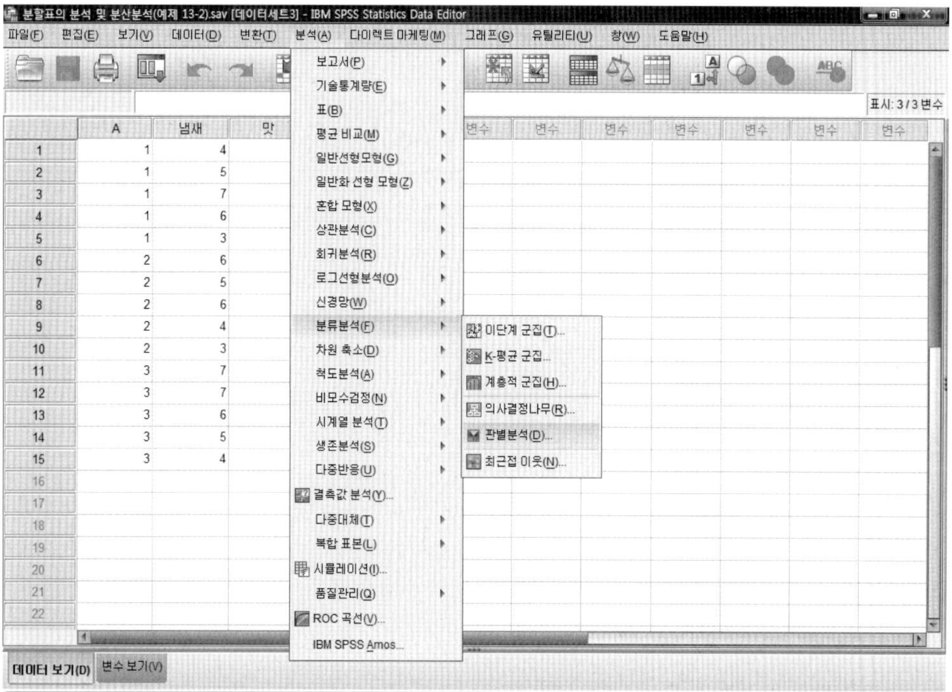

〈순서 3〉 변수의 선택

① [판별분석] 대화상자가 나타나면, [집단변수(G)]로서 된장을 나타내는 'A'를 투입한다. [범위지정(D)]을 클릭한다.

② [최소값]을 '1', [최대값]을 '3'으로 한다. [계속]을 클릭한다.

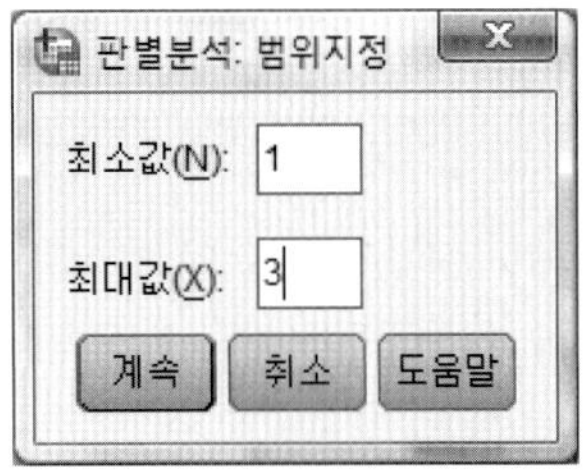

③ [독립변수(I)]에 '냄새'와 '맛'을 투입한다.

여기에서 [통계량(S)]을 클릭한다.

〈순서 4〉 통계량의 선택

[판별분석 : 통계량] 대화상자에서 다음과 같이 선택하고 [계속]을 클릭한다.

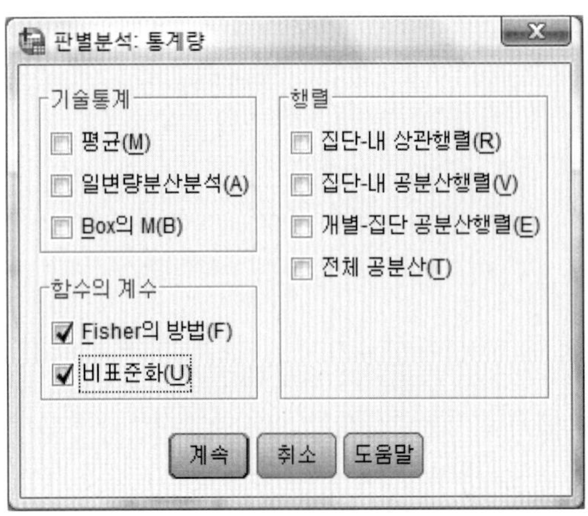

〈순서 5〉 분류의 선택

[판별분석 : 분류] 대화상자에서 다음과 같이 선택하고 [계속]을 클릭한다.

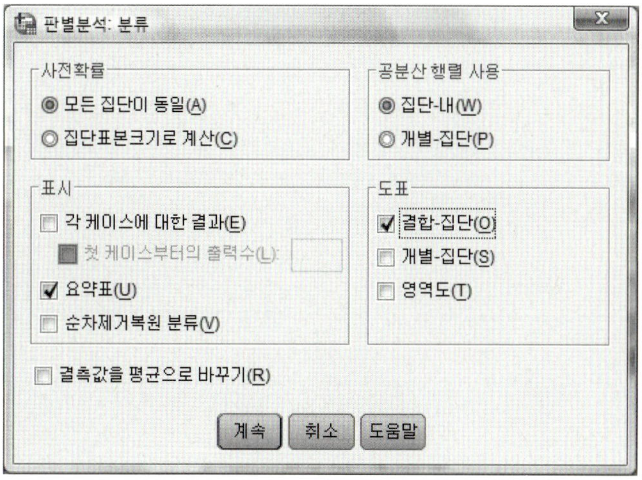

〈순서 6〉 판별분석의 실행

[판별분석] 대화상자에서 [확인]을 클릭하면 분석결과가 얻어진다.

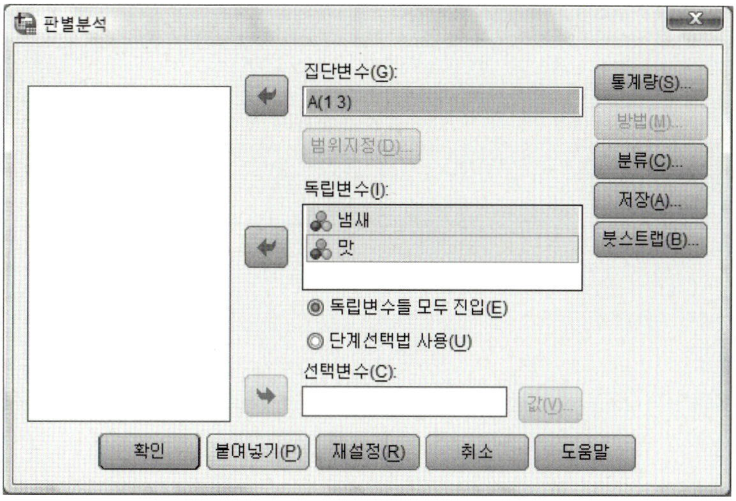

■ 판별분석 결과

먼저 판별할 군이 3군 이상인 경우(이 예제에서는 A1, A2, A3의 세 개의 군이 있게 된다)에는, 판별분석에 의해서 다음과 같은 산점도가 얻어진다.

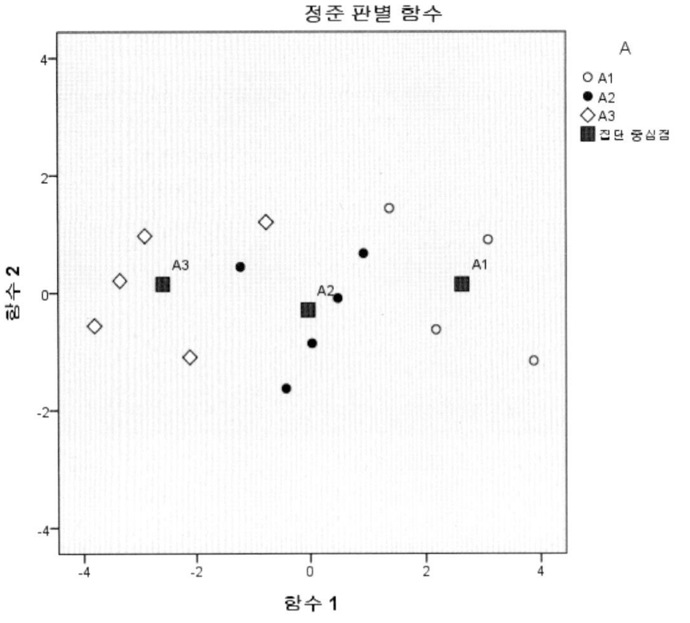

이 산점도를 보면 세로축은 세 개의 군을 나누는 데 도움이 되고 있지 않다. 그러나 가로축은 오른쪽으로부터 A1, A2, A3의 순으로 모여서 분포하고 있는 것을 알 수 있다. 이 가로축은 정준판별함수라고 불리는 함수의 점수를 플롯한 것으로 다음과 같이 구해지고 있다.

정준 판별함수 계수

	함수	
	1	2
냄새	-1.696	.533
맛	2.146	.233
(상수)	-6.062	-4.389

표준화하지 않은 계수

함수2(세로축)는 판별에 도움이 되고 있지 않으므로, 함수1을 보면 다음과 같은 식으로 표현된다.

$$Z1 = -6.062 - 1.696 \times 냄새 + 2.146 \times 맛$$

이 식에서 계산된 값(판별점수라고 부른다)의 큰 순으로 A1, A2, A3로 늘어서 있게 된다. 따라서 냄새의 점수가 낮고 맛의 점수가 높은 된장은 A1, 냄새의 점수가 높고 맛의 점수가 낮은 것이 A3라고 하는 특징을 파악할 수 있다.

한편, 다음의 함수에 냄새와 맛의 값을 대입해서 점수를 계산하고, 그 점수가 최대가 되는 군에 판별한다고 하는 규칙을 사용해서 각 개체를 판별할 수 있다.

분류 함수 계수

	A		
	A1	A2	A3
냄새	-12.324	-8.034	-3.468
맛	19.710	13.888	8.508
(상수)	-49.130	-27.647	-17.417

Fisher의 선형 판별함수

판별분석의 정밀도는 다음과 같은 집계표에 의해 평가할 수 있다.

분류결과[a]

		A	예측 소속집단 A1	A2	A3	전체
원래값	빈도	A1	5	0	0	5
		A2	0	5	0	5
		A3	0	1	4	5
	%	A1	100.0	.0	.0	100.0
		A2	.0	100.0	.0	100.0
		A3	.0	20.0	80.0	100.0

a. 원래의 집단 케이스 중 93.3%이(가) 올바로 분류되었습니다.

냄새와 맛의 점수에 의거해서 A1, A2, A3의 어느 된장인지를 93.3%의 정답률로 판별할 수 있다는 것을 의미하고 있다. 사실은 A3인데, A2라고 판별해 버린 개체가 하나 있기 때문에, 100%의 정답률은 되지 못하고 있다.

13.3 | 다변량 분산분석의 응용

1. 이원배치(난괴법)의 다변량 분산분석

[예제 13-3]

두 가지의 김치(A1, A2)를 준비해서 다섯 가지 특성(냄새, 짠맛, 신맛, 맛, 향기)을 평가하는 실험을 실시했다. 각 특성은 5점 만점으로 평가되고 있다. 평가자는 무작위로 지명한 20명으로 모든 평가자가 A1과 A2를 평가하고 있다. A1과 A2를 평가할 때의 순서는 평가자마다 무작위로 정하고 있다.

환경조건이 같은 실험의 장을 여러 개 만들어 그 실험의 장마다 한 벌의 실험을 랜덤하게 실시하는 방법을 **난괴법**(亂塊法, randomized blocks design)이라고 한다. 난괴법에서는 같은 실험의 장을 블록이라고 부르고 있다. 블록은 복수의 수준을 갖는 요인으로 볼 수 있으므로, 난괴법에 의한 반복과 같은 요인을 **블록 요인**이라고 부르고 있다.

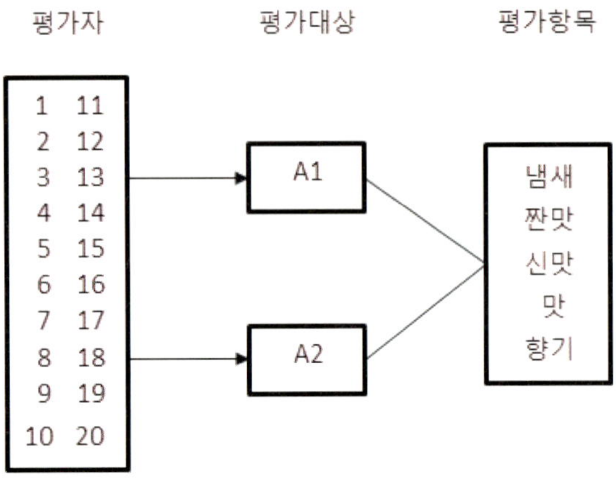

이 실험 결과가 다음 <표 13.5>의 데이터표이다.

표 13.5 실험결과 데이터표

	A1					A2				
평가자	냄새	짠맛	신맛	맛	향기	냄새	짠맛	신맛	맛	향기
1	2	3	3	1	1	1	1	2	2	1
2	4	2	4	5	4	2	4	4	3	2
3	5	4	5	5	2	5	4	2	2	2
4	4	2	5	3	2	3	4	2	3	2
5	3	3	3	3	2	3	3	3	3	2
6	5	5	3	3	3	3	3	3	3	3
7	2	4	5	3	1	2	2	4	3	1
8	3	4	4	2	2	2	3	3	2	2
9	4	3	5	3	1	3	3	1	3	1
10	3	4	4	3	1	4	3	1	3	1
11	2	4	5	5	1	4	1	2	1	1
12	1	4	1	1	3	2	3	2	4	2
13	3	4	2	4	3	3	5	5	2	3
14	3	2	3	2	3	4	5	1	3	2
15	3	5	5	4	1	3	4	4	2	2
16	3	4	4	2	2	2	3	2	1	1
17	2	3	4	4	1	5	4	2	2	2
18	5	5	5	2	2	4	4	4	3	1
19	4	4	4	3	5	5	4	3	3	1
20	2	4	4	4	1	2	1	2	2	1

이 데이터에 다변량 분산분석을 적용한다.

■ SPSS에 의한 해법

〈순서 1〉 데이터의 입력

<표 13.5>의 데이터를 다음과 같이 입력한다.

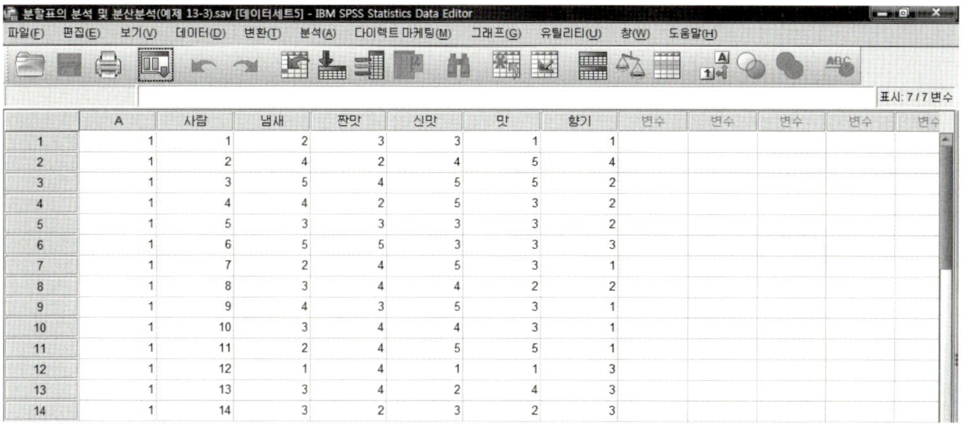

〈순서 2〉 일반선형모형–다변량의 선택

메뉴에서 [분석(A)]–[일반선형모형(G)]–[다변량(M)]을 선택한다.

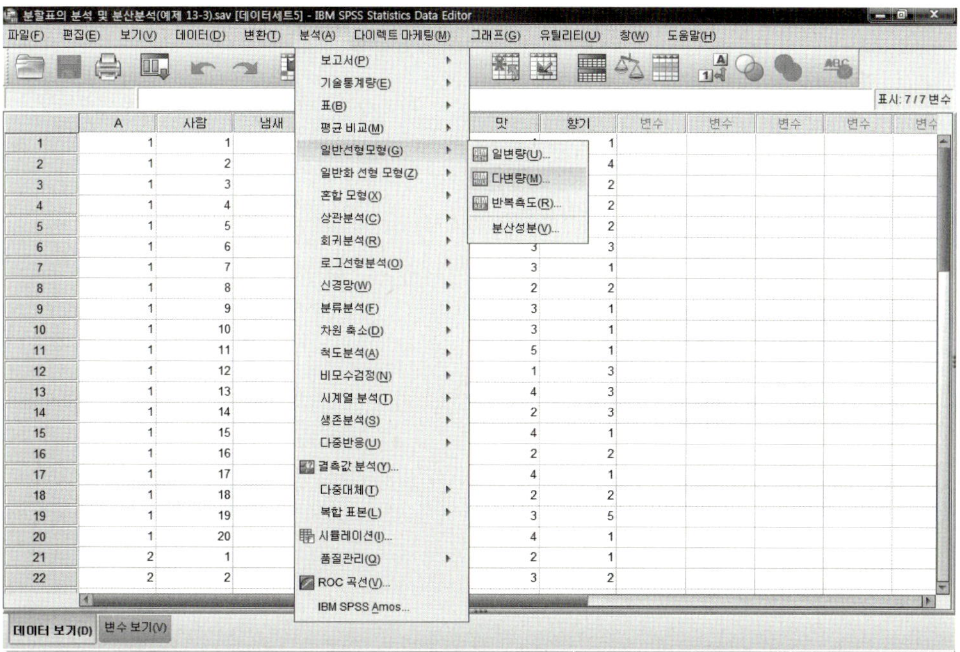

〈순서 3〉 변수의 선택

[다변량 분석] 대화상자가 나타나면, [종속변수(D)]로서 '냄새', '짠맛', '신맛', '맛', '향기'를 선택한다. [모수요인(F)]으로서 'A'와 '사람'을 선택한다.

(주) 사람이라고 하는 요인은 변량요인으로서 다루는 경우가 많다. 이 예제에서도 사람은 변량요인이라고 생각되지만, 다변량에서는 모수요인의 지정밖에 할 수 없기 때문에, 여기에서는 모수요인으로 한다.

〈순서 4〉 모형의 선택

[다변량 : 모형] 대화상자에서 [사용자 정의]를 체크한다. 'A'를 투입하고 '사람'을 투입한다. 이어서 [계속]을 클릭한다.

〈순서 5〉 다변량 분산분석의 실행

[다변량 분석] 대화상자에서 [확인]을 클릭하면 분석결과가 얻어진다.

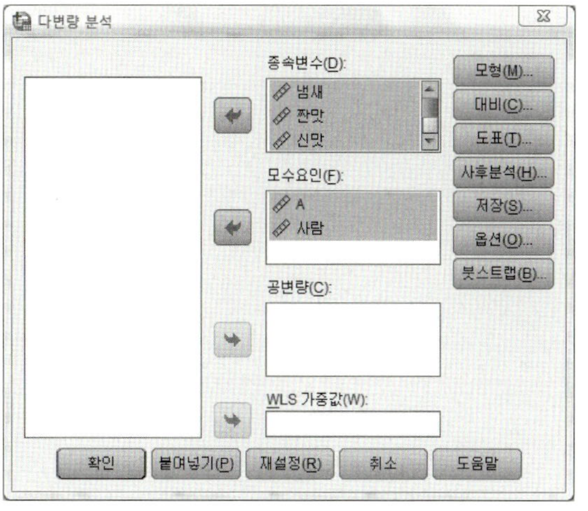

■ 다변량 분산분석의 결과

다변량 검정[a]

효과		값	F	가설 자유도	오차 자유도	유의확률
절편	Pillai의 트레이스	.991	323.269[b]	5.000	15.000	.000
	Wilks의 람다	.009	323.269[b]	5.000	15.000	.000
	Hotelling의 트레이스	107.756	323.269[b]	5.000	15.000	.000
	Roy의 최대근	107.756	323.269[b]	5.000	15.000	.000
A	Pillai의 트레이스	.545	3.589[b]	5.000	15.000	.025
	Wilks의 람다	.455	3.589[b]	5.000	15.000	.025
	Hotelling의 트레이스	1.196	3.589[b]	5.000	15.000	.025
	Roy의 최대근	1.196	3.589[b]	5.000	15.000	.025
사람	Pillai의 트레이스	2.379	.907	95.000	95.000	.682
	Wilks의 람다	.022	.971	95.000	77.581	.557
	Hotelling의 트레이스	7.341	1.035	95.000	67.000	.444
	Roy의 최대근	4.060	4.060[c]	19.000	19.000	.002

a. Design: 절편 + A + 사람

b. 정확한 통계량

c. 해당 유의수준에서 하한값을 발생하는 통계량은 F에서 상한값입니다.

이 실험은 평가자가 요인 A의 모든 수준을 평가하고 있으므로, 평가자도 하나의 요인이라고 생각할 수 있다. 평가자의 요인명을 '사람'으로 하면, A와 사람을 요인으로 하는 이원배치라고 볼 수 있다.

A(김치)는 2수준이므로 네 개의 검정통계량에 대한 유의확률은 모두 같은 값이 되어 0.025이다. 따라서 A는 유의하다. 즉, A1과 A2의 두 가지 김치에는 차이가 있다.

개체-간 효과 검정

소스	종속 변수	제 III 유형 제곱합	자유도	평균 제곱	F	유의확률
수정 모형	냄새	34.900[a]	20	1.745	2.142	.051
	짠맛	20.300[b]	20	1.015	.757	.729
	신맛	40.400[c]	20	2.020	1.529	.180
	맛	17.000[d]	20	.850	.636	.839
	향기	23.700[e]	20	1.185	1.975	.072
절편	냄새	390.625	1	390.625	479.604	.000
	짠맛	469.225	1	469.225	349.962	.000
	신맛	422.500	1	422.500	319.821	.000
	맛	313.600	1	313.600	234.583	.000
	향기	136.900	1	136.900	228.167	.000
A	냄새	.025	1	.025	.031	.863
	짠맛	2.025	1	2.025	1.510	.234
	신맛	16.900	1	16.900	12.793	.002
	맛	3.600	1	3.600	2.693	.117
	향기	1.600	1	1.600	2.667	.119
사람	냄새	34.875	19	1.836	2.254	.042
	짠맛	18.275	19	.962	.717	.762
	신맛	23.500	19	1.237	.936	.556
	맛	13.400	19	.705	.528	.914
	향기	22.100	19	1.163	1.939	.079
오차	냄새	15.475	19	.814		
	짠맛	25.475	19	1.341		
	신맛	25.100	19	1.321		
	맛	25.400	19	1.337		
	향기	11.400	19	.600		
합계	냄새	441.000	40			
	짠맛	515.000	40			
	신맛	488.000	40			
	맛	356.000	40			
	향기	172.000	40			
수정 합계	냄새	50.375	39			
	짠맛	45.775	39			
	신맛	65.500	39			
	맛	42.400	39			
	향기	35.100	39			

a. R 제곱 = .693 (수정된 R 제곱 = .369)

b. R 제곱 = .443 (수정된 R 제곱 = -.142)

c. R 제곱 = .617 (수정된 R 제곱 = .213)

d. R 제곱 = .401 (수정된 R 제곱 = -.230)

e. R 제곱 = .675 (수정된 R 제곱 = .333)

사람(평가자)은 20수준이다. Pillai의 트레이스, Wilks의 람다, Hotelling의 트레이스는 유의하지 않고, Roy의 최대근만이 유의한 것으로 되어 있다.

사람이 유의하다고 하는 것은 평가자의 평균치에 차이가 있다고 하는 것으로, 이것은 평가자의 판단기준이 다르다고 하는 것을 의미하고 있다. 채점의 엄격함이라고 해도 좋다.

이와 관련하여 평가자 1번은 A1을 좋아하고, 2번은 A2를 좋아한다고 하는 식으로 사람의 기호는 A와 사람의 상호작용이라고 생각할 수 있다. 단, 본 예제에서는 반복이 없으므로(A1과 A2를 2회 이상 평가하고 있지 않다), 상호작용을 구할 수는 없다.

1변량마다의 검정결과는 두 번째 표 '개체-간 효과 검정'과 같이 되어 있다. A는 신맛만이 유의한 것으로 되어 있다.

■ 산점도 행렬

변수(특성)의 수가 세 개 이상일 때에는, 산점도 행렬이 데이터를 시각화하는 방법의 하나로서 유효하다. 작성 절차는 다음과 같다.

〈순서 1〉 데이터의 입력

<표 13.5>의 데이터를 입력한다.

〈순서 2〉 산점도 그래프의 선택

메뉴에서 [그래프(G)]－[레거시 대화상자(L)]－[산점도/점도표(S)]를 선택한다.

[산점도/점도표] 대화상자에서 [행렬 산점도]를 선택하고 [정의]를 클릭한다.

〈순서 3〉 변수의 선택

[산점도 행렬] 대화상자에서 다음과 같이 변수를 선택하고 [확인]을 클릭한다.

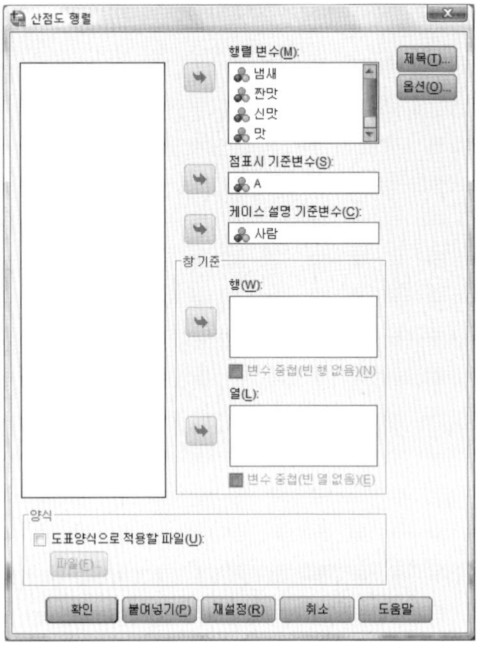

〈순서 4〉 산점도 행렬의 출력

① 산점도 행렬이 출력된다.

② [도표 편집기]에서 적당히 수정하여 완성한다.

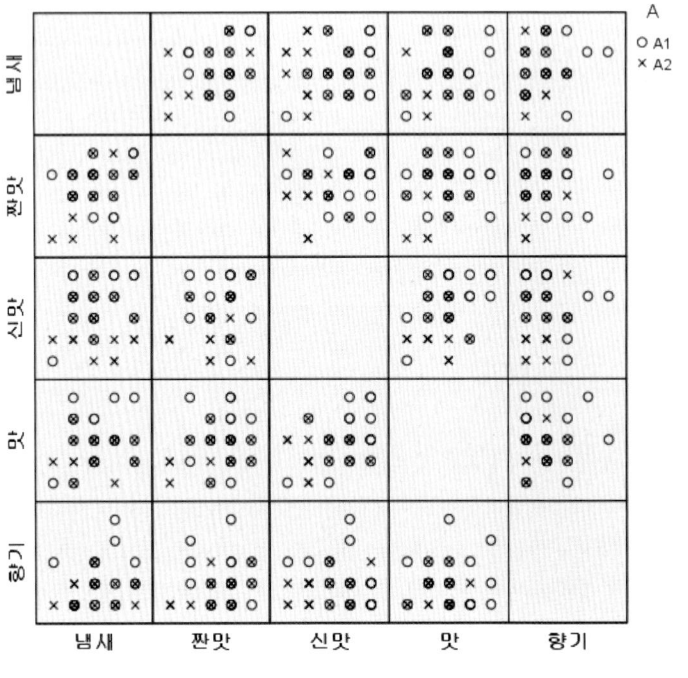

산점도 행렬은 변수의 수가 다수일 때, 데이터를 시각화하는 유효한 수단이지만, 5단계 평가만의 경우에 산점도는 상당히 강한 상관이 없으면, 상관관계의 유무를 시각적으로 파악하는 것은 어렵다고 하는 결점이 있다.

2. 반복측정에 의한 분석방법

■ 반복측정의 이용

[예제 13-3]의 데이터를 다변량의 반복측정이라고 하는 방법을 이용하면 같은 결과를 얻을 수 있다. 분석 절차는 다음과 같다.

〈순서 1〉 데이터의 입력

다음과 같이 데이터를 입력한다.

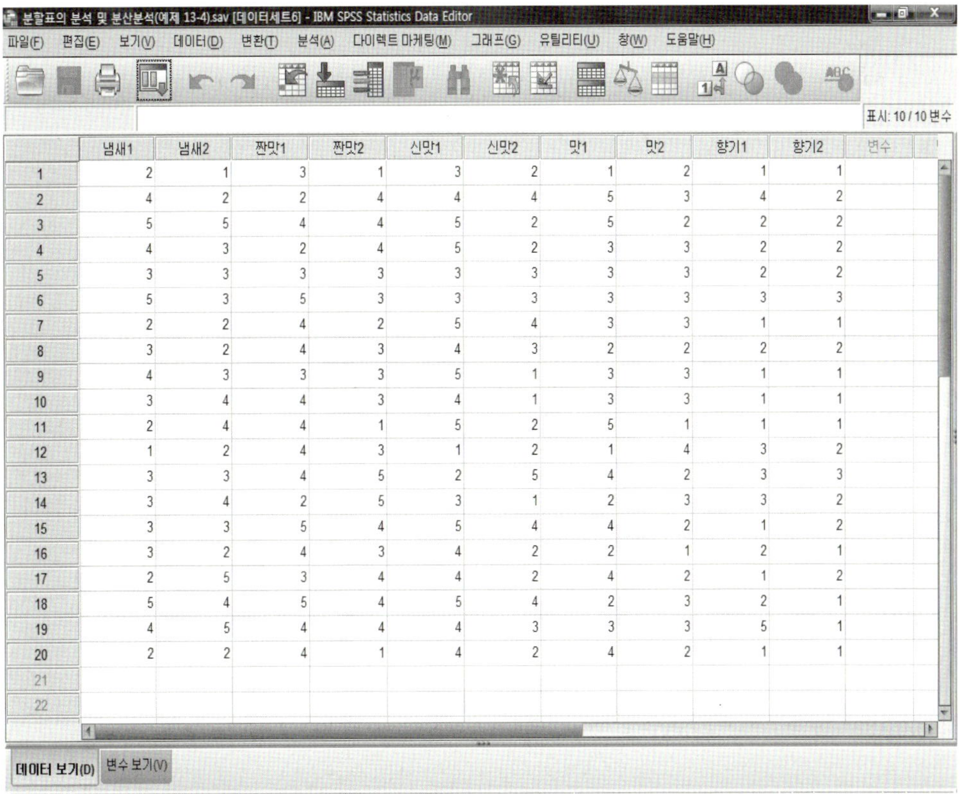

	냄새1	냄새2	짠맛1	짠맛2	신맛1	신맛2	맛1	맛2	향기1	향기2
1	2	1	3	1	3	2	1	2	1	1
2	4	2	2	4	4	4	5	3	4	2
3	5	5	4	4	5	2	5	2	2	2
4	4	3	2	4	5	2	3	3	2	2
5	3	3	3	3	3	3	3	3	2	2
6	5	3	5	3	3	3	3	3	3	3
7	2	2	4	2	5	4	3	3	1	1
8	3	2	4	3	4	3	2	2	2	2
9	4	3	3	3	5	1	3	3	1	1
10	3	4	4	3	4	1	3	3	1	1
11	2	4	4	1	5	2	5	1	1	1
12	1	2	4	3	1	2	1	4	3	2
13	3	3	4	5	2	5	4	2	3	3
14	3	4	2	5	3	1	2	3	3	2
15	3	3	5	4	5	4	4	2	1	2
16	3	2	4	3	4	2	2	1	2	1
17	2	5	3	4	4	2	4	2	1	2
18	5	4	5	4	5	4	2	3	2	1
19	4	5	4	4	4	3	3	3	5	1
20	2	2	4	1	4	2	4	2	1	1

〈순서 2〉 일반선형모형－다변량의 선택

메뉴에서 [분석(A)]－[일반선형모형(G)]－[반복측도(R)]를 선택한다.

〈순서 3〉 변수의 선택

① [반복측도 요인 정의] 대화상자에서 다음과 같이 변수를 선택하고 [추가]를 클릭한다.

② [측도 이름] 난에 '냄새'라고 입력한다. [추가]를 클릭한다.

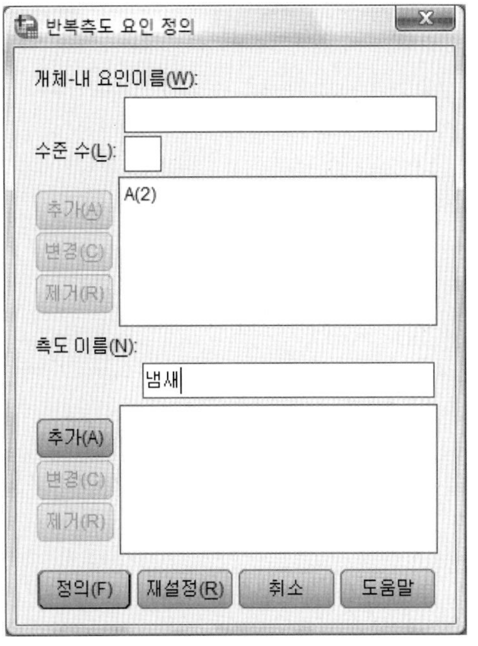

③ 이어서 '짠맛', '신맛', '맛', '향기'라고 반복한다.

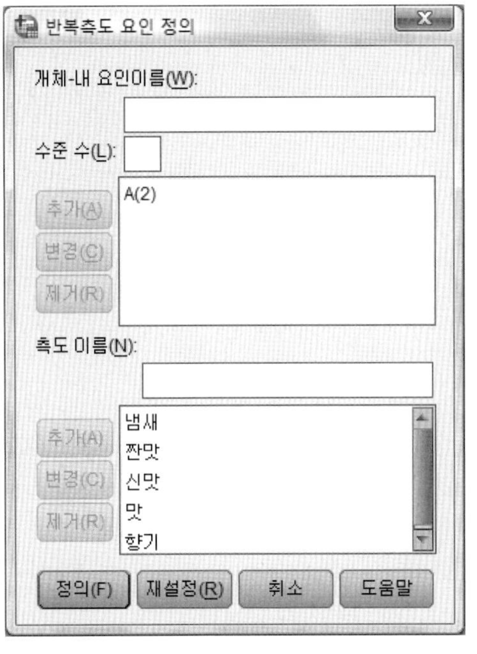

④ [정의]를 클릭한다.

⑤ 모든 변수 (냄새1, 냄새2, …)를 [개체-내 변수]에 투입한다.

〈순서 4〉 반복측정의 실행

[반복측도] 대화상자에서 [확인]을 클릭하면 분석결과가 얻어진다.

■ 반복측정의 분석결과

다음과 같은 분석결과가 출력된다. 앞에서의 [다변량 검정] 분석결과와 동일한 결과를 얻고 있다.

다변량 검정[a]

효과			값	F	가설 자유도	오차 자유도	유의확률
개체-간	절편	Pillai의 트레이스	.979	142.107[b]	5.000	15.000	.000
		Wilks의 람다	.021	142.107[b]	5.000	15.000	.000
		Hotelling의 트레이스	47.369	142.107[b]	5.000	15.000	.000
		Roy의 최대근	47.369	142.107[b]	5.000	15.000	.000
개체-내	A	Pillai의 트레이스	.545	3.589[b]	5.000	15.000	.025
		Wilks의 람다	.455	3.589[b]	5.000	15.000	.025
		Hotelling의 트레이스	1.196	3.589[b]	5.000	15.000	.025
		Roy의 최대근	1.196	3.589[b]	5.000	15.000	.025

a. Design: 절편
개체-내 계획: A

b. 정확한 통계량

다변량[a,b]

개체-내 효과		값	F	가설 자유도	오차 자유도	유의확률
A	Pillai의 트레이스	.545	3.589[c]	5.000	15.000	.025
	Wilks의 람다	.455	3.589[c]	5.000	15.000	.025
	Hotelling의 트레이스	1.196	3.589[c]	5.000	15.000	.025
	Roy의 최대근	1.196	3.589[c]	5.000	15.000	.025

a. Design: 절편
개체-내 계획: A

b. 검정은 평균변수를 기준으로 결정됩니다.

c. 정확한 통계량

개체-내 대비 검정

소스	측도	A	제 III 유형 제곱합	자유도	평균 제곱	F	유의확률
A	냄새	선형모형	.025	1	.025	.031	.863
	짠맛	선형모형	2.025	1	2.025	1.510	.234
	신맛	선형모형	16.900	1	16.900	12.793	.002
	맛	선형모형	3.600	1	3.600	2.693	.117
	향기	선형모형	1.600	1	1.600	2.667	.119
오차(A)	냄새	선형모형	15.475	19	.814		
	짠맛	선형모형	25.475	19	1.341		
	신맛	선형모형	25.100	19	1.321		
	맛	선형모형	25.400	19	1.337		
	향기	선형모형	11.400	19	.600		

여기에서의 [오차]는 앞의 예제에 있어서의 1변량마다의 '사람'에 관한 편차제곱의 합과 일치한다.

개체-간 효과 검정

변환된 변수: 평균

소스	측도	제 III 유형 제곱합	자유도	평균 제곱	F	유의확률
절편	냄새	390.625	1	390.625	212.814	.000
	짠맛	469.225	1	469.225	487.840	.000
	신맛	422.500	1	422.500	341.596	.000
	맛	313.600	1	313.600	444.657	.000
	향기	136.900	1	136.900	117.697	.000
오차	냄새	34.875	19	1.836		
	짠맛	18.275	19	.962		
	신맛	23.500	19	1.237		
	맛	13.400	19	.705		
	향기	22.100	19	1.163		

반복측정이란 반복해서 측정하는 것인데, 분산분석의 반복 수와는 의미가 다르므로 주의가 필요하다. 다음 데이터를 살펴보자.

약물투여 후의 심박수(D. M. Fisher)

환자 \ 시간	1분 후	5분 후	10분 후
A	92	87	68
B	112	94	90
C	71	69	62
D	90	83	66
E	85	72	69

이 데이터는 1분 후, 5분 후, 10분 후, 같은 환자에 대해서 심박수를 반복측정하고 있다. 이와 같은 때 반복측정이라고 한다. 다시 말하면 데이터 간에 대응관계가 있으므로 사용 전·사용 후의 데이터에 대한 일반화라고 생각할 수 있다.

일변량 검정

소스	측도		제 III 유형 제곱합	자유도	평균 제곱	F	유의확률
A	냄새	구형성 가정	.025	1	.025	.031	.863
		Greenhouse-Geisser	.025	1.000	.025	.031	.863
		Huynh-Feldt	.025	1.000	.025	.031	.863
		하한값	.025	1.000	.025	.031	.863
	짠맛	구형성 가정	2.025	1	2.025	1.510	.234
		Greenhouse-Geisser	2.025	1.000	2.025	1.510	.234
		Huynh-Feldt	2.025	1.000	2.025	1.510	.234
		하한값	2.025	1.000	2.025	1.510	.234
	신맛	구형성 가정	16.900	1	16.900	12.793	.002
		Greenhouse-Geisser	16.900	1.000	16.900	12.793	.002
		Huynh-Feldt	16.900	1.000	16.900	12.793	.002
		하한값	16.900	1.000	16.900	12.793	.002
	맛	구형성 가정	3.600	1	3.600	2.693	.117
		Greenhouse-Geisser	3.600	1.000	3.600	2.693	.117
		Huynh-Feldt	3.600	1.000	3.600	2.693	.117
		하한값	3.600	1.000	3.600	2.693	.117
	향기	구형성 가정	1.600	1	1.600	2.667	.119
		Greenhouse-Geisser	1.600	1.000	1.600	2.667	.119
		Huynh-Feldt	1.600	1.000	1.600	2.667	.119
		하한값	1.600	1.000	1.600	2.667	.119
오차(A)	냄새	구형성 가정	15.475	19	.814		
		Greenhouse-Geisser	15.475	19.000	.814		
		Huynh-Feldt	15.475	19.000	.814		
		하한값	15.475	19.000	.814		
	짠맛	구형성 가정	25.475	19	1.341		
		Greenhouse-Geisser	25.475	19.000	1.341		
		Huynh-Feldt	25.475	19.000	1.341		
		하한값	25.475	19.000	1.341		
	신맛	구형성 가정	25.100	19	1.321		
		Greenhouse-Geisser	25.100	19.000	1.321		
		Huynh-Feldt	25.100	19.000	1.321		
		하한값	25.100	19.000	1.321		
	맛	구형성 가정	25.400	19	1.337		
		Greenhouse-Geisser	25.400	19.000	1.337		
		Huynh-Feldt	25.400	19.000	1.337		
		하한값	25.400	19.000	1.337		
	향기	구형성 가정	11.400	19	.600		
		Greenhouse-Geisser	11.400	19.000	.600		
		Huynh-Feldt	11.400	19.000	.600		
		하한값	11.400	19.000	.600		

CHAPTER

14

일반선형모형과 실험계획법

CHAPTER 14 **일반선형모형과 실험계획법**

14.1 | 난괴법

다음과 같은 실험을 하지 않으면 안 된다고 하자.

표 14.1 일원배치 분산분석의 데이터

수준 A_1	x_{11} x_{12} x_{13} x_{14}
수준 A_2	x_{21} x_{22} x_{23} x_{24}
수준 A_3	x_{31} x_{32} x_{33} x_{34}
수준 A_4	x_{41} x_{42} x_{43} x_{44}

(주) 전부해서 4×4회의 실험을 반복한다.

그런데 1일에 4회밖에 실험을 실시할 수 없다고 하면 어떻게 할까?
이와 같을 때, 각 1일을 하나의 블록으로 해서,

(주) 블록이란 원래 농장실험의 용어이다. 넓은 농장 전체에 걸쳐서 지력(地力)이 균일하다고 하는 경우는 있을 수 없다. 그래서 농장을 몇 개로 분할하여 같은 구획 안에서는 지력이 거의 같게 되도록 한 것을 블록이라고 했다.

다음과 같이 네 개의 블록으로 실험을 배치했다.

연구목적에 따라서 계통적으로 설정되는 조건을 처리라든가 요인이라고 한다. 이에 비해서 연구목적이 아니지만 결과에 영향을 미칠 듯한 조건을, 그 영향의 유무를 알 수 있도록 조직적으로 통합한 것을 블록요인(또는 블록)이라든가 층별요인이라고 부른다.
실험목적으로 된 요인 외에 피험체를 블록으로 한 것을 난괴배치 혹은 난괴법이라고 부른다.

표 14.2　난괴법의 예

블록 B1 (1일째)	블록 B2 (2일째)	블록 B3 (3일째)	블록 B4 (4일째)
A_1	A_3	A_3	A_2
↓	↓	↓	↓
A_3	A_2	A_4	A_4
↓	↓	↓	↓
A_4	A_1	A_2	A_3
↓	↓	↓	↓
A_2	A_4	A_1	A_1
↑	↑	↑	↑

A_1이 각 블록에 1회씩 나타나고 있다.
즉, 각 블록 안에 각 수준 A1이 랜덤하게 1회씩 포함된다.

이와 같이 실험하는 것을 난괴법(亂塊法, randomized blocks method)이라고 한다.

[예제 14-1]

이 실험의 결과 <표 14.3>와 같은 측정치를 얻었다. 다음의 데이터를 사용해서 SPSS에 의한 난괴법을 실시해 보자.

표 14.3　난괴법에 의한 측정치

블록 B1 (1일째)	블록 B2 (2일째)	블록 B3 (3일째)	블록 B4 (4일째)
A_1=8.3	A_3=8.1	A_3=7.2	A_2=8.2
A_3=7.3	A_2=8.3	A_4=7.8	A_4=6.0
A_4=5.1	A_1=8.8	A_2=9.2	A_3=7.0
A_2=7.1	A_4=5.9	A_1=8.8	A_1=8.3

이 데이터에 대해서 SPSS에 의한 난괴법을 실시하는 순서는 다음과 같다.

■ SPSS에 의한 해법

〈순서 1〉 데이터의 입력

<표 14.3>의 데이터를 다음과 같이 입력한다.

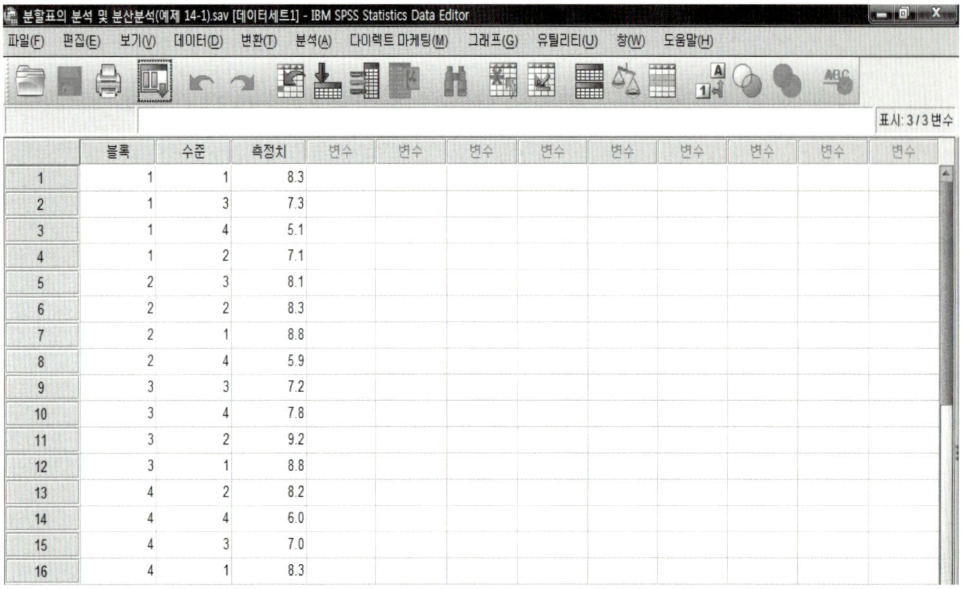

	블록	수준	측정치
1	1	1	8.3
2	1	3	7.3
3	1	4	5.1
4	1	2	7.1
5	2	3	8.1
6	2	2	8.3
7	2	1	8.8
8	2	4	5.9
9	3	3	7.2
10	3	4	7.8
11	3	2	9.2
12	3	1	8.8
13	4	2	8.2
14	4	4	6.0
15	4	3	7.0
16	4	1	8.3

[변수값 설명]

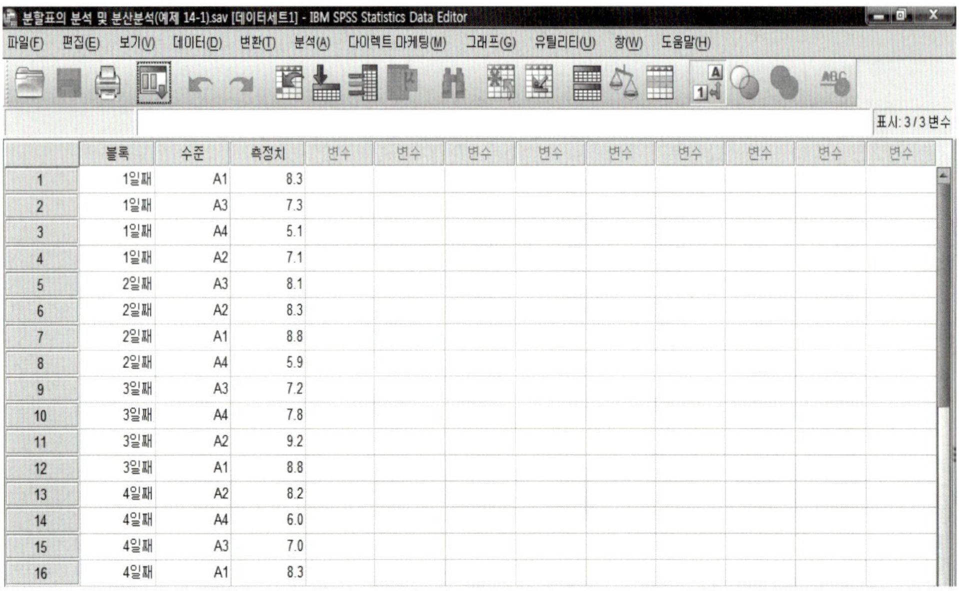

	블록	수준	측정치
1	1일째	A1	8.3
2	1일째	A3	7.3
3	1일째	A4	5.1
4	1일째	A2	7.1
5	2일째	A3	8.1
6	2일째	A2	8.3
7	2일째	A1	8.8
8	2일째	A4	5.9
9	3일째	A3	7.2
10	3일째	A4	7.8
11	3일째	A2	9.2
12	3일째	A1	8.8
13	4일째	A2	8.2
14	4일째	A4	6.0
15	4일째	A3	7.0
16	4일째	A1	8.3

〈순서 2〉 일변량 분산분석의 선택

메뉴에서 [분석(A)] – [일반선형모형(G)] – [일변량(U)]을 선택한다.

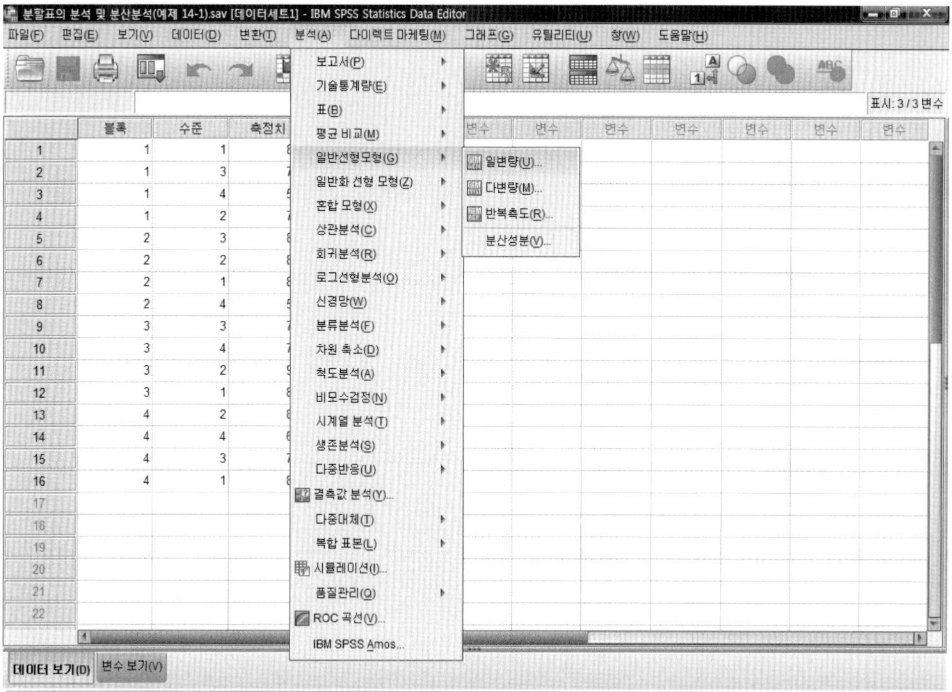

〈순서 3〉 변수의 선택

[종속변수(D)]로서 측정치, [모수요인(F)]으로서 블록과 수준을 선택한다.

〈순서 4〉 모형의 설정

① [모형(M)] 버튼을 클릭하면 다음과 같은 대화상자가 나타난다.

② [사용자 정의(C)]를 지정하면 화면의 문자가 검게 반전된다. 그러면 수준과 블록을 지정하여 [모형(M)]의 난에 입력한다.

[계속] 버튼을 클릭하면 앞의 화면으로 복귀한다. 여기에서 [확인]을 클릭하면 분석 결과를 얻을 수 있다.

■ 분석결과 및 결과의 해석방법

일변량 분산분석

개체-간 요인

		변수값 설명	N
블록	1	1일째	4
	2	2일째	4
	3	3일째	4
	4	4일째	4
수준	1	A1	4
	2	A2	4
	3	A3	4
	4	A4	4

개체-간 효과 검정

종속 변수: 측정치

소스	제 III 유형 제곱합	자유도	평균 제곱	F	유의확률
수정 모형	16.750[a]	6	2.792	7.461	.004
절편	921.123	1	921.123	2461.797	.000
블록	3.703	3	1.234	3.298	.072
수준	13.048	3	4.349	11.624	.002
오차	3.368	9	.374		
합계	941.240	16			
수정 합계	20.118	15			

a. R 제곱 = .833 (수정된 R 제곱 = .721)

개체-간 효과 검정에서 블록에 관한 차이의 검정을 보자.

난괴법의 경우에 이 블록의 차이 검정은 무시하기로 한다.

수준 간의 차이 검정, 즉

"귀무가설 H_0 : 네 개의 수준 A_1, A_2, A_3, A_4의 사이에 차이는 없다"

를 검정하고 있다.

$$\text{유의확률} = 0.002 < \text{유의확률 } \alpha = 0.05$$

이므로 귀무가설 H_0는 기각된다.

따라서 네 개의 수준 간에 차이가 있다는 것을 알 수 있다.

14.2 | 라틴 방격

라틴 방격(Latin square)이란 다음과 같은 표를 말한다.

표 14.4 4×4 라틴 방격의 예

	블록 B_1에서의 순위	블록 B_2에서의 순위	블록 B_3에서의 순위	블록 B_4에서의 순위
수준 A_1	1	2	3	4
수준 A_2	2	1	4	3
수준 A_3	3	4	2	2
수준 A_4	4	3	1	1

(주) 어느 수준에 있어서도 같은 순위는 나타나지 않는다.

즉, 세로로 보나 가로로 보나 {1, 2, 3, 4}의 숫자가 규칙적으로 들어가 있다. 따라서 라틴 방격은 난괴법을 더욱 정밀하게 한 것이라고 생각된다.

세 개의 요인 A, 요인 B, 요인 C에 대해서 각각 수준이

- 요인 A … 수준 A_1, 수준 A_2, 수준 A_3, 수준 A_4
- 요인 B … 수준 B_1, 수준 B_2, 수준 B_3, 수준 B_4
- 요인 C … 수준 C_1, 수준 C_2, 수준 C_3, 수준 C_4

로 되어 있다고 하자. 이때에 모든 편성에 대해서 실험을 하면

$$4 \times 4 \times 4 = 64$$

와 같이 64회나 실험계획을 필요로 하는데, 다음의 표와 같이 생각하면 불과 16회의 실험으로 끝나게 된다.

(주) 라틴 방격이란 p종류의 기호를 각 p개씩, p행 p열의 정방형으로 배열하고, 어느 행이든 어느 열이든 같은 기호가 1개씩 포함되도록 한 것이다.

표 14.5 4×4 라틴 방격

요인B / 요인A	B_1	B_2	B_3	B_4
A_1	C_1	C_2	C_3	C_4
A_2	C_2	C_1	C_4	C_3
A_3	C_3	C_4	C_2	C_1
A_4	C_4	C_3	C_1	C_2

(주) 즉, 조건 A_2, B_4, C_3 하에서의 실험

[예제 14-2]

위의 라틴 방격에 따라서 실험을 했더니 <표 14.6>과 같은 측정치를 얻었다. 다음의 데이터에 대해서 SPSS에 의한 해를 구해 보자.

표 14.6 라틴 방격에 의한 측정치

	B_1	B_2	B_3	B_4
A_1	C_1 10.8	C_2 9.8	C_3 21.3	C_4 13.0
A_2	C_2 9.4	C_1 8.4	C_4 15.0	C_3 14.0
A_3	C_3 19.2	C_4 19.1	C_2 13.5	C_1 16.4
A_4	C_4 14.1	C_3 19.1	C_1 15.8	C_2 15.2

■ SPSS에 의한 해법

〈순서 1〉 데이터의 입력

<표 14.6>의 데이터를 다음과 같이 입력한다.

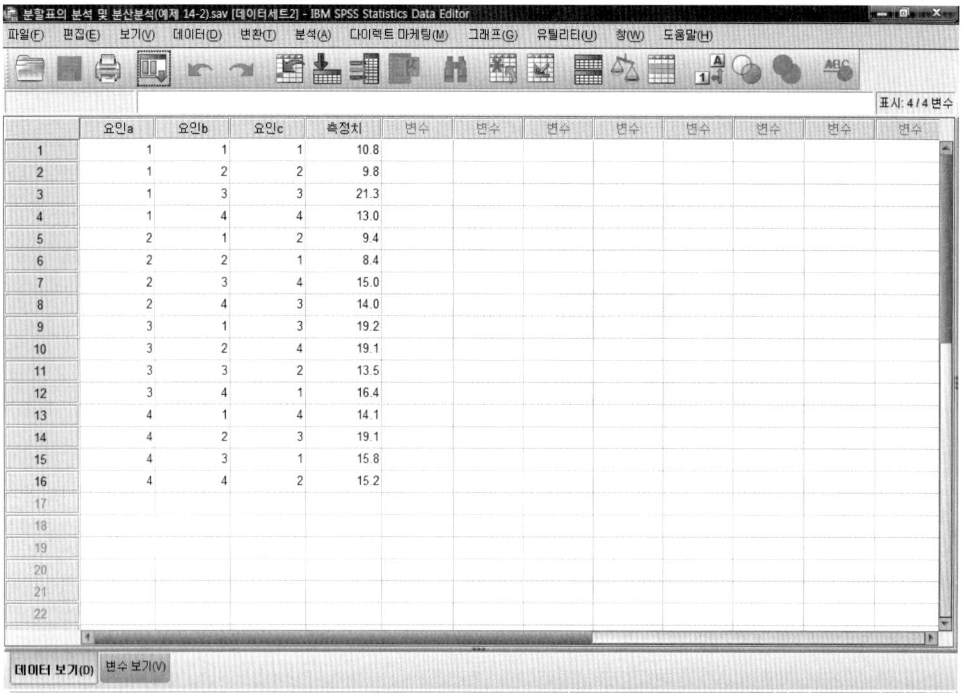

〈순서 2〉 일변량 분산분석의 선택

메뉴에서 [분석(A)] - [일반선형모형(G)] - [일변량(U)]을 선택한다.

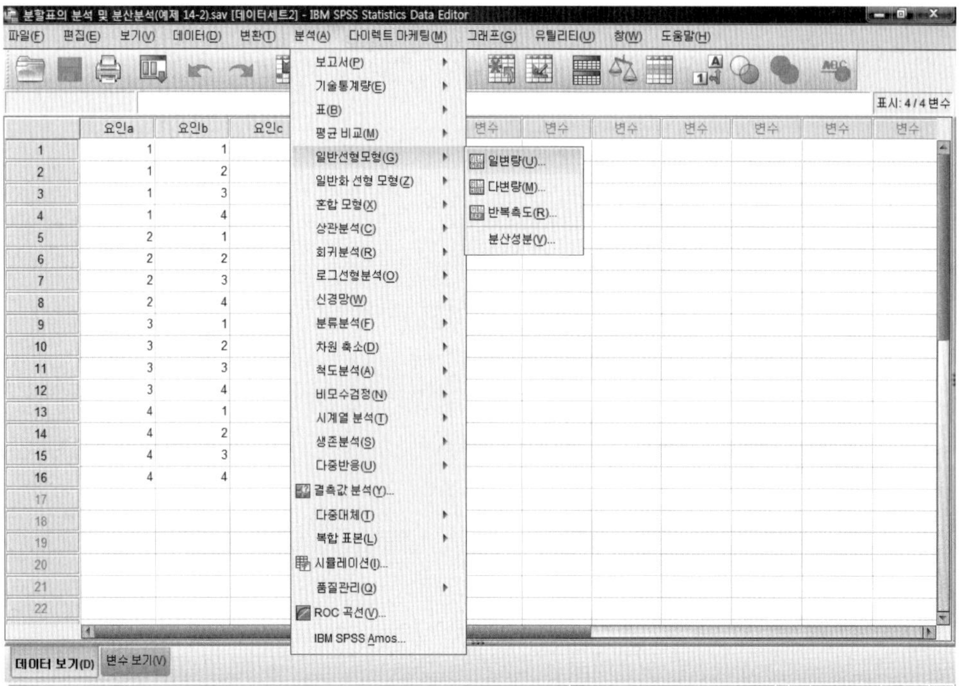

〈순서 3〉 변수의 선택

[종속변수(D)]로서 측정치, [모수요인(F)]으로서 요인a, 요인b, 요인c를 선택한다.

〈순서 4〉 모형의 설정

① [모형(M)] 버튼을 클릭하면 다음과 같은 대화상자가 나타난다. [사용자 정의(C)]를 지정한다.

② 화면의 문자가 검게 반전된다. 그러면 요인a, 요인b, 요인c를 차례로 지정하여 [모형(M)]의 난에 입력한다.

[계속] 버튼을 클릭하면 앞의 화면으로 복귀한다. 여기에서 [확인] 버튼을 클릭하면 분석결과를 얻을 수 있다.

■ 분석결과 및 결과의 해석방법

일변량 분산분석

개체-간 요인

		변수값 설명	N
요인a	1	A1	4
	2	A2	4
	3	A3	4
	4	A4	4
요인b	1	B1	4
	2	B2	4
	3	B3	4
	4	B4	4
요인c	1	C1	4
	2	C2	4
	3	C3	4
	4	C4	4

개체-간 효과 검정

종속 변수: 측정치

소스	제 III 유형 제곱합	자유도	평균 제곱	F	유의확률
수정 모형	188.581[a]	9	20.953	4.123	.049
절편	3425.176	1	3425.176	673.943	.000
요인a	69.107	3	23.036	4.533	.055
요인b	19.957	3	6.652	1.309	.355
요인c	99.517	3	33.172	6.527	.026
오차	30.494	6	5.082		
합계	3644.250	16			
수정 합계	219.074	15			

a. R 제곱 = .861 (수정된 R 제곱 = .652)

개체-간 효과 검정에서 요인 A에 관한 차이의 검정을 살펴보자.

"귀무가설 H_0 : A_1, A_2, A_3, A_4의 사이에 차이는 없다"

에 대해서

$$\text{유의확률} = 0.055 > \text{유의수준 } \alpha = 0.05$$

이므로 귀무가설 H_0는 기각되지 않는다.

따라서 네 개의 수준 간에 차이가 있다고는 할 수 없다.

요인 B에 관한 차이의 검정에서는

"귀무가설 H_0 : B_1, B_2, B_3, B_4의 사이에 차이는 없다"

에 대해서

$$\text{유의확률} = 0.355 > \text{유의수준 } \alpha = 0.05$$

이므로 귀무가설 H_0는 기각되지 않는다.

즉, 네 개의 수준 간에 차이가 있다고는 할 수 없다.

요인 C에 관한 차이의 검정에서는

"귀무가설 H_0 : C_1, C_2, C_3, C_4의 사이에 차이는 없다"

에 대해서

$$\text{유의확률} = 0.026 < \text{유의수준 } \alpha = 0.05$$

이므로 귀무가설 H_0는 기각된다.

따라서 네 개의 수준 C_1, C_2, C_3, C_4의 사이에 차이가 있다는 것을 알 수 있다.

14.3 | 직교표

직교표(直交表)란 요컨대 실험의 횟수를 줄이기 위하여 생각해 낸 매우 훌륭한 실험방법의 하나이다.

예를 들면, 네 개의 요인 A, B, C, D가 각각 두 개의 수준

- 요인 A … 수준 A_1, 수준 A_2
- 요인 B … 수준 B_1, 수준 B_2
- 요인 C … 수준 C_1, 수준 C_2
- 요인 D … 수준 D_1, 수준 D_2

로 나누어져 있는 경우, 모든 편성의 실험횟수는

$$2\times2\times2\times2=16$$

과 같이 적어도 16회 필요하게 된다. 그런데 다음 표의 음영 표시가 있는 데만 실험을 하기로 하면, 불과 8회의 실험으로 끝나게 된다.

표 14.7 4원배치의 데이터

	요인 D	D_1		D_2	
요인 C	요인A \ 요인B	B_1	B_2	B_1	B_2
C_1	A_1	x_{1111}	x_{1211}	x_{1112}	x_{1212}
	A_2	x_{2111}	x_{2211}	x_{2112}	x_{2212}
C_2	A_1	x_{1121}	x_{1221}	x_{1122}	x_{1222}
	A_2	x_{2121}	x_{2221}	x_{2122}	x_{2222}

(주) 음영 표시는 <표 14.8>의 실험의 편성
(주) 음영 표시에 치우침은 없다.

즉, 다음과 같은 표를 직교표라고 부르고 있다.

표 14.8 직교표의 1예

번호	요인A	요인 B	요인 C	요인 D	측정치 x
1	A_1	B_1	C_1	D_1	x_{1111}
2	A_1	B_1	C_2	D_2	x_{1122}
3	A_1	B_2	C_1	D_2	x_{1212}
4	A_1	B_2	C_2	D_1	x_{1221}
5	A_2	B_1	C_1	D_2	x_{2112}
6	A_2	B_1	C_2	D_1	x_{2121}
7	A_2	B_2	C_1	D_1	x_{2211}
8	A_2	B_2	C_2	D_2	x_{2222}

힌트 : 왜 직교라고 하는 이름이 붙어 있을까?

표 14.9 $L_4(2^3)$ 직교표

번호 \ 열	(1)	(2)	(3)
1	1	1	1
2	1	2	2
3	2	1	2
4	2	2	1

↑

2를 −1로 치환하면

$$\begin{bmatrix}1\\1\\2\\2\end{bmatrix}\begin{bmatrix}1\\2\\1\\2\end{bmatrix}\begin{bmatrix}1\\2\\2\\1\end{bmatrix} \text{는} \begin{bmatrix}1\\1\\-1\\-1\end{bmatrix}\begin{bmatrix}1\\-1\\1\\-1\end{bmatrix}\begin{bmatrix}1\\-1\\-1\\1\end{bmatrix} \text{로 바뀐다.}$$

이 세 개의 벡터는 서로 직교하고 있으므로 직교표라고 부르고 있다.

[예제 14-3]

위의 직교표에 따라서 실험을 했더니 다음과 같은 측정치를 얻었다. 다음의 데이터에 대해서 SPSS에 의한 해를 구해 보자.

표 14.10 직교표의 측정치

번호	요인A	요인 B	요인 C	요인 D	측정치 x
1	A_1	B_1	C_1	D_1	x_{1111}=19.5
2	A_1	B_1	C_2	D_2	x_{1122}= 4.8
3	A_1	B_2	C_1	D_2	x_{1212}=16.1
4	A_1	B_2	C_2	D_1	x_{1221}=12.5
5	A_2	B_1	C_1	D_2	x_{2112}= 1.9
6	A_2	B_1	C_2	D_1	x_{2121}= 2.4
7	A_2	B_2	C_1	D_1	x_{2211}=11.2
8	A_2	B_2	C_2	D_2	x_{2222}= 4.0

■ SPSS에 의한 해법

〈순서 1〉 데이터의 입력

<표 14.10>의 데이터를 다음과 같이 입력한다.

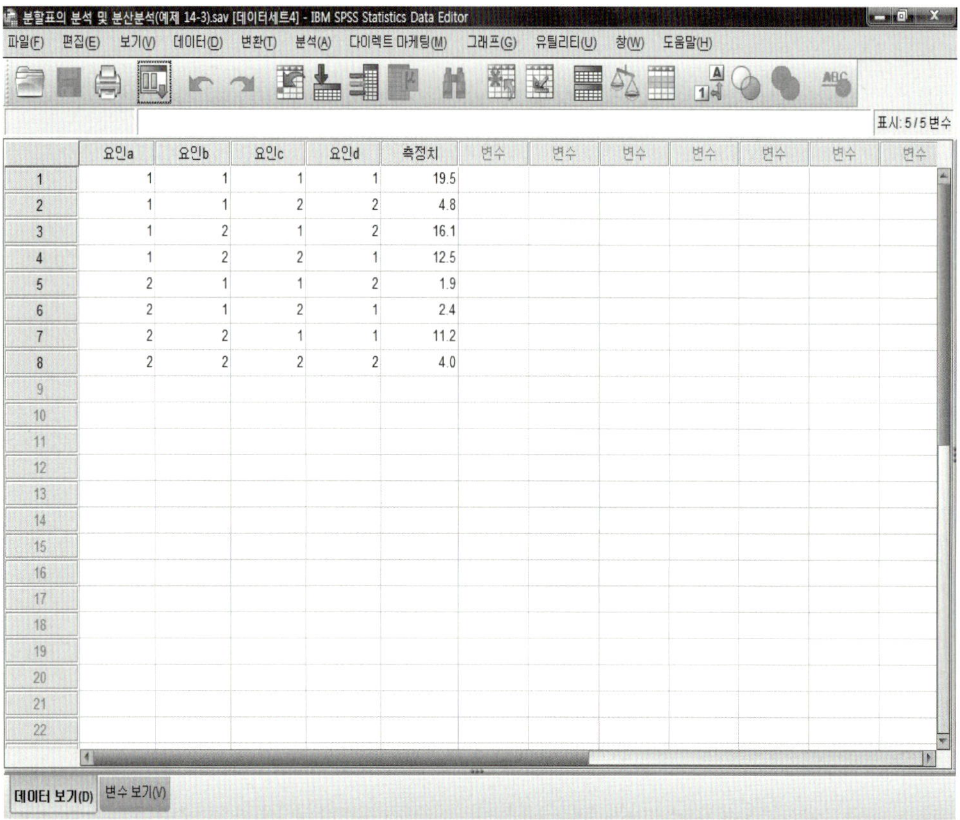

〈순서 2〉 일변량 분산분석의 선택

메뉴에서 [분석(A)]-[일반선형모형(G)]-[일변량(U)]을 선택한다.

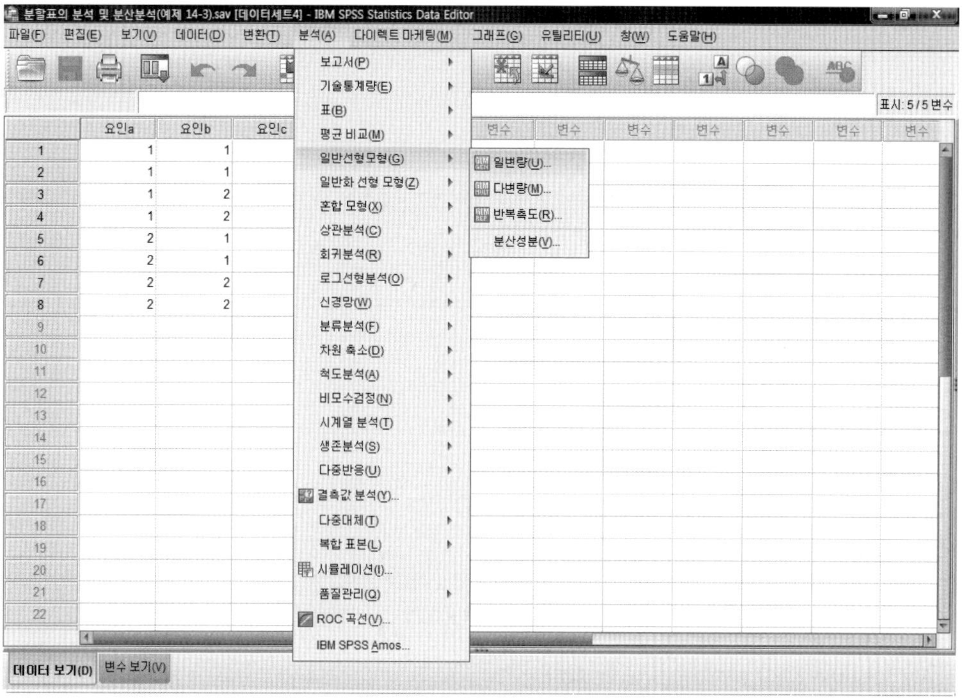

〈순서 3〉 변수의 선택

[종속변수(D)]로서는 측정치, [모수요인(F)]으로서는 요인a, 요인b, 요인c, 요인d를 선택한다.

〈순서 4〉 모형의 설정

① [모형(M)] 버튼을 클릭하면 다음과 같은 대화상자가 나타난다. [사용자 정의(C)]를 지정한다.

② 화면의 문자가 검게 반전된다. 그러면 요인a, 요인b, 요인c, 요인d를 차례로 지정하여 [모형(M)]의 난에 입력한다. 여기에서 [계속] 버튼을 클릭한다.

상호작용이 없는 모형

②′ 모형을 만드는 방법은 여러 가지이다. 다음의 모형은 요인a와 요인b의 상호작용을 채택하고 있다.

상호작용이 있는 모형(1)

②″ 연구내용에 따라서는 다음과 같이 요인a와 요인c의 상호작용, 요인b와 요인d의 상호 작용을 채택하지 않으면 안 될지도 모른다.

상호작용이 있는 모형(2)

〈순서 5〉 분석결과의 출력

모형의 설정이 끝나면 [계속] 버튼을 클릭한다. 그러면 다음의 화면으로 복귀한다. 여기에서 [확인] 버튼을 클릭하면 분석결과를 얻게 된다.

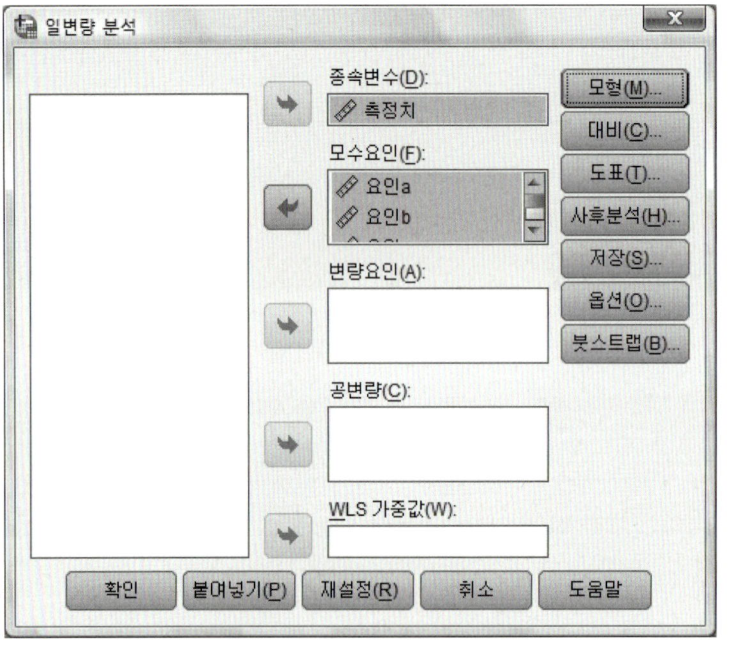

■ 분석결과 및 결과의 해석방법

일변량 분산분석

개체-간 요인

		변수값 설명	N
요인a	1	A1	4
	2	A2	4
요인b	1	B1	4
	2	B2	4
요인c	1	C1	4
	2	C2	4
요인d	1	D1	4
	2	D2	4

개체-간 효과 검정

종속 변수: 측정치

소스	제 III 유형 제곱합	자유도	평균 제곱	F	유의확률
수정 모형	290.630[a]	4	72.658	9.193	.049
절편	655.220	1	655.220	82.904	.003
요인a	139.445	1	139.445	17.644	.025
요인b	28.880	1	28.880	3.654	.152
요인c	78.125	1	78.125	9.885	.052
요인d	44.180	1	44.180	5.590	.099
오차	23.710	3	7.903		
합계	969.560	8			
수정 합계	314.340	7			

a. R 제곱 = .925 (수정된 R 제곱 = .824)

개체-간 효과 검정에서

요인 A에 대한 검정 :

"귀무가설 H_0 : 수준 A_1, A_2의 사이에 차이는 없다"

를 검정하고 있다.

유의확률 = 0.025 < 유의수준 α = 0.05

이므로 귀무가설 H_0는 기각된다.

수준 A_1, A_2의 사이에 차이가 있으므로 요인 A는 이 실험에 유효하게 작용하고 있다는 것을 알 수 있다.

요인 B에 대한 검정 :

"귀무가설 H_0 : 수준 B_1, B_2의 사이에 차이는 없다"

를 검정하고 있다.

유의확률 = 0.152 > 유의수준 α = 0.05

이므로 귀무가설 H_0는 기각되지 않는다. 즉, 요인 B는 이 실험에 유효하게 작용하고 있지 않다는 것을 알 수 있다.

요인 C에 대한 검정 :

"귀무가설 H_0 : 수준 C_1, C_2의 사이에 차이는 없다"

를 검정하고 있다.

$$유의확률 = 0.052 > 유의수준\ \alpha = 0.05$$

이므로 귀무가설 H_0는 기각되지 않는다. 즉, 요인 C는 이 실험에 유효하게 작용하고 있지 않다는 것을 알 수 있다.

요인 D에 대한 검정 :

"귀무가설 H_0 : 수준 D_1, D_2의 사이에 차이는 없다"

를 검정하고 있다.

$$유의확률 = 0.099 > 유의수준\ \alpha = 0.05$$

이므로 귀무가설 H_0는 기각되지 않는다.

이 사실은 요인 D는 이 실험에 유효하게 작용하고 있지 않다는 것을 나타내고 있다.

CHAPTER

15

일반선형모형에 의한 분할법

CHAPTER 15

일반선형모형에 의한 분할법

15.1 | 분할법의 개요

■ 완전무작위법과 분할법

이제 두 개의 요인 A와 B를 문제 삼는 실험을 생각한다. 상호작용 A×B도 검정하고 싶으므로, 반복을 2회 넣기로 한다. A를 4수준, B를 3수준으로 하면 다음 <표 15.1>과 같이 24(=4×3×2)회의 실험을 실시하게 된다.

표 15.1 반복 있는 이원배치 실험

	B1	B2	B3
A1	(1)	(9)	(17)
	(2)	(10)	(18)
A2	(3)	(11)	(19)
	(4)	(12)	(20)
A3	(5)	(13)	(21)
	(6)	(14)	(22)
A4	(7)	(15)	(23)
	(8)	(16)	(24)

24회의 실험을 무작위한 순서로 실시하는 방법, 혹은 24명의 피험자에게 실험조건을 할당하는 방법을 **완전무작위화법**이라고 한다.

한편, 요인 A의 어느 수준에서 실험을 행할 것인지를 최초로 정하고, 다음에 그 수준 중에서 요인 B의 어느 수준에서 실험을 행할 것인지를 무작위하게 정하도록 하는 방법을 **분할법**이라고 한다.

분할법에서는 A1에서 A4까지 8회(4수준×반복 2회)의 실험순서를 무작위하게 정하고, A의 수준이 정해진 다음에 B1에서 B3까지를 무작위한 순서로 실험을 실시한다. 이것은 피험자의 수로 설명하면, 8명의 피험자에게 A1에서 A4까지를 무작위하게 할당하고(각 수준 2명씩), 피험자마다 B1에서 B3까지를 할당한다고 하는 방법이다.

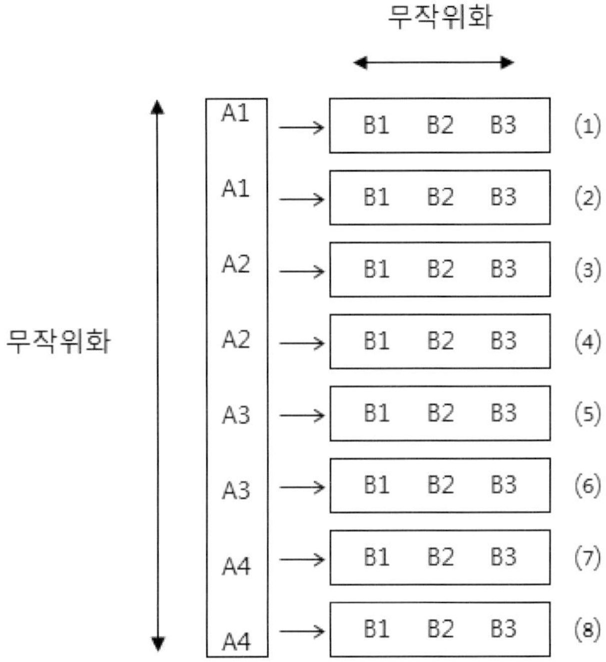

그림 15.1 **분할법**

분할법이란 무작위화를 몇 단계로 나누어서 행하는 실험방법이다. 제1단계에서 무작위화되는 요인을 1차 요인, 제2단계에서 무작위화되는 요인을 2차 요인이라고 한다. 제k단계에서 무작위화되는 요인은 k차 요인이다. 이 예에서는 요인 A가 1차 요인, B가 2차 요인이 된다.

제1단계에서의 무작위화로 생기는 오차를 1차 오차, 제2단계에서의 무작위화로 생기는 오차를 2차 오차라 하고, 실험오차가 갈라져 나타나는 것이 분할법의 특징이다.

그리고 1차 요인을 할당한 실험의 블록을 1차 단위, 2차 요인을 할당한 실험의 블록을 2차 단위라고 부른다. 따라서 1차 오차란 1차 단위에서 생기는 오차, 2차 오차란 2차 단위에서 생기는 오차라고 하는 표현도 가능하다.

■ **분할법의 예**

[예 1]

앞의 예에서는 A1에서 A4까지의 8회(4수준×반복 2회)를 무작위화하고 있는데, A1에서 A4까지의 4회를 무작위화하고, 다음에 B를 무작위화한다. 그것을 2회 반복한다고 하는 방법도 생각할 수 있다. 그림으로 나타내면 다음과 같이 된다. 이 경우에는 반복도 1차 요인으로서 분석할 필요가 있다.

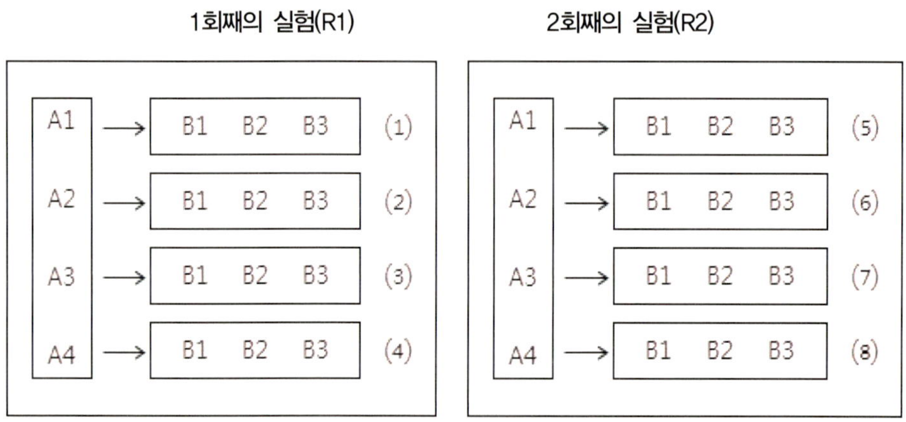

그림 15.2 2회 반복 실험

[예 2]

예1에서 1회째의 실험만으로 그친다고 하는 방법도 생각할 수 있다.

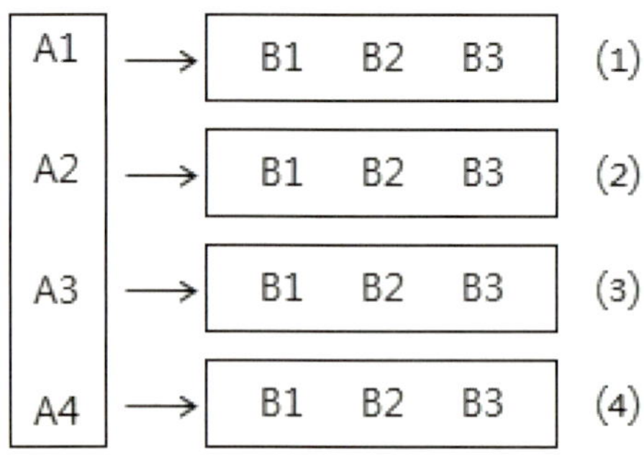

그림 15.3 1회 실험

이 예의 경우에 AB의 동일 조건에서의 반복이 없으므로, A×B를 검출하는 것은 불가능하다. 그리고 A의 효과와 1차 오차가 교락(交絡)해 버리므로, A가 유의하더라도 정말로 A의 효과에 의한 것인지, 1차 오차에 의한 것인지 혹은 그 양쪽인지를 구별할 수 없다.

■ 요인과 검정의 관계

1차 단위의 인자를 1차 인자, 2차 단위의 인자를 2차 인자라고 부르고, 1차 인자의 요인은 1차 오차로, 2차 인자의 요인은 2차 오차로 검정된다.

요인의 차수와 인자의 차수의 관계는 다음과 같이 된다.

① n차 요인의 주효과는 n차 인자 (n차 오차로 검정된다)
② n차 요인과 n차 요인의 상호작용은 n차 인자 (n차 오차로 검정된다)
③ n차 요인과 m차 요인($n < m$)의 상호작용은 m차 인자 (m차 오차로 검정된다)

한편, 사람(피험자)이 관계하는 실험에서는 피험자 간 요인을 1차 요인, 피험자 내 요인을 2차 요인이라고 생각해도 괜찮다.

■ 분할법의 장점

분할법에서는 실험 전체를 무작위화하는 것이 아니므로, 수준 변경이 곤란한 요인을 저차(低次)의 요인으로 해서 실험을 계획하면, 효율적으로 실험을 실시할 수 있다.

또한 분할법에서는 일반적으로 1차 인자에 대한 검출력(檢出力)보다 2차 인자에 대한 검출력 쪽이 높아지므로, 상호작용에 관심이 있는 요인은, 한쪽의 요인을 (표시 요인이 있을 때는 표시 요인 쪽을) 1차 인자, 다른 쪽의 요인을 2차 인자로 해서 실험을 실시하면, 상호작용에 대한 검출력이 높아진다.

15.2 | 반복측정에 의한 분할법의 분석

[예제 15-1]

운동 전에 섭취하는 음료수가 운동 후의 회복시간에 미치는 영향을 조사하는 것을 목적으로 한 실험을 실시했다. 음료수는 세 종류(A1, A2, A3), 운동은 네 종류(B1, B2, B3, B4) 준비했다. 피험자의 수는 6명(C1, C2, C3, C4, C5, C6)이고, 각 피험자가 통상의 맥박수로 되돌아오기까지의 시간을 측정한 결과가 다음 <표 15.2>의 데이터표이다.

표 15.2 반복측정에 의한 데이터표

		운동의 종류			
피험자	음료수	B1	B2	B3	B4
C1	A1	29	28	26	33
C2	A1	31	29	28	34
C3	A2	31	31	31	32
C4	A2	32	33	33	35
C5	A3	34	36	33	35
C6	A3	35	38	34	32

실험은 다음과 같이 실시했다.

① 여섯 명을 두 명씩 세 개의 그룹으로 나누어서, A1, A2, A3의 어느 음료수를 섭취할 것인가를 무작위로 할당한다.
② B1, B2, B3, B4의 운동은 각 사람이 무작위한 순서로 실시했다.

분산분석을 실시해서 음료수와 운동의 종류에 따라서 회복시간에 차가 있는지 어떤지를 분석한다.

■ 1차 요인과 2차 요인

본 예제는 1차 요인을 A(음료수), 2차 요인을 B(운동)로 하는 분할법에 의한 실험의 형식이다.

1차 요인이 되는 A를 피험자 간 요인, 2차 요인이 되는 B를 피험자 내 요인이라고 부르기도 한다. SPSS에서 분할법에 의한 실험을 분석하려면 다음의 두 가지 방법이 있다.

① 반복측정
② 일반선형모형(GLM)

먼저 반복측정에 의한 분석을 실시해 보기로 한다.

■ SPSS에 의한 해법

〈순서 1〉 데이터의 입력

데이터를 다음과 같이 입력한다.

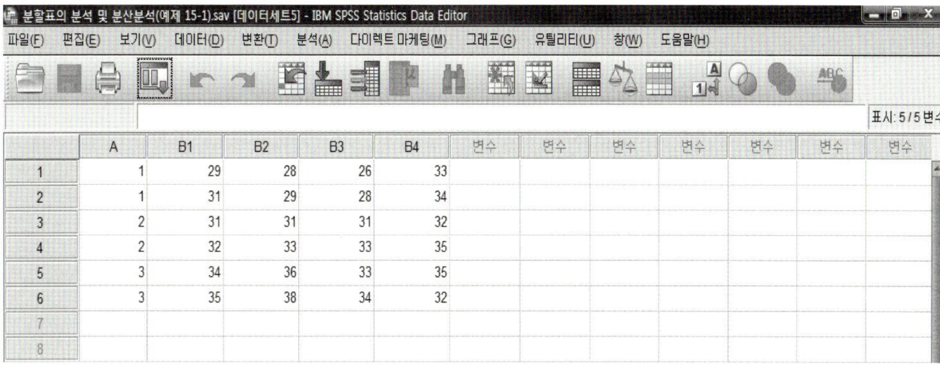

〈순서 2〉 반복측도의 실행

메뉴에서 [분석(A)]−[일반선형모형(G)]−[반복측도(R)]를 선택한다.

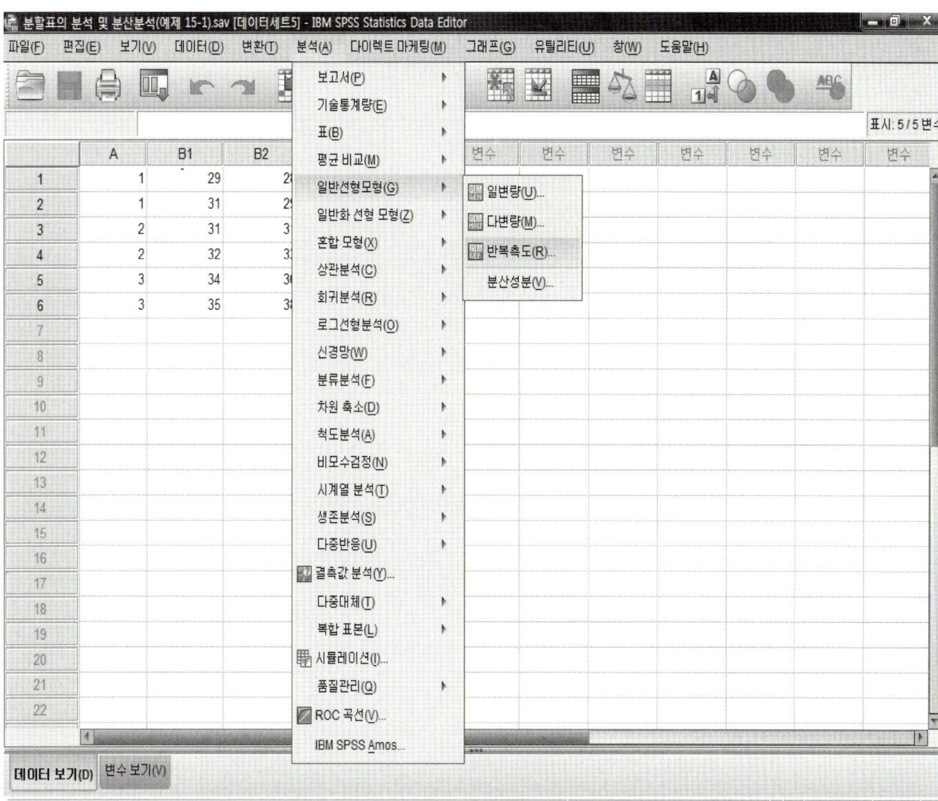

〈순서 3〉 반복측도 요인 정의

① 다음의 대화상자에서 [개체-내 요인이름]에 적당한 이름을 입력한다. 여기에서는 'B'로 한다. [수준 수]에 '4'라고 입력한다. [추가]를 클릭한다.

② 다음에 [정의]를 클릭한다.

〈순서 4〉 변수의 선택

① 다음의 대화상자에서 [개체-내 변수]에 B1, B2, B3, B4를 순서대로 투입한다.

② [개체-간 요인]에 A를 투입한다.

③ [확인]을 클릭하면 분석결과가 얻어진다.

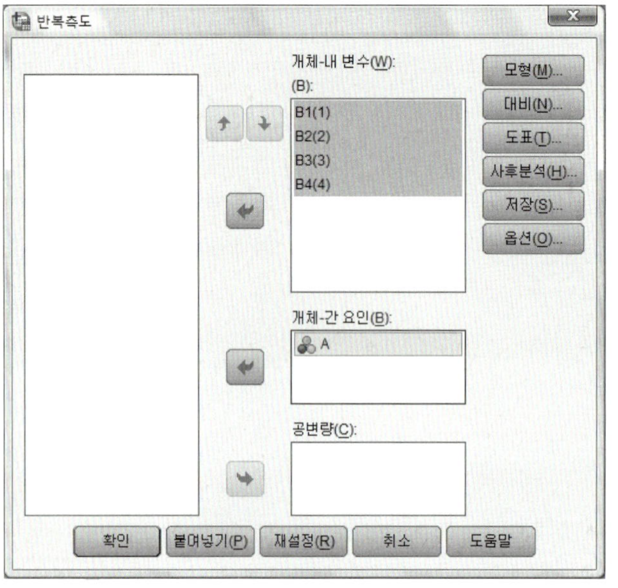

■ 분산분석의 결과

[구형성의 확인]

Mauchly의 구형성 검정[a]

측도: MEASURE_1

개체-내 효과	Mauchly의 W	근사 카이제곱	자유도	유의확률	엡실런[b]		
					Greenhouse-Geisser	Huynh-Feldt	하한값
B	.030	6.029	5	.371	.402	.974	.333

정규화된 변형 종속변수의 오차 공분산행렬이 단위행렬에 비례하는 영가설을 검정합니다.

a. Design: 절편 + A
   개체-내 계획: B

b. 유의성 평균검정의 자유도를 조절할 때 사용할 수 있습니다. 수정된 검정은 개체내 효과검정 표에 나타납니다.

Mauchly의 구형성(球形性) 검정의 결과는

$$유의확률 = 0.371 > 0.05$$

로 유의하지 않다. 따라서 앞으로의 분석결과는 구형성을 가정한 결과를 보기로 한다.

[분산분석]

개체-내 효과 검정

측도: MEASURE_1

소스		제 III 유형 제곱합	자유도	평균 제곱	F	유의확률
B	구형성 가정	22.125	3	7.375	7.479	.008
	Greenhouse-Geisser	22.125	1.207	18.333	7.479	.056
	Huynh-Feldt	22.125	2.923	7.570	7.479	.009
	하한값	22.125	1.000	22.125	7.479	.072
B * A	구형성 가정	45.250	6	7.542	7.648	.004
	Greenhouse-Geisser	45.250	2.414	18.747	7.648	.049
	Huynh-Feldt	45.250	5.846	7.741	7.648	.004
	하한값	45.250	2.000	22.625	7.648	.066
오차(B)	구형성 가정	8.875	9	.986		
	Greenhouse-Geisser	8.875	3.621	2.451		
	Huynh-Feldt	8.875	8.768	1.012		
	하한값	8.875	3.000	2.958		

2차 오차의 분산은 $V_{E2} = 0.986$이라고 하는 결과로 되어 있다.

2차 요인 B의 유의확률은 0.008, 상호작용 A×B의 유의확률은 0.004로, B 및 A×B는 유의하다는 것을 알 수 있다.

개체-간 효과 검정

측도: MEASURE_1

변환된 변수: 평균

소스	제 III 유형 제곱합	자유도	평균 제곱	F	유의확률
절편	24897.042	1	24897.042	5916.129	.000
A	95.083	2	47.542	11.297	.040
오차	12.625	3	4.208		

1차 오차의 분산은 $V_{E1} = 4.208$이라고 하는 결과로 되어 있다.

1차 요인의 유의확률은 0.040으로 A는 유의하다.

15.3 | 일반선형모형에 의한 분할법의 분석

일반선형모형으로 분할법의 실험 데이터를 분석하려면, Syntax 명령문이 필요하다.

■ SPSS에 의한 해법

〈순서 1〉 데이터의 입력

데이터를 다음과 같이 입력한다.

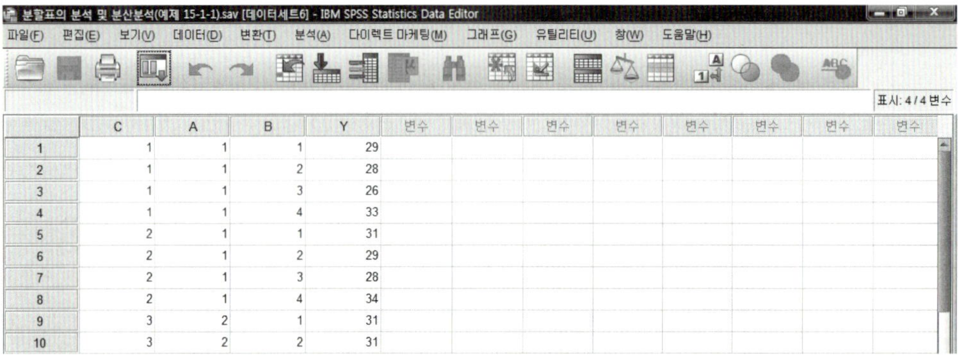

〈순서 2〉 일변량의 선택

메뉴에서 [분석(A)] − [일반선형모형(G)] − [일변량(U)]을 선택한다.

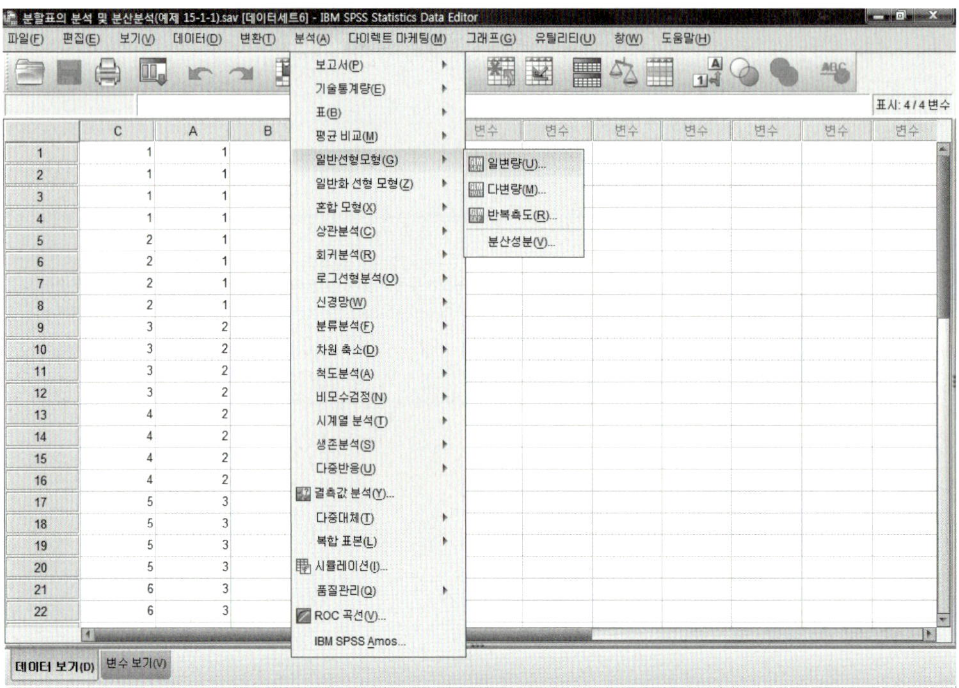

〈순서 3〉 변수의 선택

다음과 같이 변수를 선택하고 [붙여넣기]를 클릭한다.

〈순서 4〉 Syntax 명령문의 생성

① 다음의 Syntax 명령문이 자동적으로 생성된다.

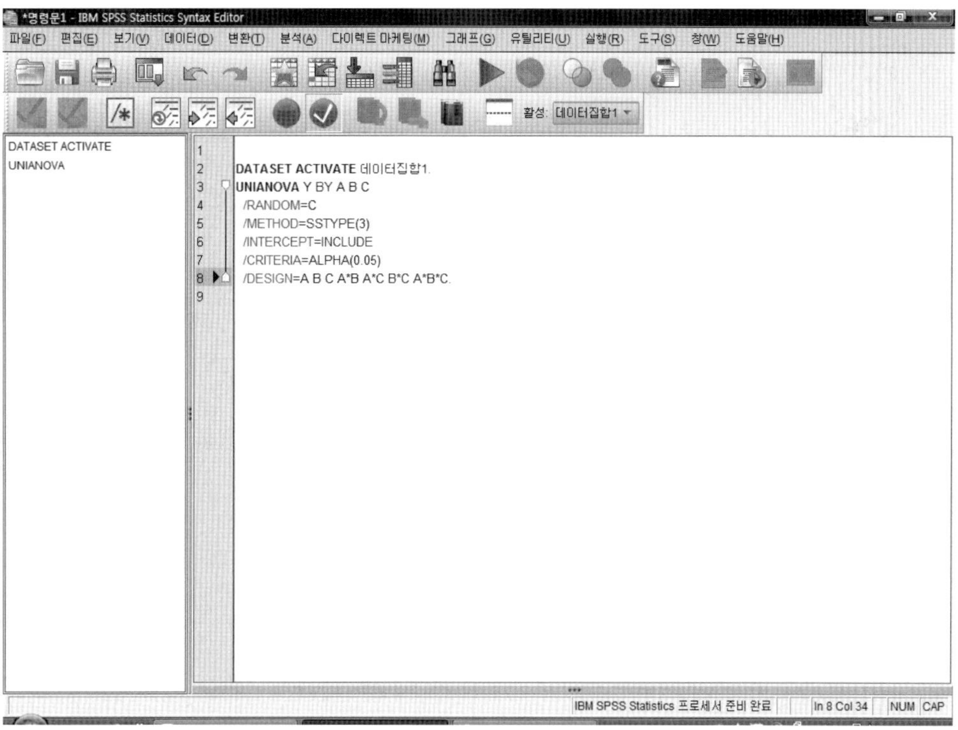

② Syntax 명령문을 다음과 같이 편집한다. 이하의 Syntax 명령문을 실행시키면 분산분석의 결과가 얻어진다.

〈순서 5〉 분산분석의 실행

SPSS Syntax 명령문의 모두를 선택하고, [선택 실행] 분석도구를 클릭한다. Syntax가 실행되어 분산분석의 결과가 얻어진다.

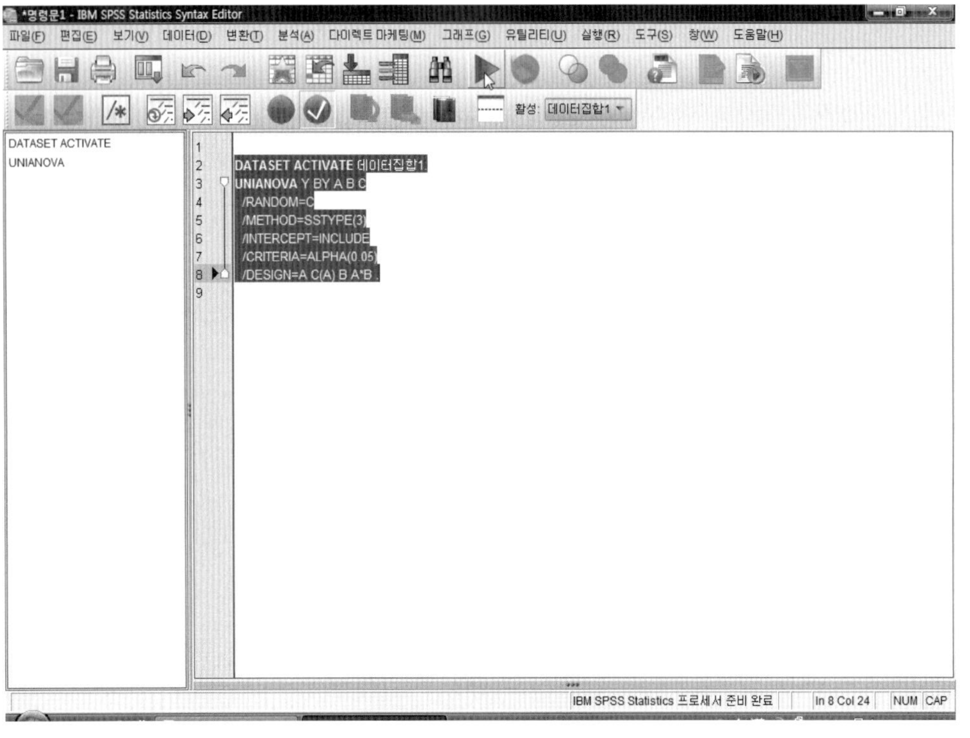

■ 분산분석의 결과

일반선형모형(GLM)을 이용하면 다음과 같은 결과가 얻어진다.

개체-간 효과 검정

종속 변수: Y

소스		제 III 유형 제곱합	자유도	평균 제곱	F	유의확률
절편	가설	24897.042	1	24897.042	5916.129	.000
	오차	12.625	3	4.208[a]		
A	가설	95.083	2	47.542	11.297	.040
	오차	12.625	3	4.208[a]		
C(A)	가설	12.625	3	4.208	4.268	.039
	오차	8.875	9	.986[b]		
B	가설	22.125	3	7.375	7.479	.008
	오차	8.875	9	.986[b]		
A * B	가설	45.250	6	7.542	7.648	.004
	오차	8.875	9	.986[b]		

a. MS(C(A))

b. MS(오차)

C(A)는 1차 오차에 상당한다.

GLM을 이용하면 1차 오차가 유의한지 어떤지의 판정결과가 얻어진다. 이 예에서는 유의확률 0.039로, 1차 오차는 유의하다.

그 밖에는 이하와 같은 결과가 되어 있어, 반복측정에 의한 결과와 일치하고 있다.

A에 대해서 분산 $V_A = 47.542$, 유의확률 = 0.040

B에 대해서 분산 $V_B = 7.375$, 유의확률 = 0.008

A×B에 대해서 분산 $V_{A \times B} = 7.542$, 유의확률 = 0.004

2차 오차에 대해서 분산 $V_{E2} = 0.986$

참고문헌

[국내문헌]

1. 강병서. 「인과분석을 위한 연구방법론」. 무역경영사, 1999.
2. 강병서 · 김계수. 「사회과학 통계분석」. 고려정보산업, 1998.
3. 노형진. 「EXCEL을 활용한 유형별 데이터의 통계분석」. 학현사, 2010.
4. 노형진. 「SPSS를 활용한 정성적 데이터의 통계분석」. 학현사, 2010.
5. 노형진. 「SPSS를 활용한 조사방법 및 통계분석」(제2판). 학현사, 2014.
6. 노형진 외 2인. 「SPSS를 활용한 일반선형모형 및 일반화선형혼합모형」. 학현사, 2013.
7. 노형진. 「SPSS를 활용한 분할표의 분석 및 대응분석」. 학현사, 2011.
8. 노형진 · 정한열. 「SPSS에 의한 통계분석 입문」. 한올출판사, 2008.
9. 노형진. 「SPSS를 활용한 주성분분석과 요인분석」. 한올출판사, 2014.
10. 노형진. 「SPSS를 활용한 회귀분석과 일반선형모형」. 한올출판사, 2014.
11. 노형진. 「다변량해석－질적 데이터의 수량화－」. 석정, 1990.
12. 송문섭 · 김계수. 「비모수통계학개론」. 자유아카데미, 1994.
13. 양병화. 「다변량 데이터 분석법의 이해」. 커뮤니케이션북스, 2006.
14. 이주일 옮김. Nicola Brace, Richard Kemp & Rosemary Snelgar. 「SPSS를 활용한 심리연구분석」(제2판). 시그마프레스, 2005.

[일본문헌]

1. 石村貞夫.「SPSSによる統計處理の手順」. 東京圖書, 1995.
2. 石村貞夫.「SPSSによる多變量データ解析の手順」. 東京圖書, 1998.
3. 石村貞夫.「SPSSによる分散分析と多重比較の手順」. 東京圖書, 1997.
4. 石村貞夫.「SPSSによる時系列分析の手順」. 東京圖書, 1999.
5. 石村貞夫.「SPSSによるカテゴリカルデータ分析の手順」. 東京圖書, 2001.
6. 內田治.「SPSSによるアンケートのコレスポンデンス分析」. 東京圖書, 2006.
7. 內田治.「SPSSによるノンパラメトリック検定」. Ohmsha, 2014.
8. 內田治.「SPSSによる分散分析」. 東京圖書, 2007.
9. 芳賀·橋本.「回歸分析と主成分分析」. 日科技連出版, 1980.
10. 林知己夫,「數量化の方法」. 東洋經濟新報社, 1974.
11. 柳井·高木 編者.「多變量解析ハンドブック」. 現代數學社, 1986.

[서양문헌]

1. Akaike, H. (1973). Information theory and an extension of the maximum likelihood principle. In Petrov, B. N. and Csaki, F.[Eds.], *Proceedings of the 2nd International Symposium Theory*. Budapest: Akademiai Kiado, 267~281.
2. Akaike, H. (1987). Factor analysis and AIC. *Psychometrika*, 52, 317~332.
3. Anderson, T. W. (1957). Maximun likelihood estimates for a multivariate normal distribution when some observations are missing. *Journal of the American Statistical Association*, 52. 200 ~203.
4. Anderson, T. W. (1984). *An introduction to multivariate statistical analysis*. New York: Wiley.
5. Beale, E. M. L. and Little, R. J. A. (1975). Missing values in multivariate analysis. *Journal of the Royal Statistical Society Series B*, 37, 129~145.
6. Bentler, P. M. (1980). Multivariate analysis with latent variables: Causal modeling. *Annual Review of Psychology*, 31, 419~456.
7. Diaconis, P. and Efron, B. (1993). Computer-intensive methods in statistics. *Scientific American*, 248(5), 116~130.
8. Kendall, M. G. and Stuart, A. (1973). *The advanced theory of statistics*. (vol. 2nd,

3rd edition). New York: Hafner.

9. Little, R. J. A. and Rubin, D. B. (1987). *Statistical analysis with missing data*. New York: Wiley.
10. Little, R. J. A. and Rubin, D. B. (1989). The analysis of social science data with missing values. *Sociological Methods and Research*, 18, 292~326.
11. Little, R. J. A. and Schenker, N. (1995). Missing data. In G. Arminger, C.C. Clogg and M.E. Sobel [Eds.] *Handbook of statistical modeling for the social and behavioral sciences*. New York: Plenum.
12. Mardia, K. V. (1970). Measures of multivariate skewness and kurtosis with applications. *Biometrika*, 57, 519~530.
13. Mardia, K. V. (1974). Applications of some measures of multivariate skewness and kurtosis in testing normality and robustness studies. *Sankhya*, Series B, 36, 115~128.
14. McDonald, R. P. and Marsh, H. W. (1990). Choosing a multivariate model: Noncentrality and goodness of fit. *Psychological Bulletin*, 107, 247~255.
15. Rubin, D. E. (1976). Inference and missing data. *Biometrika*, 63, 581~592.
16. Rubin, D. E. (1987). *Multiple imputation for nonresponse in surveys*. New York: Wiley
17. Schafer, J. L. (1997). *Analysis of incomplete multivariate data*. London, UK: Chapman and Hall.
18. Wothke, W. (1993). Nonpositive definite matrices in structural modeling. In Bollen, K.A. and Long, J.S. [Eds.], *Testing structural equation models* (pp. 256~293). Newbury Park, California: Sage.
19. Wothke, W. (1999). Longitudinal and multi-group modeling with missing data. In T.D. Little, K.U. Schnabel and J. Baumert [Eds.] *Modeling longitudinal and multiple group data: Practical issues, applied approaches and specific examples*. Mahwah, New Jersey: Lawrence Erlbaum Associates.

찾아보기

‣K

‣L

‣M

‣N

‣O

‣P

‣R

‣S

‣T

‣W

저/자/소/개

노형진

- 서울대학교 공과대학 졸업(공학사)
- 고려대학교 대학원 수료(경영학박사)
- 일본 쓰쿠바대학 대학원 수료(경영공학 박사과정)
- 일본 문부성 통계수리연구소 객원연구원
- 일본 동경대학 사회과학연구소 객원교수
- 러시아 극동대학교 한국학대학 교환교수
- 중국 중국해양대학 관리학원 객좌교수
- 국방과학연구소 연구원 역임
- 현재, 경기대학교 경상대학 경영학과 교수
  전공, 품질경영 · 기술경영 · 다변량분석(조사방법 및 통계분석)
- 중소기업청 Single-PPM 심의위원
- 대한상공회의소 심사위원 · 지도위원
- Single-PPM 품질경영연구회 회장
- 한중전략경영연구회 회장
- 한국제안활동협회 회장

▸ **주요저서**

- EXCEL을 활용한 유형별 데이터 통계분석(학현사)
- EXCEL을 활용한 앙케트 조사 및 분석(학현사)
- Amos로 배우는 구조방정식모형(학현사)
- SPSS를 활용한 조사방법 및 통계분석(학현사)
- SPSS/Excel을 활용한 알기쉬운 시계열분석(학현사)
- SPSS를 활용한 일반선형모형 및 일반화선형혼합모형(학현사)
- SPSS를 활용한 비모수통계분석 및 대응분석(지필미디어)
- SPSS를 활용한 앙케트의 통계분석(지필미디어)
- EXCEL에 의한 경영과학(한올출판사)
- SPSS에 의한 다변량분석 기초에서 응용까지(한올출판사)
- Excel 및 SPSS를 활용한 다변량분석 원리와 실천(한올출판사)

e-mail: hjno@kyonggi.ac.kr

SPSS를 활용한

분할표의 분석 및 분산분석

Analysis of Contingency Table and Analysis of Variance using SPSS

발 행 일 2015년 11월 20일 초판 인쇄

저　　자 노형진

발 행 인 김성남

발 행 처 (주)지필미디어

주　　소 서울 서대문구 충정로6안길 29, 101호

전　　화 (02) 362-4504

팩　　스 (02) 393-4509

이 메 일 book@jiphil.co.kr

홈페이지 www.jiphil.co.kr

등록번호 제 312-1997-000043호 (1997년 07월 16일)

I S B N 979-11-86674-26-0 93310

편　　집 디자인 콤마

가　　격 25,000원